水体污染控制与治理科技重大专项"十三五"成果系列教材

流域排污交易与区块链技术

常高峰　张文娟　孙贻超　等编著

U0243945

化学工业出版社

·北京·

内容简介

《流域排污交易与区块链技术》首先介绍了排污权交易与区块链的概念和技术原理，其次对区块链技术研究和流域排污权交易研究进行了详细的阐述，分别引证了近几年排污权交易机制与区块链技术的热点案例，特别介绍了基于区块链技术的流域排污权交易研究，最后结合我国现发展阶段流域排污权交易面临的问题和不足，深入探索了区块链技术在排污权交易机制中的发展趋势和要求，尽可能比较全面地涵盖区块链在排污权交易机制中对关键问题提供的解决思路。

《流域排污交易与区块链技术》主要面向环境管理、排污权交易等行业相关科研人员及政府工作人员作为参考读物使用，还可供环境类相关专业的高等院校师生参考阅读。

图书在版编目（CIP）数据

流域排污交易与区块链技术 / 常高峰等编著.
北京：化学工业出版社，2024. 9. -- ISBN 978-7-122
-45930-5

Ⅰ. X196；TP311.135.9

中国国家版本馆 CIP 数据核字第 2024E30D30 号

责任编辑：郭宇婧　满悦芝　　　　装帧设计：张　辉
责任校对：宋　夏

出版发行：化学工业出版社
　　　　　（北京市东城区青年湖南街 13 号　邮政编码 100011）
印　　刷：北京云浩印刷有限责任公司
装　　订：三河市振勇印装有限公司
787mm×1092mm　1/16　印张 13¼　字数 328 千字
2024 年 11 月北京第 1 版第 1 次印刷

购书咨询：010-64518888　　　　售后服务：010-64518899
网　　址：http://www.cip.com.cn
凡购买本书，如有缺损质量问题，本社销售中心负责调换。

定　　价：68.00 元　　　　　　　　版权所有　违者必究

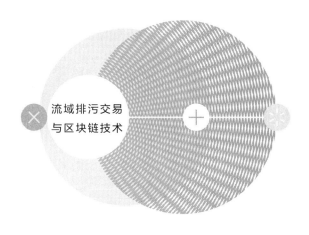

流域排污交易
与区块链技术

序

习近平总书记指出,建设生态文明,关系人民福祉,关乎民族未来。他强调,生态环境保护是功在当代、利在千秋的事业。要清醒认识保护生态环境、治理环境污染的紧迫性和艰巨性,清醒认识加强生态文明建设的重要性和必要性,以对人民群众、对子孙后代高度负责的态度和责任,真正下决心把环境污染治理好、把生态环境建设好。这些重要论断,深刻阐释了推进生态文明建设的重大意义,表明了我们党加强生态文明建设的坚定意志和决心。生态文明建设事关中华民族永续发展和"两个一百年"奋斗目标的实现,保护生态环境就是保护生产力,改善生态环境就是发展生产力,必须坚持节约优先、保护优先、自然恢复为主的基本方针,采取有力措施推动生态文明建设在重点突破中实现整体推进。党的第十九届五中全会审议通过了《中共中央关于制定国民经济和社会发展第十四个五年规划和二〇三五年远景目标的建议》(简称《建议》),《建议》提到展望 2035 年,生态环境根本好转,美丽中国建设目标基本实现。对于实现高标准、高质量的美丽中国建设目标,面对提供更多优质生态产品以满足人民日益增长的优美生态环境需要,流域水生态环境质量的持续改善更加迫切。转变经济发展方式,实现绿色、可持续发展,就是要最大限度地优化资源配置,在源头、在前端做好污染控制,发展循环经济。

人是要不断学习的,人生就是逐步提高认识的过程,是不断为社会发展做贡献的过程。我们要有理想、有抱负、有追求,要不断地学习与探索,紧密关注国际重大前沿学术方向,结合国家重大科技需求,长时间、持续深入地开展基础理论研究,深入工程生产第一线,学习新知识,了解新动态。本书是针对流域排污交易与区块链技术知识的凝聚,也是跨学科的融合。学无止境,希望大家始终保持探索精神和不断进取的意识,努力取得新的突破,为社会发展提供理论依据与技术支撑。

流域排污交易
与区块链技术

前言

党的二十大报告指出，大自然是人类赖以生存发展的基本条件。尊重自然、顺应自然、保护自然，是全面建设社会主义现代化国家的内在要求。必须牢固树立和践行绿水青山就是金山银山的理念，站在人与自然和谐共生的高度谋划发展。

中共中央办公厅、国务院办公厅印发的《关于深化生态保护补偿制度改革的意见》中明确指出："发挥市场机制作用，加快推进多元化补偿。合理界定生态环境权利，按照受益者付费的原则，通过市场化、多元化方式，促进生态保护者利益得到有效补偿，激发全社会参与生态保护的积极性。"明确"全面实行排污许可制，在生态环境质量达标的前提下，落实生态保护地区排污权有偿使用和交易。"国务院办公厅发布指导意见提出要进一步推进排污权的有偿使用和交易试点工作，《中共中央 国务院关于全面加强生态环境保护 坚决打好污染防治攻坚战的意见》强调，要加快推行排污许可制度，对固定污染源实施全过程管理和多污染物协同控制。重点打好蓝天、碧水、净土三大保卫战。

我国要推进生态文明建设，必须采取一些硬措施，真抓实干才能见效。实行能源和水资源消耗、建设用地总量和强度双控行动，就是一项硬措施。这就是说，既要控制总量，也要控制单位国内生产总值能源消耗、水资源消耗、建设用地的强度。扭转环境恶化、提高环境质量是广大人民群众的热切期盼。因此，未来一段时期，需要以流域控制单元为基础推进水污染防治、水资源管理和水生态保护，建立流域与区域结合的管理模式和管理工作体系，推进水环境、水生态、水资源统筹格局基本形成，努力实现水环境质量持续改善、水生态系统功能初步恢复。

通过采用排污权交易机制，能够更好地促进绿色发展，同时也有利于解决经济增长与环境污染的矛盾。此外，通过应用区块链信息技术，有助于打破传统的方式，建立一个基于网络的、安全的排污权交易市场。这样，有助于解决排污权交易制度本身存在的一些问题，如权利边界的混乱、交易过程的混乱、交易的不合理，提高交易的公正性和高效性。区块链已作为革新性技术纳入了《"十三五"国家信息化规划》中。就国内情况而言，针对排污权交易的试点实践中存在的问题，从排污权交易机制和区块链技术特征出发进行核心技术与应用场景功能耦合已成为未来新的发展趋势。

本书针对流域排污交易与区块链技术作出了一定的阐述，首先介绍了排污权交易与区块链的概念和技术原理，其次对区块链技术研究和流域排污权交易研究进行了详细的阐述，分别引证了近几年排污权交易机制与区块链技术的热点案例，特别介绍了基于区块链技术的流域排污权交易研究，最后结合我国现发展阶段流域排污权交易面临的问题及不足，深入探索了区块链技术在排污权交易机制中的发展趋势和要求，尽可能比较全面地涵盖区块链在排污权交易机制中对关键问题提供的解决思路。

本书由常高峰、张文娟、孙贻超主要负责，其余参加编写的人员还有张宇峰、乔飞、张艳、王燕鹏、王坚坚、王婷、潘玉恒、刘永磊、王燕、谢培、张慧、刘毅、邓林、孟凡盛、王震、杨飞、文永兴、刘浩、张潇予、钟元等，此外研究生张雪婷、王哲、李婉婷、王维富、余学虎、赵子龙、崔前成等在查阅资料和编写过程中也做了大量工作。本书编写过程中借鉴了公开的经验介绍，并在书中加以引用，在此向这些资料的作者表示感谢。本书得到了水体污染控制与治理科技重大专项"天津滨海工业带废水污染控制与生态修复综合示范"项目"天津滨海工业带水污染控制与生态修复顶层设计方案和路线图研究"课题（2017ZX07107-001）的资助。

因编撰时间和人员水平有限，疏漏在所难免，恳请广大读者提出宝贵意见，使本书不断更新和完善。

编著者
2024 年 9 月

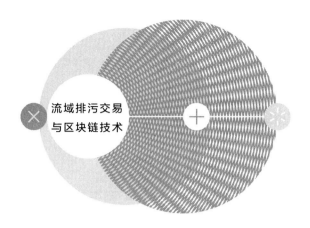

流域排污交易
与区块链技术

目录

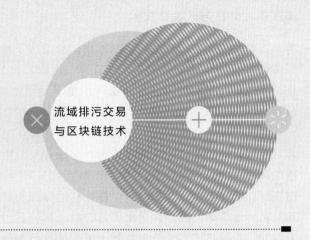
流域排污交易
与区块链技术

第 1 章

概　述

　　排污权交易作为一种环境经济政策运用在环境管理中，在满足环境要求的条件下，通过建立合法的污染物排放权利，利用市场机制以实现环境资源的优化配置。与其他环境经济手段相比，排污权交易更充分地发挥了市场机制配置资源的作用，可有效实现效率最优，成为通过市场手段配置环境资源的重要经济政策手段。

1.1　排污权

1.1.1　排污权的概念

　　排污权指的是排污单位经生态环境保护行政主管部门核定，可有偿使用和经交易获得的，向环境直接或间接排放主要污染物的权利。排污权不仅能从源头上直接控制企业排放污染物的总量，还可以促进企业进行技术升级、改进区域产业结构、调整能源消费结构，间接减少污染物排放的量。因此，排污权对于降低污染控制成本、促进经济发展、提高企业技术水平以及经济效率具有重要的意义。

1.1.2　排污权的研究现状

　　目前，国内外对于排污权的研究并不多。国际上最早提出污染产权治理理论的经济学家是 Coase（1960），他认为，可以通过市场交易使污染问题得到最有效率的解决。Crocker（1966）的研究奠定了排污权交易的理论基础，他认为应该由政府决定排污总量，并且建议将排污权交易的思想延伸到空气污染治理领域。美国学者 Dales 提出产权分割的概念，认为环境等共有资源也是一种商品，政府是该商品的天然所有者。作为环境的所有者，政府可以创建一种环境资源的新产权——"污染权"，并允许这种权力在市场上进行交易，以此来进行对污染物排放的总量控制。它实际上是指排污者对环境容量资源的使用权。排污者之间根据其成本效益进行排污权交易。E. G Furuborth（1972）和 S. Pejovich（1972）在《产权与经济理论：近期文献的一个综述》中提出了产权结构的概念，明晰了排污权也是产权的概念。Baumol 和 Oates 首次从理论上严格证明了 Dales 和 Crocker 所设想的结果，提出了许可证交易体系。Montgomery 应用数理经济学方法证明了与其他手段相比，排污权交易体系在污染控制上更具有效率和成本优势，即具有实现污染控制目标最低成本的特征。Betz 等认为，有效的拍卖机制产生的早期价格信号反映了温室气体减排的社会边际成本，帮助厂商从经济效率视角判断措施应该实施与否。拍卖带来的公共收入相对于税收而言，经济损失较小。而免费分配的排污权是公众向污染者的财富转移，将会助长厂商过去与未来预期的排放量。

对排污权的分配研究主要有以下 3 类：第 1 类是对排污权分配进行定性分析，郝亚楠学者（2014）分析了中外学者对排污权初始分配的论述，王洁方学者（2017）对排污权过渡方法的减排压力进行了分析，刘定寰学者（2017）对排污权交易机制下的企业经济进行了分析与探讨，蒋宏英学者（2018）对排污权的分配与核定进行了综合探讨，葛敏等学者（2017）和吴昌林等学者（2018）提出了污染物总量控制约束原则下排污权有效的配置，郑君君等学者（2018）提出了基于公平与效率视角的排污权分配机制，吴杰等学者（2019）基于绿色发展的概念，从资源配置的角度来考虑资源配置和排放权的分配，从而提高绿色发展的效率，分析了如何分配额外的固定资产投资和排放权给每个省份，认为在有足够额外投资的情况下，政府应该优先发展经济增长较快的领域；第 2 类是对排污权分配进行定量模型研究，柴瑞昌等学者（2017）提出了基于排污效率的排污权初始分配方法，张丽娜等学者（2018）提出了基于纳污控制的排污权初始分配模式，吴华清等学者（2018）提出了基于 DEA 的排污权分配方案，张卢娇等学者（2018）提出了基于基尼系数与信息熵权法的排污权分配评价方式；第 3 类是对排污权分配的实证研究，简高武学者（2018）对重庆市的排污权分配制度进行了案例分析，肖亚洲学者（2018）对湖南省排污权交易的减排进行了效果评估，赵文娟等学者（2018）、程涵等学者（2016）和孙肖讽等学者（2019）分别对浙江省、南京市和温州市的排污权交易模式与制度进行了分析，并提出了交易政策的若干问题等。

1.2 排污权交易

环境容量是指人类生存环境和自然生态不致受害的情况下，某一环境区域所能容纳污染物的最大负荷量。或者说环境容纳污染物质的能力有一定的限度，这个限度被称为环境容量。一个特定的环境区域（如某自然区、某城市、某水体等），其容量与环境的空间、自然背景值，环境各种要素的特性、社会功能，污染物的物理化学性质，以及环境的自净能力等因素有关。环境空间越大，环境对污染物的净化能力就越大，其环境容量也就越大。对某种污染物来说，它的物理性质和化学性质越不稳定，环境对它的容量也就越大。所以说环境容量一般有两种表达方式：一是在满足环境目标值的限度内，区域环境容纳污染物的能力，其大小由环境自净能力和区域环境"自净介质"（如水或空气等）的总量决定；二是在保证不超出环境目标值的前提下，区域环境能够容许的最大排污量。区域环境容量以污染物的最大允许排放量来表示，可分为基本环境容量和变动环境容量，如水体的基本环境容量，即考虑其扩散稀释能力的水环境容量，主要是取决于水量，而水的变动环境容量则取决于污染物的特征，以及水体对污染物的化学净化和生物净化能力。因此行政区、流域或者区域环境的每个地域或空间在一定时间内可容纳污染物的排放量是有一定限度的，根据各地域或空间具体的环境控制目标制定可容纳的污染物总量，根据这个总量来控制该地区所有污染源的排放量，使得排放总量不超过可容纳总量，从而实现环境质量目标。总量控制制度就是在一定区域的一定时间跨度内的"排污单位"排放的污染物总量不得超过根据环境控制目标制定的可容纳污染物总量的环境管理方法体系。

我国这些年发展十分迅速，生态环境随之也受到不同程度的影响，为了遏制环境污染和生态破坏，全国人民代表大会在1996年讨论并通过了《国民经济和社会发展"九五"计划和2010年远景目标纲要》和《"九五"期间全国主要污染物排放总量控制计划》（以下简称《纲要》和《计划》）。《计划》中指出以1995年的污染物排放水平为基准，对十二种污染物实施总量控制制度。为改善环境质量，不仅严格要求每个排污单位要达标排放，区域内排放的总量也要严格控制，并逐年减少排放总量。为此，国家环境保护局又在1997年发布《"九五"期间全国主要污染物排放总量控制方案（试行）》，这份文件的发布，标志着我国正式将总量控制制度纳入我国政策管理体系。随后，2000年修订发布实施的《中华人民共和国大气污染防治法》，标志着总量控制制度正式成为我国一项长期稳定执行的政策。总之，大力推行总量控制制度是对以往控制手段不足的有效改进，更重要的是，总量控制的严格实施使有限的环境排放资源呈现出稀缺的特性，使排污权以商品姿态进入市场进行有偿交易成为可能。排污权交易的理论起源于Coase所提出的"通过产权的清晰界定来获得资源配置的效率"论断，只要明确产品的产权，同时不存在交易成本，资源能够在市场的作用下得到最优配置。在实际操作层面，可交易的排污权即合法的污染物排放权利，通常以排污许可证的形式表现。在满足社会公众对环境质量需求的同时，运用价格机制将极为有限的、可用于经济生产的环境容量资源配置到效益更高、污染更少的部门和企业。

1.2.1 排污权交易的概念

排污权交易是指在一定区域内，在污染物排放总量不超过允许排放量的前提下，内部各污染源之间通过有偿交换的方式相互调剂排放量，从而达到减少排污量、保护环境的目的。经济学原理为：企业单位污染物排放量的减排成本不同，这样就给企业创造了逐利的空间，从而产生了交易的可能和机会，其中减排成本较高的企业成为排污交易指标的"需求者"，相应的减排成本较低的企业则成为排污交易指标的"供应者"；此时，政府通过运用行政权力或其他手段，使得排污配额指标可以像普通商品一样，在环境资源市场上自由流通，并通过价格杠杆和竞争机制，来激励排污企业对排污配额指标进行交易，实现以最小的经济成本达到预期的总量控制的环境目标，从而提高环境与经济系统的效率，实现环境与经济的双赢。在此过程中，环境容量资源的所有权与使用权、收益权与处置权是分离的。

排污权交易的实施原理在于借助市场机制（在一定时期和一定情况下需通过政府主导），发挥价值杠杆的作用，通过促进区域内污染物治理成本最优配置，促成污染治理成本效率的最优化，实现排污权交易双方的利益最大化，进而实现最优的污染物总量控制。在这种市场机制作用下，企业为追求效益，自然会追求使用最少排放指标，从而最大限度地减少排放总量。企业节约下来的污染排放指标，就成为一种自身储存的有价值、可用来交易的商品，既可"囤积"起来以备自身扩大发展之需或留待升值，也可在企业间作为商品进行交易或者作为融资的一种工具；而那些没有富余排放指标的企业，在扩大生产需要排污指标时将不得不到市场上购买。这会促使各主体最大限度地降低污染成本、提高治污的积极性，使总量控制的目标真正得以实现，并且通过这种污染权的交易，所有相关主体的污染减排成本将趋于相等。这与中国进入21世纪后为保护18亿亩耕地红线，提出的占补平衡制度的情况相类似，即：当一个地区由于建设、发展等需要占用耕地而自身区域范围内又无法开垦出等面积的耕地时，就需要到统一的交易市场上进行购买。现在很多地区进行跨区域购买，显而易见的是，占补平衡费用越来越高，并且随着可供复垦地的减少，交易费用还在逐步上涨。在现行的排污收费制度下，各排污企业只是政府规制下价格的接受者；而排污权的可交易性，给排放权富余方与排放权紧缺方提供了在市场中叫价的机会，并随着市场的发展和排污额度的减少，交易的价格也将发生变化。

水污染物排污权交易作为降低恢复和保护水质成本的主要激励手段之一，通过成本效益化的方式实现水质达标的市场化机制，其水污染物控制成本也会因为实施主体的规模、地理位置、受纳水体、自身管理等方面的不同而不同。水污染物排污权交易形式多样，有简单直接的点对点交易及非点对点交易，也有基于不同污染排放因子排放权的交易等。

1.2.2 排污权交易的发展现状

1.2.2.1 排污权交易在国外的发展现状

20世纪70年代，美国政府为了遏制环境污染而制定了《清洁空气法》，法案规定了对空气污染的强制性措施，它要求每一个排放源都要符合指定的标准，但这提高了各企业的污染控制费用。为了改变这种现状，美国国家环保局在1979年开始推行一项污染物排放新政策——"泡泡政策"。即把一个排污单位看作一个气泡，只要气泡向外界排放的污染物不危害环境质量、保持不变且排放总量符合按要求计算得到的排放量，则在气泡内的各种污染源的排放可以自由调整。在试点推行一年之后，美国国家环保局扩大了"泡泡政策"，由一个泡泡发展为多个泡泡，允许不同泡泡之间可以交换排污削减量。1982年在进一步完善该政策之后推出"排污交易政策报告书"，允许同类工业行业之间和同一区域各个工业部门之间进行排污削减量的交易。经过几年的不断完善与总结，1986年美国国家环保局颁布"排污交易政策的总结报告书"，这成为美国国家环保局在《清洁空气法》下指导"泡泡"削减污染物的主要依据。美国最初是在空气污染领域内使用这种制度，但随着工业的不断发展，逐渐推广到其他领域，其中就包括水污染控制领域。20世纪90年代，美国国会在《清洁空气法》的修正案中提出了"酸雨计划"，并在同一年对《清洁水法》进行修正时确立了排污权交易制度。

澳大利亚根据新南威尔士河流域具体污染情况，调查发现，河流附近污染排放企业排放水污染物以盐分为主，因此根据这一情形建立了一个盐度交易计划，这个计划涉及十一家煤矿和两家私人发电站。政府在这些企业的排污许可证中明确规定了他们排放盐度的总量，设定了流域总盐度排放量的管控要求，在此前提下，相关企业可以通过互相自由交易买卖盐度排放指标。该区域的新建、扩建企业也要受到流域总盐度排放量管控要求的限制。

自1990年起，美国联邦当局着手实行排污权交易管理制度，旨在抑制二氧化硫的排放量，且在2001年实现了大幅度的减少，减少的污染成本高达60亿美元。从发展进程上看，美国的排污权交易制度按设计特点可分为两个阶段，也可称为两种模式。

第一种模式也被称为第一阶段，即排污减少信用模式，从20世纪70年代中期开始实施到20世纪90年代初期。由于是排污权交易的初期，因此在交易范围上也没有全面推行，只是在部分地区试点；在手段上，主要是通过"命令-控制"型政策来实施。由于当时环境污染非常严重，美国政府当局通过法律的形式规定一些强制性的手段，以强有力的措施较快地改善环境质量，实现最初的目标；这种政策带来的效果很明显，但问题和负面作用也很突出，表现在行政命令下的应急政策只考虑社会效果，而忽视了经济效益。实践证明，以这种近乎高压手段推行的环保措施所花费的成本远远高于人们的预期，尽管社会反响好，但经济效益上的确不合理。在此情况下，理论界和实务界开始寻求兼顾经济和社会效益的防治污染措施，美国国会于 1977 年对《清洁空气法》进行修订，修正的核心内容包括：需要排放污染物的新建企业和改扩建企业应先取得污染物排放权，且满足污染物排放总量控制目标要求，于是排污权交易应运而生。为更好落实排污权交易方案，美国国家环保局提出并实施以下几项政策。

（1）总量控制政策

为了缓解环境质量未达标地区的经济增长与满足环境要求之间的矛盾，提出了区域总量补偿政策，也就是说，新建或扩建企业如果新增污染物排放量，则必须削减现有的污染物排放量，从而实现地区总量控制。换言之将未达标的地区视为一个整体，新污染源为现有污染源的治理工程提供资金，通过对现有污染排放量的削减，从而获得污染物排放权。为改善地区环境质量，要求排污单位所有排放口排放的污染物总和不得超过核定的排污总量，而企业排放量的多少主要取决于污染治理水平。因此为符合环境管理部门规定的标准要求，排污单位须有所侧重地选择分配治污资金，提高污染物削减能力，控制排放口的污染物排放量。改扩建企业为免于承担新增污染排放量的负担，提升污染治理水平，从而实现企业污染物排放量不增加。总的来说，在第一阶段，排污权交易并没有取得预期的效果，有些方面实施效果并不太好，但证明了排污权交易的实施可行性。

（2）总量控制型排污权交易模式

该模式是到目前为止实施最广泛的排污权交易模式，以 20 世纪 90 年代美国的《清洁空气法》修正案颁布和"酸雨计划"为标志。该模式首先在电力行业内推行实施，其交易的主要载体为二氧化硫，通过制定相关法律依据为该政策的实施保驾护航。就实施情况而言，排污权交易的市场价格大大低于预期的水平，控制二氧化硫排放量的目的也远远超过了预定的目标，这些恰恰体现了排污权交易的两大优势，即降低治理费用和改善环境质量。为了完成制定的目标，除了实施许可证交易政策和二氧化硫排放总量控制，还要给目前的排放源以及新的排放源详细限定排放量额度。总体来说分为四个步骤，即确定参加单位、分配初始排污权、排污许可证交易、审核调整排污权。

确定参加单位是排污权交易的前提。1990 年《清洁空气法》修正案把参加交易单位分成两类：一类是法定参加者，即在"酸雨计划"中明确提到的重点污染单位；另一类则按照自愿原则，加大了范围，对于符合规定的机构组织，有选择性地进行挑选。不论是环保组织还是公民，都有机会参加。分配初始排污权是整个交易的基础，以无偿分配方式为主，拍卖与奖励为辅。初始分配总量的 95% 以上是无偿分配，其余的额度由美国国家环保局分配，用于奖励表现突出的排污单位或者将额度拍卖出去。排污权许可证交易是整个流程中的核心部分，实际上也就是排污权交易的二级市场，经过企业双方交易，重新分配排污权。在排污权许可证交易市场上，主要的参与者有三大类，分别是投资者、达标者与环保主体。排污权的审核调整是排污权交易制度的完善。它包括强制要求许可证的排放量与二氧化硫的实际排放量成正比，即排放量越多，许可证的许可排放量也要相应增加；环境监管部门需要加强对排污权交易的管理，从而确定排放量和许可证数量之间的合理比例。美国国家环保局为确保许可证和二氧化硫排放量的对应关系，对涉及单位的许可证进行年审，检查各排污单位当年是否还有足够的许可排放量用于满足二氧化硫排放，并在此基础上进行调整。

第二阶段的排污权交易可以说取得了相当大的成功，主要体现为：1978 至 1998 年间，空气中二氧化碳质量浓度下降了 58%，二氧化硫质量浓度下降了 53%，随后的 10 年间，两者又相继下降了 15% 和 25%；其次，根据美国国家环保局测算，1970 年至 1990 年执行《清洁空气法》取得的直接经济效益达到 22 万亿美元，花费的成本仅为 6890 亿美元，收益约为成本的 32 倍。2003 年 1 月成立了世界上首个基于国际规则、具有法律约束的温室气体排放登记、减排和交易平台——芝加哥气候交易所（CCX），其核心理念是"用市场机制来解决环境问题"。CCX 标志着美国已经从最初单纯的二氧化硫排放许可证交易扩展到温室气体排放指标交易。CCX 的会员公司为维护大气环境稳定，履行企业社会责任，自愿限制各自的温室气体排放，这样也提高了其品牌的知名度，CCX 曾被时任联合国秘书长安南称为"建立二氧化碳排放市场的成功案例"。高峰时 CCX 的会员单位有 450 多个，主要来自航空、电力、环境、汽车、交通等行业，包括英国劳斯莱斯公司和美国杜邦、福特、IBM、AEP（美国最大电厂）等世界 500 强企业，新墨西哥州、芝加哥、波特兰等的政府部门，我国的 7 家公司均是其会员，会员中 75% 为金融机构；交易产品涉及二氧化碳、甲烷等 6 种温室气体。2004 年 9 月，芝加哥气候交易所又建立了芝加哥气候期货交易所，专门进行空气污染物的期货合约交易，此举既属于全球金融领域的一次创新，也是环保与金融紧密合作的一次尝试，很快就得到了美国商品期货交易委员会的批准。美国在排污权交易制度领域开拓出属于自己的一片天地，离不开这些年做出的努力和创新，这也是排污权交易顺利进行的关键因素。

日本是世界上污染治理比较好的国家之一，政府、民众对大型企业的环保要求也较高，环保技术的研发力度、环境管理制度的建设都位于世界先列。早在 2001 和 2002 年，日本三菱重工、东京煤气等 30 多家大企业就参加了排放权交易的两次模拟实验，实施了日本排放管理模拟，成立了民间组织专门从事海外排污权交易，并成功购买了加拿大一家石油公司 1000 吨的温室气体排放权，做成了日本排污权历史上的第一笔生意。日本政府推行的排放权交易在实施中，跟企业相比显得有些滞后，在排放额的交易上采取的做法与企业和公众有所不同。企业层面，在《京都议定书》于 2005 年 2 月 16 日生效前，政府公布了二氧化碳国内排放权交易的试行安排（2005 年—2006 年底），规定了以下原则：第一，企业参加是自愿的，政府不会强迫；第二，排放目标由企业自己确定，政府也不下达硬性任务；第三，企业自行计算为达到目标而需花费的费用，包括购买节能设备、提高技术工人增加的工资性支出等。结束后，政府将委托第三方检查企业制定的目标和花费，然后由政府相关部门进行复核补贴。企业既可以作为自己的补贴收入，也可以在额度不足时向其他企业购买增加自己的排放指标，还可以利用植树造林项目等削减温室气体的努力以替代其排放目标的削减目标量，该减排任务必须在两年内完成。到 2006 年末，政府部门开始检查参与企业的目标落实情况，未达标的企业可以自行决定是通过交易市场购买排放额还是返还政府给予的奖励款，超额完成任务的企业可将指标卖给不达标的企业。日本是发达国家循环经济立法最全面的国家之一，包括环境基本法、专业法、综合法等法律，其目标是构建一个资源循环型社会。日本非常注重依靠科学技术，如污染治理技术、废物利用技术以及清洁生产技术等来开发资源、提高资源利用效率、保护环境、推动循环经济和建设循环型社会体系。市场调节的主要手段是建立有效的经济激励政策，如资金投入、税收政策、价格机制等。日本排污权交易的经验是开展排污权交易需要良好的民众基础，培育良好的环保意识和环保文化。在日本，社会媒介比较发达，民众环保意识强烈，同时存在着大量的民间环保组织，使得企业一旦有排污行为，就很容易被曝光在社会聚光灯下，出现"老鼠过街，人人喊打"的局面。这样大大增强了企业的诚信意识和社会责任感，也减轻了环保部门的压力，有利于降低排污权交易实施中的监督成本。政府的投入在交易体系的构建上发挥着较大的作用，日本的排污权交易体系可以说非常具有激励作用，因为它不强制企业参与，反过来还对参与交易体系的企业给予奖励；并且奖励所需的绝大部分资金由政府直接投入而非向企业征收，投入的多少直接决定了排污权交易体系的发挥效果。

欧盟原 15 个成员国在签订的《京都议定书》中，承诺 4 年内（2008—2012 年）将温室气体的排放量在 1990 年的基础上减少 8%。2005 年，欧盟正式启动排放交易机制（ETS），形成了一个允许对碳排放指标进行交易的市场。欧盟 ETS 经过几年的发展，其排放交易市场的价格机制已经初步形成，主要表现为：碳排放许可配额供需关系直接影响着配额的市场价格；能源价格和配额的市场价格之间的关系逐渐加强；配额的价格信号已经能准确地反映碳排放许可权的供需状况。随着欧盟 ETS 的不断完善和全球碳排放交易市场的不断成熟，参与其中的金融机构也越来越多，如咨询机构、证券公司、投资银行、私募基金等。一个与碳排放有关的碳金融体系正逐步形成，该金融体系主要由银行贷款、直接投融资、碳期权期货和碳排放权指标交易等一系列金融工具支撑。

1.2.2.2 排污权交易在我国的发展现状

20 世纪 90 年代，我国引入排污权交易制度，最初是为了控制酸雨。上海市在 1987 年试点推行排污权交易之后，环境得到很大的改善，尤其是 1994 年到 1999 年，在上海闵行区实施排污权交易后，该区的污水排放量大大减少，经济在这段时间内增长。2001 年 4 月，我国与美国针对大气污染签署了合作项目，随后开展了"4+3+1项目"，以推动全球空气质量改善。2001 年 9 月，我国首例排污权交易在江苏南通顺利完成。2002 年，山西太原和浙江嘉兴等地开始进行排污权交易的实践探索，通过排污或排污权交易实施地方性法规。2003 年，我国首例排污权的跨地域交易实现。2007 年 11 月 10 日，国内第一个排污权交易中心在浙江嘉兴挂牌成立，多家企业当场签约交易污染物排放指标，标志着我国排污权交易逐步走向制度化、规范化、国际化。按照《嘉兴市主要污染物排污权交易办法（试行）》规定，新建、扩建、改建的项目，其排污权一律从排污权储备交易中心购买获得。2008 年 8 月 14 日，在国家多个部门大力协作下，太湖流域率先启动排污权有偿使用和交易试点。"十一五"期间，天津、湖北、湖南、内蒙古、山西、重庆、陕西、河北、江苏、浙江、广州等共 11 个省（自治区、直辖市）被列为国家排污权有偿使用和交易试点省（区、市）。黑龙江、辽宁、山东、河北、河南、山西、陕西、四川、重庆、北京、上海、贵州、云南等地也自发地开展起排污权交易试点工作，积极推进这项政策的实施。目前鲁、晋、豫、苏、沪、津等地在总量控制制度与排放许可证制度的基础上，建立起了排污权初始分配和排污权交易市场。

我国的研究学者较晚接触排污权交易领域，所以研究内容还需进一步深入和细化，以便形成具体的制度落实到各省区市。而目前我国对于排污权交易的实践更多的还是在大气污染方面，其重点还是对国外比较成熟的排污权交易制度的学习以及制度在中国各省区市试运用的操作性分析上。1987 年我国开始酝酿排污权交易制度。1988 年国家环境保护局在全国的 18 个城市推行试点排污许可证制度，当时上海市上钢十厂要在闵兴区进行扩建，但核算污水排放量时超过了正在试点的排污许可证制度和区域污水排放总量控制规定的量。为了继续进行投入运行生产，在政府的支持协调下，关闭了另一家企业在该地区的一生产车间，将这个车间的排污权转让给了上钢十厂扩建项目，而上钢十厂要每年补偿这个车间 4 万元。这促成了国内最早的排污权交易案例。杜卓等（2007）认为排污权交易也应和商品一样，要有交易主体、交易对象、合理的方式和规范的程序等，这是建立排污权交易制度的前提。林云华（2009）认为建立排污权交易市场要考虑排污权交易区域布设、市场供求结构、市场规则和交易的激励，并且要有法律、企业环境及金融市场等条件的保证。同时他还认为我国的排污权交易还需进一步完善法律依据，以避免在初始分配排污权时产生不公平，提高排污权的分配效率，充分满足市场的需求，进而降低交易成本。对于排污权交易价格的研究，侯庆喜（2007）认为企业对污染物的治理和治理环境所花费的劳动时间决定了排污权交易的价格。他还认为排污权的初始分配应该是有偿的，无偿的分配只会造成资源的浪费，而企业排污权的成本包括治污、环境资源损害、消除环境污染以及扩大环境容量的费用。对于排污权交易体系的建立，潘云华（2008）认为排污权交易制度体系能够有效地控制环境污染。当地区或流域确定了污染物排放总量，且政府加大监管力度，使每个排污企业都能严格按照排污许可证要求的排污标准进行排放，使政府与企业、企业与企业等之间的交易公正公平时，排污权的买卖可以最大限度地发挥环境容量的效益。于鲁冀等（2013）在分析排污权排放总量指标来源的基础上，提出了把污染物新增量作为排污权指标来源，这样有利于明确总量控制下的排污权交易的指标量，还能较好地缓解排污指标少的困难。

我国自2007年开始深化探索排污权交易试点以来，国务院的相关部门多次强调要建设好排污权交易机制、完善排污权有偿使用和交易制度、大力推广排污权交易政策。各试点省区市都进行了积极有效的探索，并取得了可喜的实践成果，我国排污权交易现状如表1-1所示。从排污权交易机构的建设来看，所有试点省区市均设立了排污权交易平台，标志着试点省区市有合法的交易场所、可行的交易办法、完整的交易制度框架。从排污权交易的标的种类来看，绝大部分省区市的交易标的为二氧化硫、化学需氧量、氮氧化物和氨氮，其中山西省将烟尘和工业粉尘纳入排污权交易范畴，湖南省将重金属污染物引入交易标的，均契合两省的支柱产业排污情况。从交易规模来看，浙江省早在2015年的累计交易金额就高达25亿元，位居全国之首，其次，山西省在2018年的累计交易金额达到20亿元，交易市场活跃度较高。综上所述，目前排污权交易政策已被各地区广泛接受，我国对排污权政策的重视程度也在不断提高，截至2017年底，我国排污权交易试点工作基本完成，多数省区市已在重点建设排污权有偿使用和交易制度。

表1-1　我国排污权交易现状

交易机构名称	交易标的种类	累计交易规模/元	截止时间
嘉兴市排污权储备交易中心	SO_2、COD、NO_x、NH_3-H	11.96亿	2015年9月
天津排污权交易所	SO_2、COD、NO_x、NH_3-H	15.5万	2017年9月
浙江省排污权交易中心	SO_2、COD、NO_x、NH_3-H	25亿	2015年5月
湖北环境资源交易中心	SO_2、COD、NO_x、NH_3-H	1594万	2015年5月
河南省排污权有偿使用和交易平台	SO_2、COD、NO_x、NH_3-H	1.4亿	2015年5月
陕西环境权交易所	SO_2、COD、NO_x、NH_3-H	7.53亿	2017年1月
河北省污染物排放权交易服务中心	SO_2、COD、NO_x、NH_3-H	18亿	2017年3月
山西省排污权交易中心	烟尘、工业粉尘、SO_2、COD、NH_3-H	20亿	2018年3月
湖南省排污权交易中心	SO_2、COD、NO_x、NH_3-H、Pb、As、Cd	7亿	2018年4月

续表

交易机构名称	交易标的种类	累计交易规模/元	截止时间
江苏省排污权交易管理中心	SO_2、COD、NO_x、NH_3-H、TP、TN、VOCs	4.23 亿	2017 年 9 月
内蒙古自治区排污权交易管理中心	SO_2、COD、NO_x、NH_3-H	2.1 亿	2011 年 7 月
河北省邯郸市环境排污权交易中心	SO_2、COD、NO_x、NH_3-H	8194 万	2016 年 12 月
河北省石家庄市排污权交易中心	SO_2、COD、NO_x、NH_3-H	2116.5 万	2015 年 8 月
重庆资源与环境交易所	SO_2、COD、NO_x、NH_3-H	3.89 亿	2017 年 5 月

资料来源：各省区市排污权交易平台、原环保厅和原环保局公布数据。

企业在一级市场获得排污权指标值分配，在二级市场进行排污权交易。国内暂时还未形成多层次的排污权交易市场，未形成排污权的跨时间、区间交易，未衍化发展相关的配套服务金融产业。目前我国的情况是技术水平高、生产成本小的企业排污权指标富余，把出售多余排污权指标的收入用来进一步提升企业的技术水平，从而拥有更多的排污权指标。而低技术高成本的企业，则要用获得的利润去购买排污权。这就进一步减少了企业的再投资，企业技术水平得不到提升、规模不能扩大，只能继续购买排污权。

1.2.3 排污权交易的发展趋势

国外排污权交易不论从理论方面还是实践方面都起步较早，发展较为成熟，部分发达国家已经逐步建成了相对完整的排污权交易体系，并取得了良好的效益。目前国内尚未形成成熟的排污权交易体系，虽然已经在全国范围内开展了试点工作，但是各个地区的排污权交易对象存在不同，交易重点也区别较大，以大气污染物排污权交易为主，水污染物排污权交易相对较少。交易主体受到各种限制，主要以行业典型企业为主，而不同区域之间、不同流域之间或者流域内部的排污权交易又该如何开展，目前还处于研究阶段，还没有比较成熟的体系来支撑推广。因此排污权交易的发展重点将围绕如下几个方面开展实施。

（1）建立排污权交易市场和排污权分配体系

排污权分配是建立排污权交易市场的基础，是建立排污权交易和开展排污权交易的必要前提。2014 年，国务院办公厅印发《关于进一步推进排污权有偿使用和交易试点工作的指导意见》（国办发〔2014〕38 号），其中明确"排污单位在缴纳有偿使用费后获得排污权，或通过交易获得排污权""排污单位在规定期限内对排污权拥有使用、转让和抵押等权利"。排污权是将产权的概念引入环境资源而得来的，所以排污权是指排污单位占有和使用环境资源的权利。排污权的法律属性被视为行政许可性权利。从我国排污权交易试点的实际运行机制来看，一方面，以总量交易机制为主，即排污权的核算依据是总量控制要求，排污单位获取排污权的种类、数量以及减排后形成的可交易的富余排污权指标，均须经生态环境行政主管部门以行政确认的方式进行确认，体现了其行政许可属性；另一方面，排污单位有偿获得的排污权指标可抵押，减排后形成的富余指标可以进行市场交易，表明了排污权的资产属性。

在排污权交易试点中，一般是以发放排污权证的方式来体现排污权的产权资产属性，用排污权证载明企业排污权的拥有量、可抵押量等资产权益，并通过交易管理平台对其相关数据信息等进行管理。在企业有偿获得排污权后，领取排污权证，以其作为排污权市场买卖或抵押的资产凭证。

在国家现行经济政策以及法治化、市场化驱动的前提下，要将排污权交易作为一项可行的环境经济政策来推动污染减排，在创新实践中坚守法律底线、按程序规定办理，实现过程有监督、风险可管控。要完善法规制度，为排污权交易机制创新提供政策保障，推动排污权交易市场繁荣发展。

排污权交易市场可分为一级市场和二级市场，一级市场需要实现的是通过初始分配的方法，环境容量资源从政府向排污单位转移；二级市场保证排污权这种环境资源在排污单位之间的再分配。通过一、二级市场同步建立和推进的工作模式建立排污权交易市场，即通过对现有企业进行排污权初始分配和有偿使用，建立排污权交易一级市场；在建立排污权交易一级市场的基础上，激发和调动现有企业的减排积极性，让排污企业产生富余排污权，再通过市场出让减排产生的富余排污权指标，从而让新建、改建、扩建项目通过市场购买排污权指标，构建排污权交易二级市场，推动排污权交易市场的建立和稳定运行。

如何在现有企业之间以及现有污染源与将来污染源之间进行合理有效的排污权分配，成为排污权交易的首要问题。

（2）构建排污权交易的法规体系和交易规则

排污权是环境权的一项重要内容，指单位和个人在正常的生产和生活过程中向环境排放必须和适量污染物的权利，不能把排污权片面理解为向环境任意排放污染物或污染环境的权利。

通过制定完善的法律法规和技术规范，从法律上明确排污权的性质是有其实际意义的，既可以从法律上明确排污权交易的标的，又可以协调排污权与物权、排污权与环境权的关系，更是制定交易规则和维护交易市场稳定运行的基础。通过建立生态环境保护相关法规与《民法典》等对不同利益的沟通与协调机制，有效通过市场化法律制度防治并解决环境污染和破坏的问题。因此，要建立排污权交易法律制度和排污权交易市场，就必须首先从法律上确认排污权。一项权利之所以能在不同主体之间进行交易，其原因就在于特定主体拥有对该权利的占有、使用、收益、处分，他人非经许可不得擅自使用的权利。因此，明确排污权是排污权交易制度的先决条件。

迄今为止我国尚未确立一部高位阶的法律，专门对排污权交易进行规范。目前关于排污权交易政府监管的规定，仅在于《环境保护法》《大气污染防治法》《水污染防治法》等法律法规里的部分条款，且内容也为原则性的规定，例如可以进行排污权交易、政府负有监管职责等，并没有对排污权交易的运行，政府监管的内容、方法、限度等作出明确的规定。近年来开展的试点交易，也没有建立起完善的排污权交易地方立法体系，而是各自围绕地方管理需要自成一派。法律体系还需进一步完善以便排污权交易政府监管法律制度建设能够顺利开展。

排污权交易制度的关键在于充分发挥市场机制的作用，激发排污主体的活力，积极提升技术节能减排，以有更多的排污权余额在市场上交易，无须再通过政府提高排污税收或者责令停产停业来减小对环境的破坏，在不阻碍经济发展的前提下还能够保护生态环境。我国排污权交易在试点初期，主要由政府部门来帮助排污主体完成排污权交易，排污企业之间大多服从和信赖政府主管部门的安排。在排污权交易市场中，如何既能够给予政府适度且必要的行政干预权力，同时又能够限制个别政府的不当干预行为，使政府在合理边界内发挥作用，这需要明确政府的权力和职责。

完善污染物排放监管系统，是排污权监管的重要举措，相关法规中已明确规定了重点排污企业或单位要安装污染物自动监控（监测）系统。根据企业安装污染物自动监控（监测）系统的情况来看，存在诸多问题，其一，部分企业污染物自动监控（监测）系统无法正常运行，数据采集不够准确，甚至存在数据造假现象；其二，由于部分企业自身技术水平和专业能力储备不够，运行和维护污染物自动监控（监测）系统不规范、不准确，不能满足环境监督管理要求；其三，选择第三方服务来安装或运维污染物自动监控（监测）系统的企业，容易造成企业的运营成本增高。目前，相关的法规体系支撑不够完善，第三方运维单位操作人员的专业技术能力水平有限，直接影响到委托方的运维质量，从而产生相关的影响，还会影响到地方整体的污染物排放量的真实状况，从而不能有效地将排污权与生态环境质量改善的联动机制发挥好。

排污权交易的目的是改善生态环境质量，降低企业保护环境的成本，因此，建立健全行之有效的排污权交易法规体系和交易规则至关重要。政府及行政主管部门应发挥主导作用，企业和第三方服务机构应提高自身技术能力水平。

（3）设定控制目标，明确各参与方定位

排污权交易制度是一项生态环境经济政策，离不开政府行政主管部门的统筹和监管。因此从头到尾应设置严格的监督监管目标要求，各相关参与方也应有明确的角色定位。

首先，要确定排污交易的控制目标，即制定污染物总排放量，其次，将其作为排污额向地方政府进行初次分配，最后，由地方政府分配到所辖区域的排污主体，从而完成一级市场的交易。因此制定污染物排放总量控制办法是确定排污权交易控制目标的基础工作，主要包括：确定污染物排放总量控制的区域，污染物的种类，某该种污染物排放指标的分配方法、程序以及执行方式，污染物排放总量控制区域内污染物排放者和排放监督者的法律责任，并给出合理准确的污染物排放总量计算或推算办法。

由于各区域环境污染因子存在较大差异，所以各地应根据本地实际情况和总量控制计划，制定基于本地生态环境管理的排污权确立和交易管理办法，明确可以用于交易的污染物种类。在某些特殊污染区域，还可以对特殊种类排放物实行排污权交易。通过立法明确排污权交易中各个角色的定位，如政府的职责、销售方的职责和购买方的职责等。销售方应明确销售者的主体资格、实质减少排放和节余的排污指标量、所享有的卖方权利和应该履行的义务。购买方应明确购买者的主体资格、即将使用的所购指标与即将排放的污染物必须为同种污染物、所享有的买方权利和应该履行的义务。应根据总量控制区内交易和排放量应在目标值内、排污交易总费用最小的原则和有偿交易的原则，发展和完善总量控制制度。总量控制制度是一项系统工程，首先要从法律上明确总量控制地位；其次要有配套完善的总量控制措施和计算法则；最后是明确对排污权进行合理的定价和初始排污权的分配，实现资源优化配置和环境资源保护。

为了加强对排污权交易实行有效的监督、管理，必须加强政府主管部门对交易后买卖双方排放该种类污染物的监测。可以立法通过规定排污权交易市场的监察机构，规定对双方交易物的监测时间、方式、频率等，以及规定监测数据的管理、使用、存档等，建立完整的监测体系。

（4）激励流域和区域排污权交易体系的构建

在符合区域环境质量要求和确定区域污染物排放总量的前提下，协调和指导较大区域范围内的排污权交易，比如流域内交易、跨流域交易等，可有效督促排污单位减污增效，加大相互监督的力度。

可以根据发展需要，扩大常规污染物排污权交易地域范围，比如建立京津冀及周边地区、长三角、粤港澳大湾区等重点区域排污权交易市场。为有效弥补现有排污权交易的不足，可以设计建立基于环境质量的区域排污权交易体系，也可有效利用区域特定的地理特征和气象条件，结合大气污染物跨界传输特征，进行调控管理。流域内可根据水质变化，尤其是上下游水质及具备的水文条件进行体系设计。运用市场机制和经济杠杆为污染减排增添强劲的基础条件。可在现有地方性排污权交易基础上，探索构建区域流域污染物排污权交易机制，实现大尺度层面企事业单位的常规污染物排放权指标统一管理，并通过建立区域交易市场，优化环境资源配置，以市场化机制为突破口深化污染减排，加速提升重点行业的污染防治整体水平。

（5）稳步扩大污染物覆盖范围，完善以排污权为核心的管理体系建设

我国排污权交易处于起步发展阶段，排污权交易二级市场还不够活跃，而且目前排污权市场的污染物种类相对较少，针对某些地区具有地域特征的污染物比如重金属污染物等的交易规则还没有明确统一的标准；随着新型污染物的确立和对其危害的研究增多，以及对企业排放监管水平的提升，势必会探索将更多的污染物种类纳入排污权交易体系的可行性和必要性。只有这样才能更加有效地通过市场与行政相结合的手段，减少对人类生产生活具有高危害性的污染物的产生及排放。

排污权交易作为排污许可证制度市场化的表征，其发展满足了新时代生态文明建设的需要，因此要建立以排污许可证制度为核心的$1+N$的法规体系，实现与环境保护管理制度的有效衔接。与环境影响评价制度的衔接，可将环境影响评价文件与排污许可证申报核发在编制格式、数据核算等方面的内容衔接，推进环境影响评价申报数据与许可证填报数据的共享与衔接。与总量控制的衔接，可制定固定污染源源强核算规则，统一污染物排放数据统计和计算方法。与"三同时"（通过排污权二级交易市场将排污权有偿交易，激励企业通过压减产能、清洁生产等方式削减实际污染物排放量，推动排污单位主动降耗治污减排）制度的衔接，可减少管理环节，提升环境管理效能。与环境信用的衔接，可加快环境信用制度政策制定和立法进度，推动形成以环境信用为核心的生态环境监管新机制，构建以政府为主导、企业为主体、社会组织和公众共同参与的生态环境治理体系，强化企业排污许可环境信用评价结果应用，建立多部门环境信用联合奖惩机制，推动企业持续做出改善生态环境的行为，不断提升生态环境保护绩效。

研究构建基于区域环境质量的许可排放量核定方法，对重点区域和一般区域、达标区域和非达标区域、重点行业和非重点行业分类施策，实现精准减排。根据排污单位污染物产生量、排放量及环境影响程度大小，科学分类管理，实施差别化、精细化管理。开展各级各类固定污染源环境管理信息的整合共享，实现与环境影响评价信息平台、全国污染源监测信息管理平台、全国重点污染源在线监测系统、环境统计信息平台、环境移动执法系统信息平台、排污权交易平台、环境保护税涉税信息共享平台等现有平台数据的对接融合，以数据信息的打通和共享，促进固定污染源管理协同，支撑生态环境保护主管部门实施现代化监管，强化企业守法和履行环境责任，提升以"排污许可证制度"为核心的固定污染源监管制度体系的现代化管理水平。探索建立快速高效的排污许可证后监管模式。制定实施排污许可与执法衔接工作方案，厘清排污许可证后管理和依证执法的关系，建立排污许可与环境执法的工作机制。提升证后监管信息化水平，可以排污许可信息共享平台为依托，应用移动执法系统建立固定污染源信息化监管模式，从而提升证后监管能力。

1.3 区块链技术

1.3.1 区块链技术的产生和发展

1.3.1.1 区块链技术的产生背景

自 21 世纪以来，随着信息技术的发展，人们的生活逐渐网络化、数字化，开发人员把现实生活的各种场景用信息技术加以优化，提高效率、创新模式，形成了大量的新产品、新技术。在这个背景下，有很多研究人员开始探索作为交易的媒介——货币。从二十世纪八九十年代开始，人们开始探索和研究数字币。

1993 年，美国人埃里克·休斯和其他几个人创建了一个名为"密码朋克邮件名单"的加密电子邮件系统，简称密码朋克。密码朋克用户约 1400 人。这些人逐渐形成一个非常私密的圈子。名单上的人通常是 IT 领域的精英，比如菲利普·希默曼（PGP 技术的开发者，密码朋克的创始者之一）、约翰·吉尔摩（太阳微系统公司的明星员工，也是密码朋克的创始者之一）、斯蒂文·贝洛文（美国贝尔实验室研究员，哥伦比亚大学计算机科学教授）、布拉姆·科恩（BT 下载的作者）、蒂姆希·C. 梅（英特尔公司前首席科学家）……这个小型的私人团体是密码天才们的松散联盟，成员之间经常就数字币展开讨论，并将一些想法付诸实践。Adam Back 是一位英国的密码学家，1997 年，他发明了哈希现金，其中用到了工作量证明机制。这个机制原来是用于解决互联网垃圾信息问题的。工作量证明机制后来成为比特币的核心要素之一。Haber 和 Stornetta 在 1997 年提出了一个用时间戳的方法保证数字文件安全的协议，这个协议成为比特币区块链协议的原型。

戴伟是一位兴趣广泛的密码学专家，他在 1998 年发明了 B-money，B-money 强调点对点的交易和不可更改的交易记录。不过在 B-money 中，每台计算机各自单独书写交易记录，这很容易造成系统各账本的不一致。为此，戴伟设计了复杂的奖惩机制以防止作弊，但是并没有从根本上解决问题。中本聪发明比特币的时候，借鉴了很多戴伟的设计，并和戴伟有很多邮件交流。Hal Finney 是 PGP 公司的一位顶级开发人员，也是密码朋克运动早期重要的成员。2004 年，Finney 推出了自己的电子货币版本，在其中采用了可重复使用的工作量证明机制（RPoW）。Hal Finney 是第一笔比特币转账的接受者，在比特币发展的早期，他与中本聪有大量的互动与交流。这些密码朋克成员在数字币领域的探索和实践，为比特币的诞生奠定了基础，并提供了大量可供借鉴的经验，从而推动比特币的出现，同时也给比特币的未来带来了宝贵的参考价值。

1.3.1.2 区块链技术的发展历程

自 2009 年起，随着比特币、区块链技术的不断深入，它们的成熟度也得到了大幅提升。2015 年，它们已经迅速变得炙手可热，引起了全球的瞩目，不论是政府、中央银行、金融机构、科技公司还是有着敏锐洞察力的投行，都纷纷加大了对它们的支持力度。随着科技的飞速发展，区块链技术在全球范围内的研究和应用正在迅猛增长，它被视为第五次革命性的变革，标志着人类信用史上的第四个里程碑，超越了血缘、贵金属和央行纸币等传统信用形式。区块链技术可以被视为云计算的基础，它可能将彻底改变人类社会的运作方式，使其从传统的信息互联网转变为更加具有价值的互联网。以下按照时间顺序阐述区块链技术发展历程中若干具有重要意义的事件。

① 比特币：一款点对点电子商务现金管理系统，是中本聪在 2008 年 11 月 1 日发布的

一个重要的比特币研究成果，它以分布式 P2P 网络、非对称加密、时间戳和工作量证明等技术为核心。

② 2013 年末，Vitalik Buterin 发表了名为《以太坊：一个下世代安全加密货币和去中心化应用平台》的白皮书，其中，以太坊将区块链技术与图灵完备的智能合同相结合，被视作区块链 2.0 的开端，Buterin 在 2015 年 8 月推出了一个全面升级的以太坊平台，使得它更加安全、稳定、高效。

③ 2014 年 10 月，"楔入式侧链"正式发布，它为不同区块链之间的资产交易提供了一种全新的方式，使得资产的流动更加便捷和安全。

④ 2015 年 9 月，全球银行业巨头组建成立 R3 CEV 区块链联盟，成员包括摩根士丹利、高盛、汇丰等，致力于探索区块链技术在金融行业的应用产品。以部分去中心化为典型特征的联盟链技术逐渐获得广泛关注。

⑤ 2015 年 12 月，Linux 基金会推出了 Hyperledger 项目，吸引了 IBM、Intel、摩根大通等知名企业参与，旨在开发企业级区块链应用平台。

⑥ 2015 年 12 月，加拿大科技咨询相关政府部门就《分布式账本信息技术：跨越区块链》作出了重要的评估，他们认为，区块链的出现可能会导致史无前例的科技变化，因此，他们强烈要求政府部门尽早采取行动，促使其普及和实施。

⑦ 2016 年 1 月，中国人民银行举行了一场关于推广应用区块链技术的专题研讨会，旨在推进金融业的智能化、网络化、安全化，从而实现更加有序、更加公平的金融交易。

⑧ 2016 年 4 月，为推进区块链技术的研究和应用，国内先后成立了中国分布式总账基础协议联盟和中关村区块链产业联盟等产业机构。

⑨ 2016 年 4 月，"The DAO"项目以以太坊为媒介，开启了一场前所未有的众筹之旅。28 天的时间里，以太坊的价值突破 1.5 亿美元，创造了截至当时历史上最大的众筹纪录。

⑩ 2016 年 9 月，国际标准化组织（ISO）成立了专注于区块链领域的标准技术委员会 1SO/TC 307，中国成为全权成员，标准的加快制定将进一步推动中国区块链市场稳步发展。

⑪ 2016 年 10 月，中国政府举办了一场以中国区块链技术与应用为主题的高端会议，会议上宣读了《中国区块链技术与应用发展白皮书（2016）》，为中国的区块链行业提供了宝贵的参考资料，为未来的发展提供了强大的支撑。

⑫ 2016 年 12 月，国务院印发《"十三五"国家信息化规划》，标志着中央政府对于推动区块链及其相关技术的深入应用，以及其在未来的可持续性的重视，为全民共享信息化建设的成果提供了坚实的支撑。全球经济论坛的研究表明，区块链技术可能会改变跨境支付、保险和信贷领域的现状，并且有望成为一种新的、可持续的、改善性的金融服务。

⑬ 2017 年 9 月 4 日，中国人民银行等七部门关于防止代币发行融资风险的公告明确指出代币发行（ICO）是一种不合规的、违反相关规范的金融活动。以比特币为代表的数字加密货币体系开始受到严格监管。

⑭ 2018 年 5 月，中国科学院院士大会首次将区块链作为重要议题，并强调了这项前沿科学技术的重要性，它将推动中国经济社会发展，促进社会进步，实现经济可持续发展。自此，我国区块链技术发展步入快车道。

1.3.1.3　区块链技术的发展现状

（1）区块链在全球范围的发展

随着比特币的迅速崛起，区块链技术也迅速走红，引起了监管机构和金融机构的极大关注，使其纷纷投入到区块链的研究和实践中，使得区块链技术在全球范围内得到了广泛的应用。随着银行、证券、基础设施建设、公共服务领域的不断深入，区块链技术已经成为一种有力的工具，可有效地处理各种复杂的信贷问题，并且受到了越来越多的认可，进一步推动了它的广泛使用，从而为各种领域的服务提供了可靠的支撑。

随着技术的不断改善和应用的普遍，目前，区块链的发展已经经历了两个阶段：首先，它已经拓宽到私人、企业和政府三种不同的领域；其次，它已经实现了 1.0、2.0 和 3.0 的技术，并且具备更高的可靠性和可操作性。1.0 时期，比特币作为一个典型的加密货币开始流传（2008—2009 年），随后，更多的新型加密货币也相继涌现。2.0 时期，比特币和市场去中心化等技术被广泛应用，不仅能够实现比特币的流通，还能够实现更多的财富管理。一些学者甚至指出，2016 年已经迈向了区块链 2.5 的新阶段，重点放在货币桥的使用、分布式记录、数据层的数据和技术，并且与人工智能技术相结合。区块链 3.0 核心在于提供一个更为精细的、可靠的、可持续的、可信赖的技术，以支持各行各业的运作。

随着科技的发展，证券交易已被公认为一个充满潜力的新兴行业。相较于传统的金融业，如投资银行、券商、股票交易、中央结算等，区块链科技更加便捷、高效，它不仅仅提供了一个账号，还提供了一个安全的账号，它的账号由一个用户唯一的密码组成，每一个账号都由一个唯一的密码来保护，这样一来，就不存在任何欺诈的情况了。2015 年，纳斯达克股票交易所、伦敦证券交易所、葡萄牙兴业银行、瑞银控股（UBS）四大全球金融服务提供商纷纷加入区块链的行列，共同推动金融科技的发展，试图利用区块链科技来实现金融交易的安全、高效、可持续的发展。2015 年 12 月底，纳斯达克发布的首个全新区域链科技交易平台——Linq，为私募基金提供了一种全新的融资模式，这一举措得到了一个去中心化的区块链数字资产平台的大力支持。

从 2014 年起，非货币应用的发展迅速，其中以 BTCjam 和 Swarm 为代表的 P2P 信贷和 Koinify 的众筹业务尤为突出。这些应用都是建立在区块链技术的 2.0 版本之上的。通过使用区块链技术，可以在艺术品和创意领域实现非金融化的交易，智能合约这样的数字化应用也随之流行。花旗银行于 2015 年 9 月宣称，为了推进数位钱币的应用，该商业银行正在大力投入资源，推出一个完整的数位钱币——花旗币，以及三个基于区块链的数位钱币——花旗银行的数位钱币。2015 年下半年，42 家欧美商业银行组成的 R3 CEV，成为当时最大的金融组织之一，并开始推动区块链的发展。R3 CEV 的目的是通过实践来检验其理论模型，并为其设立相应的技术标准。Agentic Group，一个国际性的区块链企业联合会，由纽约市的一个企业发起，目前正在与百慕大政府展开深度合作，共同打造一个完整的数字币生态圈。多家企业参与合作，涵盖多个领域，从加密货币支付交易、金融到其他相关领域，共同努力将互联网、智能媒介、数字币、区块链等应用到实践中，从而实现更大的社会效益。2016 年 6 月 1 日至 6 月 3 日，世界银行、国际货币基金机构、美联储联合举办的第 16 届金融政策问题全球会议，吸引了 90 个国家的央行和监管部门的代表，中国也是其中一员。本次全球会议持续三天，就如何应对金融市场的变化进行了深入探讨，并就如何利用区块链技术提出了有效的解决方案。世界银行官方网站发布的议程显示，本次活动的重点放在区块链与金融科技方面。参与者们深入分享了过去一年来他们在这两个领域取得的成就，同时也分享了他们所面临的挑战，以便与会者一起深入交流。经过 90 个国家的央行代表们的集体探讨，区块链技术被全球金融监管机构所承认和肯定。

随着 2016 年数家央行的外汇储备银行账户受到黑客攻击，孟加拉国央行的外汇储备银行账户损失惨重，这类事件也引起了国际社会的广泛关注，作为比特币的基础技术，区块链的出现，为央行提供了一种新的解决方案，以确保数据的完整性和可靠性。根据英国广播公司（BBC）的报告，一名黑客攻破了孟加拉国央行的网站，他向该央行提出了几十条转账请求，而这些转账请求的内容涉及德意志银行的一个重大问题，德意志银行立刻对孟加拉国央行进行了审查，确认了这些转账的真伪，孟加拉国央行也意识到了这些转账的安全问题。美国纽约联邦储备银行和越南先锋商业银行均对孟加拉国央行涉及金融欺诈的可疑申请发出警告，根据调查数据，如果当时的申请均已经通过审核，那么这笔金融欺诈的金额将会超过10亿美元。越南先锋商业银行于2016年5月15日宣布，他们已经成功击退了2015年第四季度企图通过伪造国际资金清算系统（SWIFT）数据来盗取银行110万美元资金的黑客攻击行为，为孟加拉国央行的金融安全提供了强大的保障。2015年1月，厄瓜多尔一个商业银行遭受了黑客进攻，造成了1200万美元的损失。此次攻击的方式和孟加拉国央行遭遇的类似，暴露出了SWIFT系统的严重缺陷。区块链技术可以有效地防御黑客攻击，与SWIFT不同，它允许全球各地的计算机共享一个区块链，从而使得银行系统无法在单一节点受到攻击，能够在整个网络中实现安全性和稳定性。

（2）区块链在中国的发展

随着不断的深度学习、不断的技术革新，各种各样的商业模式逐渐涌现。为推动国内的区块链发展，2015年12月15日，北京市政府正式宣布建设中国区块链应用研究中心；2016年1月5日，北京市政府正式宣布建设中国区块链研究联盟，以推动国家经济社会的可持续发展；2014年，央行也加大对区块链科技的投入，并于2016年1月20日举办了一场关于区块链的会议。

1.3.1.4 区块链的定义

随着技术的不断进步，区块链已经成为一种普遍存在的技术，它不仅改善了传统的金融服务，而且为不同的领域带来了前所未有的商机，因此，我们必须深入了解它的概念。它的核心就是一种分散的、无须中央控制的体系。每一笔交易均经过严格的审核，每个节点均负责完成，而且每一笔交易的结果均经过严格的验证，从而实现双方权益的最大化。为了防止任何潜在的风险，每一笔交易的记录均采用了严格的加密技术，使得每一笔交易的结果能够被完整地记录，从而实现了无缝跟踪、管控。我们将区块链比喻为"总账"，其中的每个页面代表了该书的一部分，其中的"页码"则记录了该书的另一部分，构建了一条完整的"理论上"的数字货币体系，将整个网络中的任何交易记录下来，并且能够追溯到其本来的状态。尽管在某种程度上，我们能够利用区块链技术来实现这种目标，但这种方法会花费巨大的人力物力，而且缺少实用价值。相比之下，我们更倾向于使用哈希值来检测并确认每个区块中发生了什么样的交易。

随着技术的发展，人们采用了一种叫作区块链的技术，它的核心在于，必须获得51%以上的网络节点的支持，并且该技术没有依赖于传统的网络或者交易模式，采用的是基于网络的共识，从而有效地防止了网络中央的失灵与欺诈行为。

1.3.1.5 区块链的特点

区块链具有以下五个特点。

（1）通过使用区块链技术，我们能够在没有核心机构的情况下，实现对数据的准确性、完整性、稳定性以及安全性的提升。这种技术通常使用数学原理，并且能够在各个节点之间建立起相互的信任，实现真正的无核对抗。

（2）区块链技术利用时间戳来存储数据，使得数据拥有更多的时间维度，并且具有很高的可验证性和可追溯性，使得数据的安全性和可靠性得到大大提升。

（3）为了确保安全性，我们建立了一个基于区块链的集成管理平台。该平台使用了一种独特的经济激励措施，以确保每个节点都能够在"挖矿"协议的支持下进行数据交换。此外，我们还使用了一种基于共识的方法，以明确每个节点的身份。

（4）通过使用区块链技术，我们可以开发出一个具有极大灵活性的脚本代码，从而为用户带来更加先进的智能合同、数字币和其他多种无须中央控制的服务。

（5）通过利用非对称的密码学原理，区块链技术实现了唯一的双向加密，从而为数据和信息提供了坚实的防护。此外，分布式系统中多个节点的协商，以及其他共识算法，使得区块链的数据无论是被篡改还是被伪造，都得到了极佳的防护，从而提升了整个网络的安全性。

通过区块链技术，我们可以确保所有的交易和支付都是独一无二的，且无须重新构建任何其他的交易或支付方式。这样，我们就可以确保区块链的唯一性，满足传统行业，如银行和货币的需求。

随着技术的发展，无论是从技术上还是从成本上，区块链都可以显著地降低交易的成本。这是由于双方都可以采取网络技术实现快速、便捷的交易，而且可以省去烦琐的确权和信用审查等步骤，从而极大地缩短了整个体系的周期，并且为未来的发展打下坚实的基础。区块链技术的优势在于它不需要依赖中央机构，并且每个节点都拥有"副本"中记录的所有交易，这使得它比传统的网络更加安全，即使中央机构遭受攻击也不会导致整个网络瘫痪。

1.3.2　区块链的分类

随着区块链技术的进步，跨界合作的组织、公司、研究者纷纷加入，各类应用、产品也在持续涌现，使得更多的用户可以通过这些新兴的服务体验，实现从传统到数字化的转变。通过观察用户的行为和使用情况，可将区块链划分为三种：共享、共享服务和共享服务协议。为了适应不同的应用场景和需求，区块链根据准入机制可以分为公有链、私有链、联盟链三种基本类型。

1.3.2.1　公有链

公有链是参与程度最广泛的区块链，它也是区块链技术得以附着的底层应用。从严格意义上来说，公有链是指全世界任何参与节点都可读取的、任何参与人都能发送交易且交易能获得有效确认的、任何人都能参与其共识过程的一种区块链。公有链通常被认为是完全去中心化的，它理论上由全部节点参与的共识过程来决定哪一个区块可被添加到区块链的主链当中和明确当前状态。

公有链具有以下三个特点。

① 用户与开发者隔离，使使用户免受开发者的影响。公有链用户的广泛参与，必须最大限度地保证用户与程序开发者的相互隔离，使使用户的各种应用不会受到开发者的影响。

② 较低的使用门槛。要达到广泛的用户参与，就需要降低使用门槛，因为世界上不同地方不同的节点具备的基础条件完全不一样，如果门槛过高，必然会限制一部分人的访问，无法达到公有链的参与程度。一般来说，只要能够上网，就能够访问公有链的区块链，这样

的区块链才具备成为公有链的条件。

③ 全部区块链数据处于公开状态。这是由区块链的去中心化特性所决定的。首先，作为一本分布式的"总账"，各个节点都会保存区块主链的备份并对其加以确认；其次，对于已经存在于区块链上的区块，其内部封装的交易信息理论上可以由任何一个节点通过遍历访问，一直追溯到创始区块，这说明交易信息是公开的，也只有这样才能避免其被恶意篡改。

当然，参与者自身的信息可能是隐藏的，我们只能看到哪一个节点与其他节点发生了交易，但是每个参与者可以看到所有的账户余额和其所有的交易活动。

目前最为人所知的公有链，就是比特币了。公有链建立以后，主要利用其数据公开、无法篡改的特性进行验证、智能合约等应用。以验证为例，在比特币区块链上，每一个区块的产生都是对大量的信息进行哈希计算，并进行默克尔（Merkle）树计算得到的，因此只要是区块将某些证明信息封装到区块中，借助于公有区块链的不可篡改特点，就可以保证相应的证明信息具备足够强大的安全性和证明力。

公有链的不足之处也是很明显的。

① 交易确认速度慢。因为参与的用户众多，需要大量的用户来形成共识，以便对新的区块构造权进行竞争，所以需要采用一些规则（如工作量证明——Pow、权益证明——PoS、委托权益证明——DPoS等）来达成共识，使绝大部分节点能够对一段时间内发生的交易进行共同验证和确认，这就需要花费较长的时间，降低了交易确认的速度。

② 交易保密性难以保证。参与的用户分布广泛，尽管安全性得到了极大的增强，但是对于一些需要保持隐秘的交易，一旦被封装到区块链上，它就可以被任一节点访问，虽然节点的具体身份可以保持隐秘，但交易信息却能被大量节点看到，要求的保密性也就丧失了。

1.3.2.2 私有链

与公有链相对应的就是私有链。从字面上我们可以理解，私有链相对于公有链来说，至少是应用的范围大幅缩小，不再是任意某个人都可以访问的区块链，而是只有某些特定的节点才能应用的区块链，具备了私有的特性。

从定义上看，私有链是指创建及维护权限由一个组织拥有，非组织成员仅拥有访问权限或无法访问的小规模区块链网络。

私有链的特点如下：

① 用户规模小，一般属于同一个组织，交易速度快。因为所有节点属于同一组织，彼此之间已经完全建立了信任，所以无需复杂的共识机制即可进行交易验证，从而大幅提高交易速度。由于节点之间存在高度的信任，一个私有链的交易速度远远高于所有的公有区块链的交易速度，甚至可以接近常规数据库的速度。

② 信息安全性大幅提高。在私有链中，组织可以使用与其他区块链完全不同的数据加密算法，使自己这个系统内的数据仅能够由本区块链各个节点识别和使用，离开了本区块链，其他的节点无法识别或使用，因此，其安全性大大提高。私有链的安全性能高，使得银行等金融机构也产生了对于区块链技术的强烈兴趣，并纷纷加入进来，但是他们进来的目的是开发自己的私有链应用。公有链的存在，使各个节点都可以访问区块中的数据，尤其是交易数据在创建区块的过程中在全网范围内传播，而在私有链中，节点都属于同组织，其使用独特的加密方式，从多方面提高了安全性。

③ 交易成本大幅降低。由于各个节点之间同属于一个组织，彼此之间可以高度信任，

不再需要花费资源来验证交易，因此在私有链上可以进行完全免费的交易。即便一个交易需要验证或确认，由于私有链的规模小，信息交流和传输可以很快完成，速度远远高于一般的公有区块链。

随着 Linux 基金会、R3 CEV 的区块链软件 Corda 和应用开发网络 Gem Health 的推动，当前，世界各地的私人链项目正在积极推进，当中包括超级账本（Hyperledger）项目，它将为用户提供一种更加安全、可靠的支付方式。R3 CEV 作为一个在纽约的区块链创新企业，它推动的 R3 区块链联合，迄今为止已经获得多家全球顶尖商业银行的支持，当中不乏富国商业银行、美洲商业银行、纽约梅隆商业银行、花旗商业银行，2016 年 5 月，中国平安商业银行也正式成为该联合的一员。该区域链项目在某种程度上可以与联盟链相媲美。

虽然部分人将私有链视作一种具备中央控制权的特殊形态，但事实上，它更多的是基于分布式账本技术，即使与传统的区块链相比，它仍然可以被视作一种更加灵活和可靠的数据处理方法。

总之，私有链可以在某种程度上提高金融服务的效率、保障安全性，同时也可能存在欺诈风险。然而，它并不会彻底改变金融体系的运作模式。公有链则拥有更强大的去中心化能力，可以替代传统金融机构的大部分职责，从而彻底改变金融体系的运营模式。

1.3.2.3 联盟链

联盟链可以被视为一种介于公有链和私有链之间的混合链，尽管在规模方面存在一定差异，但 R3 CEV 可以被视为一种公有链，而且由于参与者数量的增加，它的功能也在逐渐扩大，最终成为一种真正的公有链。

联盟链是一种由多个组织或机构组成的区块链系统，它们通过签订合同或其他协议来建立信任和共识机制。这种系统只允许联盟成员使用区块链技术，并且对外界的访问权限是有限的。

去中心化的联盟链是一种独特的技术，其能够将多个独立的实体连接起来，从而形成一个完整的网络，无论是跨越多个实体，还是跨越多个行业，都能够实现安全、快捷、准确地传输。通过使用去中心化，各个实体能够根据自身的技术优势，实现自动的数据处理，从而大大降低传统的中央控制结构，加快传输的过渡，极大地改善传输的安全性。因此，在交付方面，虽然联盟链的效率可能会比公共网络要高，但与具备较强的封闭性和较强的可靠性的私人网络相比，它的效率要差得多。

通常情况下，联盟链的建立需要遵守独特的区域分布式记账系统的规范，从而确保其内部的安全。然而，为了确保其稳定，它们通常需要建立起连接，允许其他网络通行。此外，通过哈希算法，默克尔根连接到其他网络，从而实现对其他网络的监控，确保其稳定且无法被篡改。换句话说，减小规模的公有链和增大规模的私有链是联盟链的两个主要组成部分。

公有链、联盟链和私有链的比较如表 1-2 所示。值得一提的是，公有链依靠共识算法产生参与节点之间的信任，其本质是基于众包机制来完成区块链数据的大规模验证与存储任务，因而必须有激励机制以吸引大规模节点的参与；与此同时，正是因为共识过程需要以去中心化的方式由大规模节点共同完成，因而其性能相对较低，例如，比特币的承载能力最高只有每秒 7 笔交易。与公有链相比，联盟链则是基于多个中心机构集体背书产生信任，因而激励机制是可选项，且性能可获得极大提高。私有链是完全中心化的区块链，其信任机制为中心机构自行背书，因而不需要激励机制，且其性能可实现远超联盟链和公有链。

表1-2 各类区块链的比较

项目	私有链	联盟链	公有链
参与者	个体或公司内部	特定人群	任何人
任何机制	自行背书	集体背书	全民共识
记账人	自定	参与者协商决定	所有参与者
激励机制	不需要	可选	需要
中心化程度	中心化	多中心化	去中心化
突出的优势	透明和可追溯	效率和成本优化	信用的自建立
典型的应用场景	审计	清算	数字加密货币
承载能力	强	较强	弱

1.3.3 区块链的框架和特征

2016年，袁勇与王飞跃发表"六层模型"，描述了区块链技术的框架，其结构可以从下而上分为数据层、网络层、共识层、激励层、合约层及应用层，具体可参见区块链的基础架构模型，如图1-1所示。由此可知区块链技术由六个部分组成：数据层，它负责存储底部的信息，并使用加密技术、时钟戳技术进行保护；网络层，它负责分布式网络，并使用数据传输技术进行验证；共识层，它负责存储网络节点之间的共同认知，并使它们之间的信息保持一致；激励层，它负责把社会经济因素纳入区块链技术体系，并使它们与发布机构的权限结构结合起来；合约层负责存储所有的脚本、算法和智能合约，它们都具有区块链的可编辑特征；最后，应用层作为全区块链的展示层，封装了区块链的各种应用场景和案例，类似于电脑操作系统上的应用程序，互联网浏览器上的门户网站、搜索引擎、电子商城或是手机端上

图1-1 区块链的基础架构模型

的应用程序等。在这个模型里，以日期戳为标志的链状区块、以分布式节点为特征的共识管理机制、以共识机制为基础的经济激励机制，还有以敏捷的可编程的智能合约为特征的区块链技术，都成为了区块链技术独特的亮点。

如果把区块链系统比作一辆汽车，那么数据层就相当于最基础的零配件，汽车需要各种硬件配件来支撑它的运行，而网络层就像一辆汽车的电路和油路，它需要不断地传输信息，共识层就像汽车的发动机，激励层就像汽油一样，合约层就像一个高级自动化系统，而应用层则是一个实际应用场景。由此可看出，共识算法和激励机制是区块链系统的核心驱动力。

（1）数据层

区块链是指在去中心化的系统中，所有的节点能够使用哈希算法或默克尔树来存储信息。这些信息会在特定的时间戳被记录下来，然后被传递给当前的主区块。这些信息会被存储在默克尔树的基础上，使得整个系统能够更加稳定地运行。通过将这个过程中的信息以区块链的形式存储，我们可以将其转换为可用的时间戳。

（2）网络层

在网络层，我们将区块链技术的各种功能集成到一起，包括安排连接、发布信息、进行数字认证。为满足实际的使用需求，我们还将建立专门的信息发布协议，并对所有的信息进行审核。只有在所有的信息经过整个网络的检查并被认可之后，我们的区块链才会被正确地存储。

（3）共识层

通过有效的协调，可以有效地实现多方协作，从而提升整个分布式系统的可靠性。可以用民主和集中的矛盾来比喻，即当多方协作的程序较少时，协作的效果较差，但协作的结果可以提升整体的可靠性，从而提高用户的满足感。通过将控制权从一个集体转移到另一个，区块链技术可以实现更加灵活的信任机制，从而让不同的参与者可以更加准确地确定每个区块的真实价值。这种机制的基础架构由多种不同的共识算法组成。

（4）激励层

在这个时代，区块链技术的发展使得许多人都能够使用它，这种技术可以帮助我们在一个没有中央控制的环境下，快速、准确地完成各种各样的事情。这种技术的核心原理就在于，它可以让每个人都能够从这个时代获得更多的好处。为了实现更高的安全性、可靠性以及更好的服务，需要建立一种能够促进各方利益的、具备可持续发展能力的众包机制，以便让每一位参与者都能够以理智的方式获取更多的回报，同时也能够确保区块链的可靠性。这种机制可以将各种不同的利益关联起来，以实现更加可持续的发展。可通过"无币区块链"，建立起一个包含经济激励的框架，以便更好地实现各种目标。然而，随着各种网络的加入，以及它们中央集权情况的变化，这种框架的实现也会受到影响。

（5）合约层

将"虚拟机"中描述的三个层面融入区块链中，"虚拟机"负责描述、传输、验证信息，"虚拟机"中描述的三个层面构成了一个完整的架构，即"虚拟机"层，它包含了用于描述、处理、存储、控制信息等的多种脚本代码、算法，并且可以产出更加复杂、高效的智能合约。比特币及其他数字加密货币最初都依赖于基于传统脚本语言的简洁的操作流程，将其作为智能合约的基础。但随着科学的进步，如今，人们开始利用基于图灵的、具有较高精度的、具有较强功能的智能合约，如以太坊，从而让区块链成功地被广泛地运用于各种宏观的金融与社会领域。这些脚本代码、算法机制和智能合约均封装在合约层中。

（6）应用层

随着科学技术的进步，区块链已被证明能够满足各种复杂的需求，从数字加密货币到金融系统，再到社会系统，它都能够被充分利用。根据目前的研究结果，区块链正处于三个阶段：1.0 阶段，即基于数字加密货币的发展阶段；2.0 发展阶段，开始将区块链技术应用于其他金融领域；3.0 发展阶段，区块链被应用到公证、仲裁、审计、物流、医疗、邮件、鉴证、投票等其他领域。虽然近年来出现了许多新的技术和应用，但它们都只能算作是前沿，并不能完美地满足当今的需求。比如，在数字加密币领域，区块链 1.0 的技术尚处于萌芽阶段，要想真正达到全球钱币一体化的目标还有很长的路。

1.4 区块链技术的应用领域

区块链技术与数字币比特币密不可分。比特币诞生于 2008 年，化名作者 Satoshi Naka-moto 发表了比特币白皮书《比特币：一个点对点的电子现金系统》。在这篇文章里，Naka-moto 结合多种加密算法，概述了一种被称为加密数字币的点对点支付系统。加密数字币允许在没有可信中介的情况下将数字资产在不同主体之间转移。从那时起，这些加密算法就融合在一起了，构成了现在我们熟知的区块链技术。近几年，以"互联网＋新能源"为代表的能源互联网成为能源领域的又一重要发展方向。但是其框架体系还没有完全形成，在并入可再生能源时依然存在问题，能源互联网并没有从根本上改变能源领域固有的市场机制和商业模式。当区块链技术逐渐进入大众视野，"能源区块链"的提出抓住了从能源供应到消费技术完全重构的契机。区块链由一串一个接一个的数据块（区块）组成，其依附于密码学理论并在某一特定的周期内产生。区块链技术的核心在于一个能够存储各种记录、事件和交易的分散的数字资产，同时也能够根据需要进行实时的变动。它的区块不断增长并通过一串哈希值与前区块链接。哈希值是根据区块文件的内容数据通过加密散列函数（如比特币使用 SHA 256）得到的数值。一个理想的加密散列函数可以很容易地为任何输入产生一个哈希值，但利用哈希值反推输入却十分困难。此外，若原始数据有任何变化都会导致与之对应的是截然不同的哈希值。运用加密哈希值这种方式是为了确保交易信息不可篡改，若要篡改某一区块的交易信息，则后续所有区块也必须改变。根据一个预置的共识机制（一组允许网络连接的全球性协议），分布式账本由网络上所有参与者（节点）来进行验证和维护，因此区块链技术是不需要第三方中心机构的，只需要多个（但不一定是所有）节点各自储存了数据库的完整副本。

1.4.1 比特币方面的典型系统及其框架

1.4.1.1 专用功能的区块链

典型代表：比特币、各种比特币分叉币。

世界上第一个区块链是在比特币中实现的，比特币设计的最初目标是在网上实现点对点的电子现金，因此点对点之间不需要中间人是一个基础。

在比特币出现之前，类似希望在网上个人之间收发现金的需求已经出现很久了，例如著名的 PayPal 通过电子邮件的方式发送但实际上基于 PayPal 本身作为中间人；银行内及银行之间的转账（如 SWIFT 系统）等都依赖于银行作为中间人。采用 P2P 和加密技术来发送现金一直是计算机科学家们多年来尝试的方式。但在比特币出现之前，还没有人能够解决其中最关键的双重花费问题，即同一笔钱支付了两遍——想一想同一份信息在互联网中拷贝传播是多么容易，且很难阻止。

比特币的设计可以认为是一个单一系统精巧设计的典型。从结构角度而言，比特币是一个简单的区块链技术，比特币也是一套基于区块链技术之上的、很简单的数字币协议，同时也实现了一个叫作比特币的应用，可以认为这是一个多合一的一体化系统。比特币的设计没有提供外部扩展和可编程能力，虽然比特币支持一种非常简单的脚本，但是并不具备完整的编程能力和扩展性，比特币本身也没有对外的应用程序编程接口（API）支持。总而言之，比特币系统的设计就是为了实现比特币本身，没有其他目的。在比特币发展过程中，一度有一些如染色币这样的技术，试图在比特币数据结构里的空闲区域加载结构化的数据，从而使比特币具备表达其他数字资产的能力，但显然比特币社区排斥这种改造，并在后续比特币软件的升级中限制了这种做法。

1.4.1.2 功能可扩展的区块链

典型代表：以太坊、R3 Corda、同期各种公有链和联盟链。

以太坊为代表的公有链的最大特点是可编程和可扩展性。由于比特币是一个专用功能的区块链，在以太坊出现之前，扩展比特币功能的唯一办法，就是复制其开源代码进行扩展，这就是所谓的分叉币。基于比特币出现过数百个知名或不知名的分叉币，大部分已经消失了，少数仍然还存在，甚至一度和比特币竞争。"分叉"开源的代码虽然容易，但运行维护的困难是很大的，尤其比特币基于 PoW 的设计需要相当的算力支持才能维持区块链的安全运行，各个分叉币也分散了本可集中的算力，使得这些分叉币都很难成气候。

1.4.1.3 模块化的区块链架构

典型代表：Hyperledger Fabric、ArcBlock、Libra 等。

以太坊等可扩展区块链虽然本身支持扩展，但自身是一体化的设计和实现，这对公有链类型的设计可能无可厚非，但对企业联盟链和私有链，或者想在原有基础上做更大功能扩展的新公有链，一体化设计就会出现问题。无论你的应用实际需要多少功能，你都必须部署完整的区块链软件，哪怕实际上你只需要用其中一小部分；如果你想替换一部分功能，例如你想使用以太坊的软件，但并不想采用 PoW 的共识算法，那么没有简单的办法能做到。这也是为什么会出现多种以太坊的企业版本分叉，而一旦有了版本分叉，在维护上就会碰到新的问题。

Hyperledger Fabric 可能是第一个在市场上宣传采用模块化设计的区块链。Hyperledger Fabric 采用模块化架构，具有多种可拔插的功能，能够满足经济生态系统中复杂的场景需求。它的账本数据能够以多种形态保留，而且能够实现多种模块组件的连续使用，以及多种多样的成员管理模型。

作为更进一步模块化设计和简化开发者使用的区块链，ArcBlock 的区块链框架设计实现了"一键发链"的模式，通过提供一系列的工具，让开发者通过友好的界面可以立刻定制产生符合其需要的区块链。Cosmos SDK 和 Polkadot 的 Substrate 框架都采用了类似的这种设计。Facebook 推出的 Libra 区块链项目也采用了模块化设计的思路，使得社区可以更容易加入扩展。这种把区块链模块化的架构，已成为区块链先进一代的设计和实现趋势。

1.4.2 超级账本

超级账本项目是区块链技术的一种实现，它通过数字的形式记录了在网络中发生的事件，而这些记录会在网络中传播，使得每个节点都拥有一份完全一致的记录。记录只能通过共识来更新，通过共识记录的信息永远不能被修改，并且每一个记录都可以通过交易被验证。同时，超级账本致力于提供多种的区块链技术框架和代码，包含开放的协议和标准，不同的共识算法和存储模型，以及身份认证、访问控制和智能合约等服务。对于超级账本来说，模块化、性能和可靠性是很重要的设计目标，以便支持各种各样的商业应用场景。超级账本的整体架构可抽象地划分为三个部分：成员服务、区块链服务、链码服务。其中成员服务用于网络中的身份、隐私、授权和审计的管理；区块链服务用于分布式数据的管理，通过点对点传输和哈希校验等机制来确保每个节点都能同步数据；链码服务通过容器技术，提供了一个隔离、安全的沙盒环境来运行链码，由于链码需要在验证节点上运行，通过该种方式也可以有效隔离上述两者间的业务逻辑。

在传统的公有链系统中，各个使用者拥有完全一致的权限，无论是发起、接受、处理或是执行交易，各个使用者都不会受到其他用户的影响。然而，随着超级账本的出现，这种传统的公有链系统被赋予了更多的功能，它不仅仅是一个使用者的身份认定，更是一个去中心化的、完全由使用者自治的体系。为了确保安全，实体需要其会员进行登录，以便拥有一种可以保存多年的身份认证。这种认证可以让他们在互联网上进行各种活动，包括沟通、支付、财产管理。然而，由于各种实体的特性，它们所拥有的功能可能会大相径庭。在这个巨大的数据集合里，所有的个人和组织都是一个整体。

一个复杂的超级账本系统包含若干个独立的节点，它们的工作包括：首先，它们需要进行链接的安装、保存、传输、处理、确认等操作；其次，它们需要对账户的信息进行审核，确保其安全性；再次，它们需要对账户的状况进行监控，确保其安全性；最后，它们需要对账户的信息进行审计，确保其安全性。为了确保安全性，超级账本的网络必须由多个授权服务节点组成，它们负责收集、存储、传输、交换签名、密码、安全码、个人信息，并且能够有效地完成多个实体之间的身份认证。此外，为了降低验证节点的工作压力，它们还需要承担更多的任务，比如接收用户的信息、传输信息、接收外部的数据。当一个节点开始运行时，它必须通过一个名为成员服务的节点来访问其他节点，从而确定其他用户的身份。

在超级账本中的网络中，对区块达成共识需要通过验证节点来完成，由于验证节点间的共识通过实用拜占庭容错（PBFT）算法实现，因此其中一个验证节点会被选为主导节点，具体流程如下：用户向网络中的任意节点发送交易请求，后者会验证交易并把交易广播到其他的验证节点上；主导节点会把接收到的交易打包到一个缓冲区中，若发生超时或缓冲区已满时，主导节点会按照缓冲区中交易的时间戳顺序，把交易打包成一个区块，随后把区块广播给其他验证节点以通过 PBFT 算法进行共识。当网络中的 2f＋1 个验证节点达成共识后，所有的验证节点都会执行区块中包含的交易，并且把新的区块链接到之前的区块上。用户根据 3f＋1 个验证节点返回的结果判断执行结果是否可信。由于新的区块包含了上一个区块的哈希值，通过这种关系把各区块像链条一样链接起来，使得区块链中数据的不可能被篡改。

大多数分布式记录服务的关键点在于通过使用者的个人信息和数字资产，更好地掌握和保护个人隐私。因此，该服务需要借助当前的法规和政府部门的支持，以确保个人信息的安全性和完整性。尽管超级账本平台有助于管理参与者的行为，但是由于其缺乏有效的监管机制，一些恶意的用户和节点仍然有机会利用发布虚假信息来侵入系统，从而损害系统的安全性。显然，使用超级账户的系统正面临着被拒绝提供服务的风险。

在超级账本的架构上，验证节点的交换请求连接采用统一的模式，它们之间没有连续的状态，无论是哪种类型的交换，只要它们被连接到同一条路径上，就能够完成它们的操作，并且它们的内存空间里没有任何和交换或申请发起者无关的记录。

1.4.3 碳交易方面的系统

欧洲排放量交易体系（EU-ETS）的碳排放权交易方式旨在让各个国家可以依据其所拥有的权利，对其所利用的二氧化碳和其他可再生能源做出相应的交换。该交易机制建立于2005年，目前，欧洲排放量交易体系的买卖量占到了全世界的3/4，并且对其他地区的可持续发展起到了重要的引领作用。该交易体系使用了总量控制和地方性协商的方式。在这种方案下，政府会向参与该协议的公司提供适合他们的碳排放控制指标。这些公司的排放水平必须符合欧盟及其各成员国所规定的最高标准。如果这些公司的排放水平低于规定的最高标准，他们会从中受益。相反，如果他们的排放水平高于规定的最高标准，他们必须在市场上进行竞争，并承担相对较高的违规费用。2017年12月19日，中国首次开放碳交易市场，跃居世界第一，引起国内外学者的广泛关注。构建一个符合中国国情的碳排放权交易市场机制，已经成为当前学术界的一个焦点。目前，中国的碳排放权交易研究已经涉及两个关键问题：一是碳排放权的初步划定，二是其实际的运作。采取免费、公平、公开的碳排放权分配机制，如公开招标、公开报价、公开拍卖等，已成为普遍的做法。同时还有两种不同的碳排放权转移机制：一种是基于地区整体的碳排放限制，另一种是基于企业的实际排放情况，通过提供的历史数据来决策。前者被称为免费分配，因此更容易被政府掌握并实施监督。然而，这种方法并不适用于所有想要加入碳排放交易市场的公司。后者是通过采用竞争性的方法，即提供优惠的条件，使公司能够获得更多的收益。让不同的公司参加竞争性的交易，可以有效地推动企业提升其减少二氧化硫的技术水平。从欧美等发达国家的实践来看，将二氧化硫的数值作为收益的基准，是最常见的三种收益分配方案之一。根据历史数据，将碳排放权均匀地分配到每家发电企业，可有效减少超出规定范围的污染物，同时也避免了由此带来的经济损失。根据国家有关部门的调查结果，经过系统分析，可以明确地指出，为了解决中国地区的碳排放权分配模式问题，应当优先选择免费分配的模式，而且要兼顾地域发展的差异性、发电效率的提升，这种模式能够有效地满足中国的实际需求。碳排放权交易旨在推动全球可持续发展，其主要目标是实现碳排放量的最小化，因此，它已成为一种重要的碳排放管理手段，以进一步实现可持续发展。

1.4.4 生态环境方面的典型系统及其框架

目前，国内的排污权交易市场正在进行改革，并且在不断发展壮大。在这一过程中，区块链信息技术的应用起到了作用，它不仅帮助排污权进行数字化，而且还提供了一种便捷的排污权交易机制。区块链信息技术的应用给传统的排污权交易带来巨大的变革。如：采用智能合约信息技术，可以提高交易的可靠性，提升交易的标准；排放污染物的权利和责任变得可以被记录和追溯，使其可以被用于可持续的交易，提高交易的效率。此外，这种信息技术还可以推动排放污染物权利的衍生金融服务，以及增加对排污权交易的投资。通过引入区块链信息技术，我们不仅可以有效地防止排污权交易的数据被非法篡改，而且还可以通过建立一个由可靠的节点组成的联盟来降低监督的费用，加快交易的进展，通过把相关的法律条款纳入智能合约，也有助于避免由于个体原因而产生的误判。通过采用区块链信息技术，各地的环境保护机构都能够实现自动化的污染治理，从而实现污染源的污染物自动监控（监测）系统和污染物的实时追踪。污染物排放许可量可能会被转换成货币，也许是一种金融工具。

通证的发放是为了更好地管理环境，它通常是通过与政府机构签订智能协议来实现的。这样，就无须再费心去审核和记录通证，同时还有助于防止交易欺诈。通证的内容通常是指通证的数量、单位、首次交易的日期、涨幅范围、升级机制和交易手续费。这些都是通证的重要特征，它们将有助于更好地管理环境。通过使用区块链技术，我们可以对排污权的信息进行全面的管理和分析。通过实时监控，我们可以更好地控制交易流程，并且提高交易效率。同时，基于区块链的金融服务将被推出，比如远期交易和基金交易，以更好地发挥排污权的金融价值。

区块链技术的介入可能给排污权交易市场带来极大的变革，但与此同时也会面临许多挑战。首先在安全性方面，区块链技术是一项创新的技术，目前还未有将其介入公共服务领域的先例。区块链技术融入排污权交易还需要磨合期，因此需要在技术、服务、实践三个方面综合考量，确保其稳定运行。此外，区块链技术本身的安全性也需要进一步探讨，区块链共识技术直接影响智能合约的执行程度，一旦出现问题，将给排污权交易市场带来较大威胁。其次在合规性方面，将排污权数字化后进行数字资产交易，可能面临合规性问题。关于数字资产的概念界定，国内商界与学界仍存在争论，如何确保其交易能够符合国内金融资产交易的相关规定，是目前亟待解决的问题。最后在数据检查方面，区块链介入排污权交易的最大挑战，在于链下数据的上链过程。链下数据即污染源数据获取，仍需更强有力的技术支持。未来与污染源检测、监测相关技术和装备的发展，将会成为排污权区块链实施的重要技术推动力。

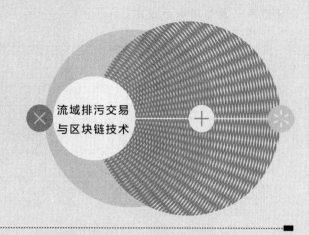

流域排污交易
与区块链技术

第2章

区块链技术知识

2.1 技术原理

本章主要介绍区块链数据层的数据结构与关键技术，首先给出区块链上数据区块的数据结构，然后结合区块链的运行实例介绍交易池管理、手续费定价、难度调整等一系列区块链体系内的重要元素，最后详细阐述时间戳、哈希函数、默克尔树、非对称加密和数字签名等若干数据层的关键技术。

2.1.1 区块结构

数据区块是区块链的基本元素。区块的物理存储形式可以是文件（如比特币），也可以是数据库（如以太坊）。相比之下，文件存储更方便日志形式的追加操作，而数据库存储则更便于实现查询操作。区块链系统的交易和区块等基础元素一般都用哈希值加以标识，因此还会选择键值对数据库作为支撑。

现有的主流区块链平台在逻辑数据结构的具体实现细节上虽略有差异，但整体架构和要素基本相同。为便于读者深入了解区块结构的细节，这里以比特币系统为例描述区块结构的基本要素，如表 2-1 所示。

表 2-1　比特币系统的区块结构

数据项	描述	大小/Byte
block size	区块大小	4
block header	区块头	80
transaction counter	交易数量	1~9
transactions	交易列表	可变

如图 2-1 所示，比特币系统的每个数据区块主要由区块头和区块体两部分组成，其中区块头记录当前区块的元数据，而区块体则存储封装到该区块的实际交易数据。

2.1.1.1 区块头

比特币系统的区块头主要封装了当前版本号、前一个区块的地址、当前区块的目标哈希

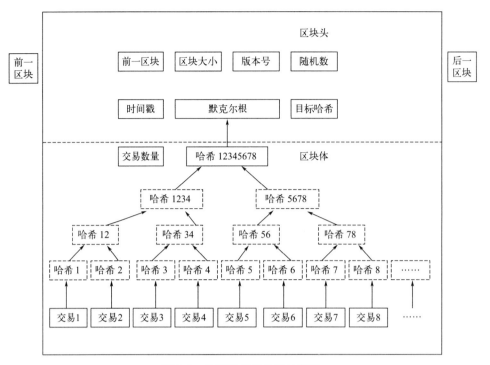

图 2-1　比特币系统的区块结构

值、当前区块 PoW 共识过程的解随机数、默克尔根以及时间戳等信息，如表 2-2 所示。这些信息大体上可以分为三类：首先是引用父区块哈希值的数据 prev-block，这组数据用于将当前区块与前一区块相连，形成一条起始于创世区块且首尾相连的区块链条；第二组是当前区块链所有交易经过哈希运算后得到的默克尔根；第三组由目标哈希值、时间戳与随机数组成，这些信息都与共识竞争相关，是决定共识难度或者达成共识之后写入区块的信息。

表 2-2　比特币系统区块头的数据项及描述

数据项	描述	更新时间	大小/Bytes
version	版本号,表示本区块遵守的验证规则	版本升级时	4
prev-block	引用区块链中父区块的哈希值	创建一个新区块时	32
bits	压缩格式的当前目标哈希值	当挖矿难度调整时	4
nonce	32 位数字(从 0 开始)	共识过程中实时更新	4
Merkle-root	基于一个区块中所有交易的哈希值	交易列表发生变化时	32
timestamp	该区块产生的近似时间,精确到秒的 Unix 时间戳	构建区块时	4

（1）区块标识符

每个比特币区块的主标识符是区块头的哈希值，即通过 SHA256 哈希算法对区块头进行两次 SHA256 哈希运算之后得到的数字摘要。

0000000000000000002cb4fbb24ed9d2dd725f57a0f7d27cb795acc533fda762（即哈希字段值）是第 558859 个区块的哈希值。区块的哈希值可以唯一、明确地标识一个区块，任何节点都可以通过简单计算获得某个特定区块的哈希值。因此，区块的哈希值不必实际存储，可由区块接收节点计算出来。

区块链系统通常被视为一个垂直的栈。创世区块作为栈底的首区块，随后每个区块都被放置在前一区块之上。如果用栈来形象地表示区块依次叠加的过程，就会引申出一些术语，例如通常使用"区块高度"来表示当前区块与创世区块之间的距离，使用"顶部"或"顶端"来表示最新添加到主链的区块。例如，高度为 558859 的区块，记为区块♯558859。

由此可见，区块一般通过两种方式加以标识，即区块的哈希值或者区块高度。两者的不同之处在于，区块的哈希值可以唯一确定某个特定的区块，而区块高度并不是唯一的标识符；如果区块链发生短暂分叉时，两个或者更多区块可能有相同的高度。比特币区块可以采用哈希值和区块高度两种方式在众多区块链浏览网站中查阅。

（2）创世区块

比特币的创世区块创建于 2009 年 1 月 3 日，中本聪在位于芬兰赫尔辛基的一个小型服务器上挖出了比特币的第一个区块，该区块是比特币系统中所有其他区块的共同祖先；从任意高度的区块回溯，最终都将到达该创世区块。中本聪在创世区块的 coinbase 交易中写入了一个附加信息，即"The Times 03/Jan/2009 Chancellor on brink of second bailout for banks"。这是比特币上线当天《泰晤士报》的头版文章标题。这句话是对该区块产生时间的说明。

比特币网络中的每个完整节点（称为全节点）都会保存一份从创世区块到当前最新区块的本地完整副本。随着新区块的不断产生，完整节点将会逐渐扩展本地的区块链条。为将新区块添加到主链，比特币节点将会检查新区块的区块头并寻找该区块的前一区块哈希值，并通过该字段将当前区块连接到父区块，实现现有区块链的扩展。

2.1.1.2 区块体

区块体包括当前区块的交易数量，以及经过验证的、区块创建过程中生成的所有交易记录。交易是在以比特币为代表的区块链网络中传输的最基本的数据结构，所有有效的交易最终都会被封装到某个区块中，并保存在区块链上。表 2-3 所示为比特币交易的数据结构。

表 2-3 比特币交易的数据结构

数据项	描述	大小
version number	版本号，目前为 1，表示这笔交易参照的规则	4 Bytes
in-cunter	输入数量，正整数 VI＝VarInt	1～9 Bytes
list of inputs	输入列表，每区块的第一个交易称为 coinbase 交易	不固定
out-counter	输出数量，正整数 VI＝VarInt	1～9 Bytes
list of outputs	输出列表，每区块第一个交易的输出是给矿工的奖励	＜out-counter＞许多输出
lock_time	锁定时间，如果非 0 并且序列号小于 0xFFFFFFFF，则是指块序号；如果交易已经终结，则是指时间戳	4 Bytes

比特币历史上著名的"比萨交易"发生于 2010 年 5 月 22 日，当时佛罗里达州的程序员 Laszlo Hanyecz 使用 1 万个比特币购买了价值 25 美元的比萨优惠券。

交易主要分成三部分：元数据、交易输入和交易输出。除了第一笔 coinbase 交易是矿工的挖矿收入之外，其他每一笔交易都有一个或多个输入，以及一个或多个输出。coinbase 交易没有输入，只有输出。

（1）元数据

主要存放一些内部处理的信息，包含版本号、这笔交易的规模、输入的数量、输出的数量、交易锁定时间，以及作为该交易独一无二的 ID 的哈希值。其他区块可以通过哈希指针指向这个 ID。

（2）交易输入

每笔交易的所有输入排成一个序列，每个输入的格式相同，当交易被序列化以便在网络上传播时，输入将被编码为字节流，如表 2-4 所示。输入需要明确说明之前一笔交易的某个输出，因此它包括之前那笔交易的哈希值，使其成为指向那个特定交易的哈希指针。这个输入部分同时包括之前交易输出的索引和一个签名，必须有签名来证明其有资格去支配这笔比特币。借助前一笔交易的哈希指针，所有交易构成了多条以交易为结点的链表，每笔交易都可一直向前追溯至源头的 coinbase 交易（即挖矿过程中新发行的比特币），向后可延展至尚未花费的交易。如果一笔交易的输出没有任何另一笔交易的输入与之对应，则说明该输出中的比特币尚未被花费，这种未花费的交易输出称为 UTXO。通过收集当前所有的 UTXO，可以快速验证某交易中的比特币是否已被花费。

表 2-4　比特币交易输入的序列化格式

数据项	描述	大小
previous transaction hash	指向交易包含的未花费的 UTXO 的哈希指针	32 Bytes
previous txout-index	未花费的 UTXO 的索引号，第一个是 0	4 Bytes
txin-script length	解锁脚本长度	1～9 Bytes(可变整数)
txin-script/scriptSig	一个达到 UTXO 锁定脚本中的条件的脚本	变长
sequence_no	目前未被使用的交易替换功能，通常设成 0xFFFFFFFF	4 Bytes

（3）交易输出

每笔交易的所有输出也排成一个序列，其数据格式如表 2-5 所示。每个输出的内容分成两部分，一部分是特定数量的比特币，以"聪"为单位（最小的比特币单位），另一部分是锁定脚本，即提出支付输出必须被满足的条件以锁住这笔总额。需要说明的是，交易的所有输出金额之和必须小于或等于输入金额之和。当输出的总金额小于输入总金额时，二者的差额部分就作为交易费支付给为这笔交易记账的矿工。需要注意的是，一个交易中输出的币，要么在另一个交易中被完全消费掉，要么就一个都不被消费，不存在只消费部分的情况。任何输入中作为交易费的比特币都不能被赎回，并且将被生成这个区块的矿工得到。

表 2-5　比特币交易输出的序列化格式

数据项	描述	大小
value	用"聪"表示的比特币值	8 Bytes
txin-script length	锁定脚本长度	1～9 Bytes(可变整数)
txin-script/scriptPuKey	定义了支付输出所需条件的脚本	变长

2.1.1.3　交易类型

比特币交易通常有三种类型，即生产交易、通用地址交易和合成地址交易。交易类型的具体描述如下。

（1）生产交易

一般而言，每个区块的第一笔交易都是生产新币的交易。该交易没有输入地址，仅有一个输出地址，其作用是将系统新生成的加密数字币奖励给创造当前区块的矿工。例如哈希值为 a7b0661d201852815e3b47801d4fb58660ab45caa3a0778bba4cef5ddbf4c1f8 的比特币交易（区块高度 537769）。生产交易是区块链系统中所有加密数字币的源头。例如，比特币系统中所有的新比特币都是由被称为 coinbase 的生产交易创造的。这些比特币沿着诸多交易形成的交易链条在网络中流动，从一个比特币地址流动到另一个比特币地址，最终汇集并存储在所有的 UTXO 中。

（2）通用地址交易

这是区块链系统中最常见的交易，由 N 个输入和 M 个输出构成，其中 N、$M>0$。根据 N 和 M 的不同取值，可以进一步细分为一对一转账交易、一对多分散交易、多对一聚合交易和多对多转账交易，如图 2-2 所示。

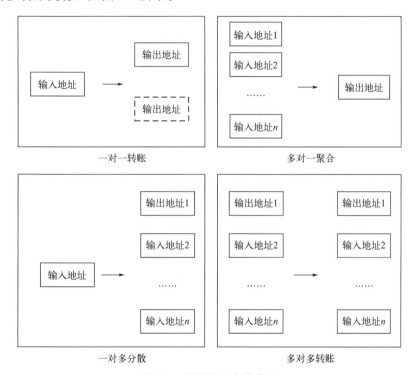

图 2-2　通用地址交易类型

如图 2-2 所示，一对一转账交易即付款方地址向收款方地址发起转账交易，根据需要可以增加一个付款方的地址作为找零地址；多对一聚合交易则是将同一付款方的多个小额地址（例如找零地址）或者多个不同付款方的地址中的加密数字币聚合起来，发送到一个收款方地址；一对多分散交易是将某一地址中的加密数字币分散发送给同一接收方的多个地址或者不同接收方的多个地址；多对多转账交易则是多个发送地址的加密数字币聚合后，同时分散发送给多个接收地址。

（3）合成地址交易

合成地址交易是一类特殊交易，其接收地址不是通常意义的地址，而是一个以 3 开头的合成地址。合成地址一般是 M of N 式的多重签名地址，其中 $1 \leqslant N \leqslant 3$，$1 \leqslant M \leqslant N$，通常选择 $N=3$。合成地址的交易构造、签名和发送过程与普通交易类似，但其地址创建过程需要三对公钥和私钥，其中公钥用于创建地址、私钥用于签名。例如：

① 如果 $M=1$ 且 $N=3$，则 3 个私钥中任意 1 个都可以签名使用该地址上的币，这种私钥冗余可防止私钥丢失，即使其他 2 个私钥丢失也不会造成损失。

② 如果 $M=2$ 且 $N=3$，则 3 个私钥中必须有 2 个同时签名才可使用该地址的币，常见于三方中介交易场景。

③ 如果 $M=N=3$，则必须 3 个私钥同时签名才可使用该地址的币，常见于多方资产管理场景。

2.1.2 数据层关键技术

本小节重点介绍区块链数据层封装的关键技术，包括时间戳、哈希函数、默克尔树、非对称加密和数字签名。

2.1.2.1 时间戳

时间戳是区块链不可篡改特性的重要技术支撑，在数字内容和版权保护领域有着广泛的应用。维基百科将时间戳量化地定义为格林尼治时间自 1970 年 1 月 1 日 0 时 0 分 0 秒（北京时间 1970 年 1 月 1 日 8 时 0 分 0 秒）至当前时间的总秒数，其意义在于将用户数据与当前准确时间绑定，凭借时间戳系统（一般源自国家权威时间部门）在法律上的权威授权地位，产生可用于法律证据的时间戳，用来证明用户数据的产生时间，达到不可否认或不可抵赖的目的。

1991 年，Stuart Harber 和 Scott Stornetta 发表论文"How to Time-stamp a Digital Document"（《如何为数字文档加上时间戳》），设计了基于文档时间戳的数字公证服务以证明各类电子文档的创建时间，由此保证数据的可追溯性与难篡改性。时间戳服务器对新建文档、当前时间及指向之前文档签名的哈希指针进行签名，后续文档又对当前文档的签名再进行签名，如此形成了一个基于时间戳的证书链，该链反映了文件创建的先后顺序，且链中的时间戳极难篡改。

区块链的时间戳技术借鉴和发展了以上工作，要求获得记账权的节点必须在当前数据区块头中加盖时间戳，以表明区块数据的写入时间。因此，主链上各区块是按照时间顺序依次排列的。时间戳可以为区块链数据提供数字公证服务，证明该数据在特定时间点上的存在性；但与传统公证服务不同的是，区块链时间戳不需要可信的第三方。去中心化和共识驱动的区块链系统本身就具有可信第三方的全部特征：例如能够支持安全的在线交易，加盖时间戳的交易具有极难篡改性等。这些特性有助于形成极难篡改和伪造的区块链数据库，从而为区块链应用于公证、知识产权注册等对时间敏感的领域奠定了基础。

（1）时间戳的理论基础

1978 年，Leslie Lamport 发表经典论文《分布式系统中的时间、时钟和事件顺序》（"Time，Clocks and the Ordering of Events in a Distributed System"），详细论述了分布式系统中的时间戳原理。分布式系统中，不同节点之间的物理时钟可能会有偏差，从而会为分布式网络通信过程中的事件时间和顺序标定带来偏差。该问题的一个潜在解决方案是设置一个中心化的全局时钟，当节点完成数据更新或者事件执行之后，向全局时钟请求一个时间戳。这种中心化方案虽然可以方便地实现分布式节点的时钟同步，但是全局时钟可能出现单点失效故障，并且其同步开销较大，从而影响整个系统的效率和可用性。Lamport 在论文中提出的时间戳策略可以很好地解决该问题。这种时间戳并不依赖任何单个节点及其物理时钟，因而可视为逻辑上的时钟，通过时间戳版本的更新在分布式系统中生成一个全局有序的逻辑关系。

（2）比特币系统的时间戳设计

回到区块链和比特币系统中，2008 年中本聪在比特币白皮书中提出了时间戳服务器的方案。时间戳服务器对以数据区块形式存在的一组比特币交易实施哈希运算并加盖时间戳，并将该哈希值广播到比特币网络中。显然，时间戳能够证实特定区块数据在某个特定时间点上是确实存在的，因为只有数据在该时刻存在才能得到相应的哈希值。时间戳将前一个时间戳纳入其哈希值，使得每一个随后生成的时间戳都对之前的时间戳进行增强，形成一个完整的、环环相扣的时间戳链条（见图 2-3）。如果想篡改某一区块的时间戳，必须同时篡改其后生成的所有时间戳，因而链条越长，安全性越好。

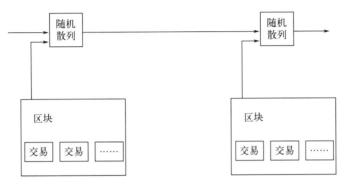

图 2-3　比特币系统的时间戳

由于比特币（以及大多数区块链系统）是去中心化的分布式网络，节点可以随意更改本地时间，因此比特币系统设定两个规则以预防节点的恶意行为。首先，比特币节点会与其连接上的所有其他节点进行时间校正，且要求连接的节点数量至少为 5 个，然后选择这群节点的时间中位数作为时间戳，该中位数时间（称为网络调整时间）与本地系统时间的差别不超过 70 分钟，否则不会更改并会提醒节点更新本机的时间；由此可见，比特币系统实际上并没有上述理论模型中的全局时钟，而是代之以节点的网络调整时间。其次，合法的时间戳必须大于前 11 个区块的中位数，并且小于比特币节点的网络调整时间＋2 小时。换言之，比特币节点会拒绝接收时间戳不在此时间范围内的区块。

需要注意的是，比特币交易的数据结构里并没有时间戳字段，也就是说没有生成交易的确切时间；当该交易打包封装进区块的时候，也是为交易盖上时间戳的时候，因此区块里交易的时间实际为区块生成的时间。常用的比特币实时数据网站中的交易时间实际是节点接收到该交易的时间，不一定是交易实际发生时间。此外，区块头的时间戳并非写入之后就固定不变。在比特币早期，矿工通过遍历随机数不断猜测谜题，获得符合要求的哈希值。随机数是 32 位数字，大概可以进行 42 亿余次尝试。如果还未发现符合要求的哈希值怎么办？因为时间戳是区块头的一部分，它的变化可以让矿工再次遍历一遍随机数，因此可以把时间戳延后一点点，不过不能延后太多，避免区块无效。除此之外，现在的解决方案，加入了 coinbase 字段作为额外随机数的来源，8 个字节的额外空间，加上 4 个字节标准随机数，若尝试所有可能未果，才考虑修改时间戳来解决。同时，coinbase 字段是 2～100 字节，有额外空间为将来随机数扩展做足准备。

2.1.2.2 哈希函数

哈希函数也称散列函数或杂凑函数，是区块链技术体系的重要组成部分，也是现代密码学领域的重要分支，在身份认证、数字签名等诸多领域有着广泛的应用。深刻理解哈希函数的实现原理和细节，对于区块链系统的设计和实现至关重要。以下将介绍哈希函数的技术特性、应用模式和常见哈希函数的实现原理。

哈希函数可以在有限且合理的时间内，将任意长度的二进制字符串映射为固定长度的二进制字符串，其输出值称为哈希值或者数字摘要。一般而言，哈希函数的数学表达形式如下：

$$h = H(m)$$

其中 m 表示任意长度的输入消息，H 表示哈希函数的具体实现，h 则表示固定长度的输出哈希值。由于固定长度字符串构成的输出空间一般要比任意长度字符串构成的输入空间小很多，根据鸽巢原理可知：可能存在多个不同的输入数据映射到同一输出哈希值的情况，因此哈希函数一般是多对一映射函数。如果出现两个不同的输入 m 和 m' 使得 H(m)＝H(m')时，称为发生一次哈希碰撞。理论上，哈希碰撞是不可避免的：假设哈希函数的输出空间容量为 S，则通过遍历输入空间的每一组可能数据，至多 $S+1$ 次尝试即可获得一次哈希碰撞；根据生日悖论问题的研究结论，平均意义上仅需要 $\sqrt{S}$ 次尝试即可大概率获得哈希碰撞。然而在实际中，可以通过增加输出字符串的长度来大幅扩展输出空间的容量，从而使得发生哈希碰撞的概率极低，且从计算上获得哈希碰撞是不可行的。在哈希碰撞几乎不可能发生的前提下，可以认为哈希值是原始输入数据唯一的数字"指纹"。

哈希函数通常具有如下技术特征。

① 抗原像性：也称单向性，即对任意给定的 y 来说，找到任意原像 x' 使得 H(x')＝y 在计算上是不可行的。换句话说，对任意预定义的输出数据，无法反推其输入数据。因此，哈希函数可以看作是一类只有加密过程而没有解密过程的单向加密函数。

② 抗第二原像性或弱抗碰撞性：给定输入数据 x 时，寻找其他数据 $x' \neq x$ 使得 H(x)＝H(x')在计算上是不可行的。

③ 强抗碰撞性：寻找任意两个不同的输入 x 和 x' 使得 H(x)＝H(x')在计算上是不可行的。

④ 谜题友好性：对于任意 n 位输出 y 来说，假设 k 是从具有较高不可测性的高阶最小熵分布中选取的，则无法找到有效方法可在比 2 的 n 次方小得多的时间内找到 x，使得 H(k/x)＝y 成立。

⑤ 雪崩效应：输入数据发生任何细微变化，哪怕仅有一个二进制位不同，也会导致输出结果发生明显改变。

⑥ 定长/定时性：不同长度输入数据的哈希过程消耗大约相同的时间且产生固定长度的输出。

鉴于上述优良性质，哈希函数在区块链和数字加密数字货币体系中获得了广泛的应用，常见的应用模式如下。

① 完整性校验：哈希函数的单向性和抗碰撞性通常可以用于校验消息的完整性，以防止消息在传输和存储的过程中出现未经授权的篡改。区块链系统中，哈希函数的一个重要作用就是校验交易数据和区块数据在网络传输中的完整性，因为这些数据经篡改，其对应哈希值就会发生显著变化，就可以方便地识别出来。这也保证了区块链是极难篡改的分布式账本，除非发动 51% 的攻击来控制节点共识过程和结果，否则单方面篡改数据不会影响整个区块链系统的安全。

② 数据要素管理：哈希函数的抗碰撞性使其可以作为任意数据的数字"指纹"，从而可以利用数据的哈希值来对其进行高效管理。例如，区块链系统的公钥、私钥、地址、交易ID、区块ID等要素均是通过哈希算法生成并加以标识的；区块链数据的重要组织方式——默克尔树的叶节点也并非存储实际交易数据，而是存放交易的哈希值，其非叶节点和默克尔根也均是存放其下一层节点数据的哈希值；此外，区块链系统的数字签名等主要操作也均是利用哈希函数来完成的。

③ 共识竞争：大多数区块链系统，特别是基于 PoW 共识的公有链系统，都是利用大量的哈希函数运算来确定共识过程中获胜的矿工；这主要是利用哈希函数的谜题友好性，使得矿工除了付出大量算力资源执行哈希运算之外，没有其他捷径可以对 PoW 共识过程进行求解。

目前，主流的哈希算法包括 MD 系列和 SHA 系列，而区块链和加密数字币体系中常见的哈希算法包括 SHA256、RIPEMD、Scrypt、Ethash 以及 Equihash 等。以下重点介绍MD5 和 SHA256 两种哈希算法的设计原理，其他算法仅作简要介绍。

（1）MD 系列算法

MD 系列算法是一类较为成熟的哈希算法，其中 MD 是消息摘要的缩写。MD 类算法的家族成员包括 MD2、MD4 和 MD5 算法，由麻省理工学院的 Ronald L. Rivest 教授（美国密码学家、图灵奖获得者、RSA 算法的第一设计者 R）分别于 1989 年、1990 年和 1992 年设计提出，可将输入数据映射为 128 位的哈希值。虽然这些算法的安全性逐渐提高，但均被证明是不够安全的。2004 年，中国密码学家王小云教授在美国加州圣巴巴拉召开的国际密码学会议（Crypto，2004）上宣布找出了 MD5 算法的碰撞实例，从而证明了 MD5 不具备强抗碰撞性。MD5 算法被破解后，Ronald L. Rivest 教授在国际会议（Crypto，2008）上提出了更为完善的 MD6 算法，但并未得到广泛使用。

（2）SHA 系列算法

SHA 是安全哈希算法的缩写，是由美国国家安全局（NSA）设计、美国国家标准与技术研究院（NIST）发布的密码学哈希算法族，其家族成员包括 SHA1、SHA224、SHA256、SHA384 和 SHA512 等。1993 年，NIST 发布了 SHA 系列算法的首个实现（通常被称为 SHA0），但很快撤回。随后，SHA1 算法于 1995 年提出，其设计原理采用 MD4和 MD5 算法的 Merkle-Damgard 构造法，输出长度为 160 位哈希值。SHA1 算法已被证明不具备强抗碰撞性。2005 年，美国召开的国际信息安全 RSA 研讨会宣布，中国密码学家王小云教授在理论上破解了 SHA1 哈希算法，证明了 160 位 SHA1 算法只需要大约 269 次计算就可找到碰撞，远低于理论值 280 次。

为了提高安全性，NIST 陆续发布了 SHA256、SHA384、SHA512 以及 SHA224 算法（统称为 SHA2），这些算法都是按照输出哈希值的长度命名，例如 SHA256 算法将输入数据转换为长度为 256 位的二进制哈希值。虽然这些算法的设计原理与 SHA1 相似，但至今尚未出现针对 SHA2 的有效攻击。因而，比特币在设计之初即选择采用了当时公认最安全和最先进的 SHA256 算法，并且除生成比特币地址的流程中有一个环节采用了 RIPEMD160算法之外，其他需要做哈希运算的地方均采用 SHA256 算法或者 SHA256D 算法（即连续做两次 SHA256 算法），例如计算区块 ID、计算交易 ID、创建地址、PoW 共识过程等。2007年 NSA 正式宣布在全球范围内征集新一代 SHA3 算法设计，并于 2012 年公布评选结果：Keccak 算法因符合 NIST 设置的易实现、保证安全，公开审查和代码多样性共四项条件，成为唯一官方标准 SHA3 算法。由于迄今为止 SHA2 算法尚未出现明显的安全问题，因此 SHA3 的设计目的并非取代 SHA2，而是作为与 SHA2 共存的一种不同的、可替代的算法版本。

（3）RIPEMD 算法

RIPEMD（RACE 原始完整性校验消息摘要）是 1996 年由鲁汶大学的 Hans Dobbertin、Antoon Bosselaers 和 Bart Prenee 三人组成的 COSIC 研究小组基于 MD4 和 MD5 算法提出来的。RIPEMD 家族成员有 RIPEMD128、RIPEMD160、RIPEMD256 和 RIPEMD320，对应输出长度分别为 128 位、160 位、256 位和 320 位，其中 RIPEMD160 是最常见的版本。比特币系统的公钥-地址转换过程就是利用 SHA256 和 IPEMD160 双哈希算法，将 65 字节的公钥转换为 20 字节的摘要结果，再经过 SHA256 哈希算法和 Base58 转换过程，形成长度为 33 字节的比特币地址。RIPEMD 算法以 MD 算法为基础，其处理数据的方式与 MD5 算法类似。

（4）Scrypt 算法

SHA256 算法在比特币系统中获得了广泛应用，使得比特币成为迄今为止最安全和成熟的数字加密数字货币系统。然而，随着高性能图形处理单元（GPU）、现场可编程门阵列（FPGA）和专用集成电路（ASIC）矿机及矿池的出现，比特币算力的中心化趋势日趋明显，比特币及其底层区块链系统的去中心化设计初衷面临着严重挑战。究其原因，一般认为基于 SHA256 的 PoW 共识算法容易导致专用矿机和大型矿池的出现，因此许多研究者将创新方向由计算密集型哈希算法转向内存困难型哈希算法。莱特币的 Scrypt 算法就是在这种背景下被设计提出的。

Scrypt 算法最初是由 Colin Percival 开发的一种基于密码的密钥导出函数（PBKDF），用于其在线备份服务 Tarsnap。最初设计目的是使执行大规模定制硬件攻击时必须使用大量的内存资源，从而提高攻击成本。早期 PBKDF 的资源需求较低，这意味着其不必使用大量的硬件和内存，就可以较低成本方便地在 ASIC 甚至 FPGA 等硬件上实现。因此，资源充足的攻击者可以轻易地发动大规模的并行攻击。Scrypt 算法运行过程中将产生占用大量内存资源的伪随机位串向量，从而同时需要大量的内存资源和计算资源，这在一定程度上将 SHA256 造成的算力竞争转化成为算力＋内存的资源竞争，使得针对 Scrypt 算法的并行攻击非常困难。

Scrypt 算法在区块链和数字加密数字货币领域的最早应用出现于 2011 年的虚拟货币（Ten ebrix 和 Fairbrix），以及随后出现的莱特币。Scrypt 算法的内存困难的设计思路特别适合解决加密数字货币专业矿机造成的算力中心化和安全性问题；然而，Scrypt 是计算困难，同时验证亦困难的算法，当其内存计算的困难度增加至真正安全的水平，相应地，验证的困难度也随之增加。目前，设计更为合理的内存困难的哈希算法已经成为区块链研究和应用的一个重要方向。

（5）Ethash 算法

Ethash 实际上是以太坊平台采用的工作量证明函数，其在实现过程中采用了 Keccak 哈希算法以及 Dagger-Hashimoto 算法。

Keccak 是由 Guido Bertoni、Joan Daemen、Michael Peters 以及 Giles Van Assche 设计提出的哈希算法，2012 年 10 月被 NIST 选为官方标准的 SHA3 算法。Keccak 采用创新的"海绵引擎"哈希消息文本，具有设计简单、安全、快速和方便硬件实现等特点。迄今为止尚未发现 Keccak 的严重弱点。以太坊系统中的账户地址生成、共识算法的种子数据处理等多个步骤中都采用了 Keccak 哈希算法。

Dagger-Hashimoto 是 Ethash 算法的前身，于以太坊 Ethereum 1.0 版本中提出，其目的是抵制 ASIC 矿机、轻客户端验证和全链数据存储。Dagger-Hashimoto 的基础是 Dagger 和 Hashimoto 算法。前者由 Vitalik Buterin 发明，利用有向无环图（DAG）实现了内存困难但易于验证的特性，这种特性使其优于 Scrypt 算法；后者由 Thaddeus Dryja 创造，旨在通过 IO 限制来抵制矿机，例如在挖矿过程中，利用内存读取作为限制因素。Hashimoto 算法使用区块链作为数据源，同时满足抵御矿机和全链数据存储等要求。

Dagger-Hashimoto 算法不是直接将区块链作为数据源，而是使用一个 1 GB 的自定义生成的数据集 cache。这个数据集基于区块数据，每 N 个块就会更新。该数据集是使用 Dagger 算法生成的，允许对每个 nonce 特定的子集进行有效计算，用于轻客户端验证算法。同时，Dagger-Hashimoto 克服了 Dagger 的缺陷，它用于查询区块数据的数据集是半永久的，只有在偶然的间隔后才会被更新（例如每周一次）。这意味着生成数据集将非常容易，这可以解决 Sergio Lerner 的共享内存加速问题。

（6）Equihash 算法

Equihash 算法是由卢森堡大学安全、可靠性和信任跨学科研究中心的 Alex Biryukov 和 Dmitry Khovratovich 设计的面向内存的工作量证明算法，其在 2016 年圣地亚哥召开的网络与分布式系统安全研讨会上被提出，并被集成到了 Zcash 中，以提高其安全性、隐私性和抗 ASIC 矿机性。

Equihash 的理论基础是计算机科学和密码学领域的广义生日悖论问题，其基本思路是在每一轮 PoW 共识过程中，以矿工构造的区块头作为输入，通过 Zcash 系统的哈希函数——Equihash Generator 生成特定的二进制字符串组成列表，并试图在此列表中找到满足要求数量的完全相等的元素（即碰撞）。这种 PoW 共识与比特币系统搜索满足要求的随机数不同，是将 PoW 共识过程转化成为一个广义生日悖论问题。Equihash 的设计者通过对密码学家 Wagner 提出的算法加以优化，提出了 OptimisedSolve 算法以解决该 PoW 共识过程中的广义生日悖论问题。Equihash 也是内存（RAM）依赖型算法，机器算力大小主要取决于其内存规模。

（7）混合哈希算法

混合哈希算法是多种单一哈希算法通过串行或者并行的方式相互组合形成的一种组合算法。基于串行思路的混合哈希算法实际上并没有明显提高安全性，算法链条中的任何一种算法被破解后都可能对整体哈希过程产生安全威胁，因此产生了基于并行思路的混合哈希算法。并行混合哈希算法的总体思路是同时采用不同的哈希算法对输入数据执行哈希运算，然后再以某种方式将输出结果组合为完整的哈希值。

2.1.2.3 默克尔树

默克尔树（也称为梅克尔树或者哈希树）是比特币和大多数主流区块链系统的数据组织方式，其概念是由 Ralph Merkle 提出并以其名字来命名的。1979 年，Ralph Merkle 获得了默克尔树的专利权（已于 2002 年过期），将其概括描述为"该发明包含了一种提供信息验证的数字签名的方法，该方法利用单向的认证树对密码数字进行校验"。维基百科对默克尔树的定义：在密码学和计算机科学中，默克尔树是一种特殊的树结构，其每个非叶子节点通过其子节点的标记或者哈希值（当子节点为叶节点时）的哈希来进行标注。默克尔树为大型的数据结构提供了高效安全的验证手段，可以理解为哈希列表和哈希链表的泛化产物。综合以上描述，可以将默克尔树简单地定义为一类基于哈希值的二叉树或多叉树，其叶子节点上的值通常为数据块的哈希值，而非叶子节点上的值使该节点默克尔树对于区块链这类 P2P 网络系统的数据组织和完整性校验具有十分重要的作用。众所周知，P2P 技术出现之前，如果网络中仅有唯一的文件下载源，则整个文件必须全部从文件源服务器上下载，这在下载数量较大时会极大地增加源服务器的压力。为解决此问题，BitTorrent 协议基于架构在 TCP/IP 协议之上的 P2P 文件传输协议实现了多个数据源节点的同时下载。在 BitTorrent 网络中，数据文件分散存放在多个服务器上，某用户从源服务器下载文件后，即可"做种"方便其他用户下载，因此下载用户越多，速度越快。同时，文件将被划分为许多小块，每块文件可以从不同的节点下载，如果某个小块文件出错，则只需重新下载这块文件即可。这无疑极大地提高了 P2P 文件传输的速度和效率。

为保证数据在 P2P 网络传输过程中的正确性或者不被恶意节点篡改，通常会计算各文件块的哈希值，并以某种方式将这些哈希值汇总起来，形成唯一的根哈希值。图 2-4 是哈希列表的数据结构，其首先计算数据区块的哈希值，然后将所有哈希值串接后计算根哈希值。在传输过程中，通常首先从可信节点下载根哈希值，然后从各个 P2P 网络节点中分散下载所有数据块，只有数据块哈希值和根哈希值都能匹配，才可确保传输过程的正确性。然而，当源文件非常大导致数据块数量较多时，哈希列表也会非常大，而文件的完整性校验必须下载整个哈希列表。默克尔树是该问题的解决方案之一。

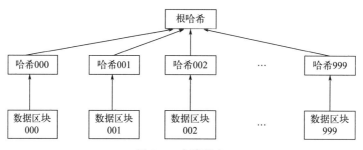

图 2-4　哈希列表

默克尔树可以被视为哈希列表的泛化结构，其叶子节点同样是各数据区块的哈希值，但与哈希列表直接计算第二层根哈希不同的是，默克尔树将相邻的两个哈希值合并成为一个字符串，然后计算其哈希值作为第二层非叶子节点的值，以此类推，最终形成一棵以根哈希值为顶点的倒挂的树，其根哈希值被称为默克尔根，如图 2-5 所示。因此，哈希列表实际上可以看作是树高为 2 的多叉默克尔树。若对 $H_{ABCDEFGHIJKLMNOP}$ 进行调整，在灰色表格处调整数值即可产生影响，同理，若对 $H_{IJKLMNOP}$ 和 H_{IJKL} 进行调整，应调整右侧灰色方框数值。

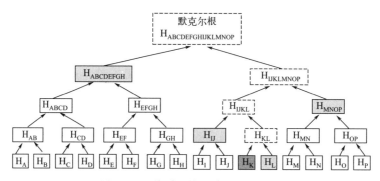

图 2-5　比特币系统的默克尔树示例

默克尔树是区块链系统最重要的底层数据结构之一，其作用是快速归纳和校验区块数据的存在性和完整性。最常见的默克尔树是比特币采用的二叉默克尔树，其每个哈希节点总是包含两个相邻的数据块或其哈希值，其他变种则包括以太坊的默克尔帕特里夏树（MPT）。默克尔树有诸多优点：第一是使得区块头只需包含根哈希值而不必封装所有底层数据，这极大地提高了区块链的运行效率和可扩展性，使得哈希运算可以高效地运行在智能手机甚至物联网设备上；第二是默克尔树可支持简化支付验证（SPV）协议，即在不运行完整区块链网络节点的情况下，也能够对（交易）数据进行校验，这将极大地降低区块链运行所需的带宽和缩短验证时间，并使得仅保存部分相关区块链数据的轻量级客户端成为可能。

理论上讲，区块链可以脱离默克尔树结构而正常运行，只需要将每一笔交易数据封装进区块即可，但这势必会大幅增加区块的体积，导致区块链低效运行的同时也降低了可扩展性，使其只能运行在有足够算力和存储资源的节点上，从而进一步导致区块链系统逐渐趋于中心化。因此，默克尔树对区块链系统至关重要。

（1）默克尔树在比特币中的应用

比特币系统采用二叉默克尔树来组织每个区块中的所有交易。这些交易本身并不存储在默克尔树中，而是每个交易作为一个独立的数据块，计算其哈希值并存储在默克尔树的叶子节点中。然后，将相邻两个叶子节点的哈希值串接起来，再次计算其哈希值作为父节点，以此类推，直至生成默克尔根并存储在区块头中。比特币采用 SHA256 算法来对交易数据进行哈希运算，因此默克尔树的每个节点均为 256 位（32 字节）哈希值。

在比特币系统中，默克尔树除了用来归纳交易并生成整个交易集合的默克尔根之外，同时也提供了校验某个区块中是否存在特定交易的一种高效的途径，即默克尔路径。默克尔路径是由从默克尔根到叶子节点所经过的节点组成的路径。一般说来，在 N 个交易组成的区块中确认任一交易的算法复杂度（体现为默克尔路径长度）仅为 $\log_2 N$。

（2）默克尔树在以太坊中的应用

以太坊系统中的默克尔树结构被称为 MPT，1968 年由 Donald R. Morrison 首次提出。MPT 是在改进比特币默克尔树的基础上，通过融合默克尔树和帕特里夏树两种数据结构的优点，而形成的一种基于加密学、自校验、防篡改的数据结构，是以太坊中用来组织管理账户数据、生成交易集合哈希的重要数据结构。MPT 结构可以解决比特币默克尔树无法表征交易状态（如数字资产的持有、名称注册、金融合约状态等）的问题。

MPT 本质上是一类 Trie 树。Trie 树又称为字典树、前缀树、单词查找树或者键树，其名称来源于 retrieval 中间的四个字母，是一种多叉结构的变种哈希树，其中的键通常是字符串。Trie 树通常有三种基本性质：根节点不包含字符（即对应空字符串），除根节点外的每一个子节点都只包含一个字符；从根节点到某一节点，路径上经过的字符连接起来，为该节点对应的字符串；每个节点的所有子节点包含的字符都不相同。一般情况下，不是所有的节点都有对应的值，只有叶子节点和部分内部节点所对应的键才有相关的值。如图 2-6 所示，该 Trie 树用 11 个节点保存了 10 个字符串 "A" "t" "to" "te" "tea" "ted" "ten" "i" "in" 和 "inn"。

理论上，如果字符种类数量为 m，字符串长度为 n，则 Trie 树的每个节点的出度（子节点数量）为 m，Trie 树的高度为 n。由此可见，Trie 树的最坏空间复杂度为 $O(mn)$，随着 m 和 n 的增加，Trie 树所需的存储空间将呈指数增长趋势；然而，由于 Trie 树的高度为 n，自树根至叶节点遍历字符串的最坏时间复杂度仅为 $O(n)$。显然，Trie 树的核心思想在

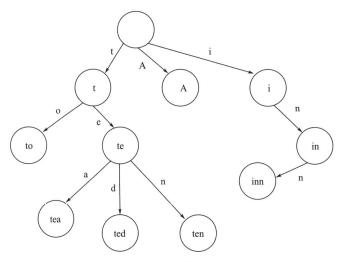

图 2-6　Trie 树示例

于利用空间换时间，即利用字符串的公共前缀来减少查询时间以达到提高效率的目的。Trie 树通常用于搜索引擎系统的文本词频统计、搜索提示等场景，其优势是最大限度地减少无谓的字符串比较，查询效率比较高。如果要存储的字符串大部分都具有公共前缀，则 Trie 树结构可以在节省大量内存空间的同时，大幅提高查询拥有共同前缀的数据时的效率。相反，如果系统中的字符串大多没有公共前缀，则利用 Trie 树结构将会非常消耗内存资源、降低运行效率。

帕特里夏树是一种更为节省空间的 Trie 树，其中不存在再有一个子节点的节点，换言之，如果某个节点只有一个子节点，则将该节点与其子节点合并。帕特里夏树和 Trie 树的异同点如图 2-7 所示。

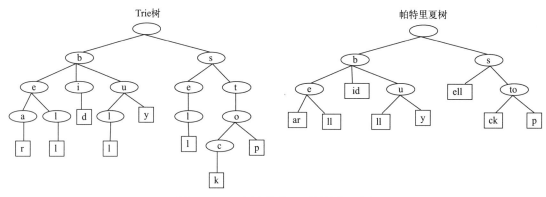

图 2-7　Trie 树和帕特里夏树结构示例

以太坊采用的 MPT 在将默克尔树和帕特里夏树相结合的基础上，进行了如下改进。

一方面，MPT 中的节点通过其哈希值被引用，这可以改进传统 Trie 树采用内存指针来连接节点以及节点值以明文存储等带来的安全性问题。MPT 树采用递归长度前缀（RLP）编码来组织数据，其非叶节点存储在 LevelDB 关系型数据库中，数据库中的 key 是节点的 RLP 编码的 SHA3 哈希值，value 则是节点的 RLP 编码。

另一方面，MPT 树引入包括空节点、叶子节点、扩展节点和分支节点在内的多种节点类型，以尽量压缩整体的树高，降低操作的复杂度。

基于上述数据结构，以太坊区块链中包含三棵 MPT，分别对应交易、收据与状态三种对象，交易根哈希值、状态根哈希值和收据根哈希值均存储在以太坊的区块头中，如图 2-8 所示。每个以太坊区块都有一棵独立的交易 MPT。与比特币相似，以太坊的交易 MPT 中的交易排序只有在该区块被挖出后才由相应的矿工决定，并且区块一旦被挖出后，交易 MPT 就不再更新；状态 MPT 则存储以太坊系统的全局状态，且随着时间不断更新，状态 MPT 节点的 key 是地址，value 包括账户的声明、余额、随机数、代码以及每一个账户的存储。

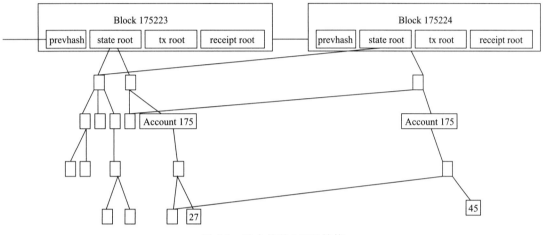

图 2-8　以太坊的 MPT 结构

以太坊的 MPT 结构可以使得轻客户端轻松地实现如下类型的查询：

① 这笔交易是否包含在特定的区块中？

② 某地址在过去 30 天中，发出 X 类型事件的所有实例（例如，一个众筹合约完成了它的目标）；

③ 某账户的当前余额是多少？

④ 某账户是否存在？

⑤ 如果在合约中运行某笔交易，它的输出会是什么？

以太坊的交易 MPT 可以处理第一类查询（与比特币系统类似），收据 MPT 可以处理第二类查询，而状态 MPT 则可以处理第三、第四和第五类查询。这些查询任务在比特币系统中是相对困难的。

（3）简化支付验证

简化支付验证（SPV）是基于区块链和默克尔树结构的特点而设计的一种即使没有完整交易记录，也能够方便、安全和快速地验证支付的方法。一般来说，区块链全节点需要同步大量数据才能正常运行，例如，2018 年比特币数据量已经超过 200GB，并且还在持续增长。显然，并非每个区块链节点都有能力下载和存储完整的区块链数据，特别是对于智能手机、平板电脑和物联网设备等轻量级移动终端来说更是如此。

SPV 技术可以使得区块链节点在不下载和存储完整区块链数据的情况下方便地验证支付。中本聪在比特币白皮书中简要介绍了 SPV 技术：SPV 使得不运行比特币网络的全节点也能够验证支付，用户只需要保存一份最长的工作量证明链条的区块头即可；SPV 节点虽然不能自己验证交易，但如果能够从区块链的某处找到相符的交易，就可以确认区块链网络已经认可这笔交易以及这笔交易获得了多少确认。SPV 技术可以极大地节省区块链的存储空间，减轻网络节点的负担。以比特币为例，无论交易量如何变化，每个区块的区块头始终为 80 字节，目前 60 万个区块的总量约为 45MB；同时，按照每 10 分钟生产一个区块的速度计算，每年新增的存储需求约为 4MB，这极大地减轻了节点的数据存储负担，使得各种轻量级设备可以方便地运行区块链。需要说明的是，SPV 技术的设计目标强调的是验证支付，而非验证交易；前者主要包括验证某一笔交易是否存在于区块链中以及是否获得足够多的网络确认，而后者则需要验证账户余额是否足够支出、是否存在双花交易、交易脚本是否正确等。简单说来，交易验证是要检验这个交易是否合法，而支付验证则仅验证这笔交易是否已经存在。

SPV 节点验证支付的基本思路是首先根据待验证交易信息向区块链网络发起查询请求（称为默克尔区块消息）；其他有完整区块链数据的节点收到该请求后，利用待验证交易信息在其本地区块链数据库中查询，并将获得的验证路径返回给 SPV 节点；SPV 节点利用该验证路径再做一次校验，如果确认无误，即可认为该交易是可信的。SPV 节点验证支付的具体步骤如下。

步骤 1：SPV 节点获得待验证交易信息，向区块链网络发起默克尔区块消息查询请求。

步骤 2：其他有完整区块链数据的节点收到请求之后，执行如下步骤。

① 定位包含该交易的区块。

② 检查该区是否属于整个网络的最长链。

③ 取出所有交易生成默克尔树，利用 getProof 方法获得待验证交易的验证路径。

④ 将验证路径发送回请求源 SPV 节点。

步骤 3：SPV 节点获得验证路径后，执行如下操作。

① 同步区块链，确保是整个网络中最长的一条。

② 先拿默克尔根去区块链中查找，确保该默克尔根哈希在链条中。

③ 利用获得的验证路径，再进行一次默克尔哈希校验，确保验证路径全部合法，则交易真实存在。

④ 根据该交易所在区块头的位置，确定该交易已经得到多少个确认。

（4）布隆过滤器

SPV 技术使得比特币客户端可以仅下载和存储少量数据，在必要时向网络中的全节点请求相关数据。这在极大提高区块链存储效率的同时，也带来了 SPV 节点的隐私保护问题。例如，最常见的场景之一就是比特币用户希望查询自己钱包的当前余额是多少，这项查询需要获得该用户钱包地址相关的所有 UTXO。完成该查询任务有若干种方式。

① 第一种是该用户下载完整的区块链账本（成为全节点），这样不必向网络中其他节点请求信息即可在本地查询所有 UTXO，也就不必向其他节点透漏其钱包的地址，因而可以有效地保护该用户的隐私；然而，这种方式对轻量级的 SPV 节点并不适用。

② 第二种方式是直接向网络中的全节点告知其钱包的所有地址，并由全节点返回与地址相关的 UTXO。这种方式更为精准，需要下载的数据量最少；然而，这种方式直接暴露了该用户的钱包地址，因此有一定的安全风险。

③ 第三种方式是前两种方式的折中方案，即仅告知其他全节点一部分关于钱包地址的信息，并由全节点返回有可能相关的所有 UTXO（与钱包地址实际相关的所有 UTXO 都将

包含在内）。这种方式能够兼顾隐私保护和数据存储空间与带宽限制。

比特币改进协议 BIP-0037 中提出采用布隆过滤器来实现第三种方式。布隆过滤器是 1970 年由 Burton Howard Bloom 提出的，它是一种基于概率的数据结构，可以用来判断某个元素是否在集合内，具有运行速度快（时间效率高）和占用内存小（空间效率高）等特点。布隆过滤器的缺点在于其存在一定的误识别率，即它能够确定某个元素一定不在集合内或者可能在集合内，而不能完全确定某个元素一定在集合内；随着数据量的增加，布隆过滤器的误识别率将随之增加。另外，布隆过滤器中增加某个数据相对容易，但删除该数据比较困难。通过在比特币中采用布隆过滤器，可以为 SPV 节点过滤掉大量无关数据，减少不必要的数据下载，提高 SPV 查询的效率和隐私保护性能。

布隆过滤器（图 2-9）的基本原理是通过一组哈希函数来将特定的输入数据压缩映射并存储为向量中的一个点。如果输入数据对应的点存在，则表示该数据可能在集合内（因为可能存在多个输入数据对应同一点的碰撞现象）；反之，则表示该数据一定不在集合内。

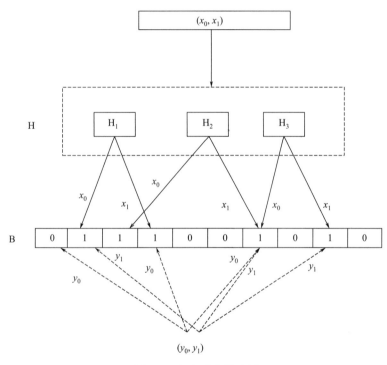

图 2-9　布隆过滤器示例

2.1.2.4　非对称加密

密码学是区块链技术体系的重要组成部分。1949 年，信息论的鼻祖 Claude Elwood Shannon 发表了密码学领域的奠基性论文《保密系统的通信理论》（"Communication Theory of Secrecy System"），从而使古老的密码研究与应用正式成为一门科学。

传统密码学主要研究对称加密，即在加密和解密过程中使用相同的密钥或规则，其优势在于算法公开、计算量小、速度快且加密效率高；然而，对称加密需要发送和接收双方共享同一密钥，因而难以实现有效的密钥分发和安全存储是其最大的缺点；同时，每一对发送和接收方都需要使用一个密钥，这在大规模通信网络中将会产生大量密钥，从而增加用户在密钥管理方面的负担。1976 年，图灵奖得主 Whitfield Diffie 和 Man Helman 的经典论文《密码学的新方向》（"New Direction Cryptography"）提出了 Diffie-Hellman 密钥交换算法，使得加密和解密可以使用不同的密钥和规则，从而第一次使没有共享密钥的双方能够安全地通信。这项划时代的工作奠定了公钥码学的基础，使得密码学的研究和实践从传统走向了现代，非对称加密也因此成为密码学的主流方向和一门蓬勃发展的新学科。

1977 年，IBM 经美国政府批准公布并实施了全新的商用密码学方案——数据加密标准（DES），其被美国联邦政府的国家标准局确定为联邦资料处理标准，授权在非密级政府通信中使用。密码学研究和应用自此从秘密走向公开，引起了大量学者的研究兴趣，并催生了RSA 算法（1978 年）和 ECC 椭圆曲线密码学（1985 年）等主流的非对称加密算法。密码学的研究热潮也催生了 20 世纪 90 年代的密码朋克和赛博朋克等概念，使得利用密码学来保护个人隐私和自由的观念深入人心。同时，数字加密数字货币的初期研究也借势蓬勃发展，诞生了密码学匿名现金系统——Ecash（1990 年）、分布式电子加密货币系统——B-money（1998 年）、哈希现金——hashcash（2002 年）等加密数字币的雏形，为后来比特币的诞生提供了实践上的指导。

非对称加密系统通常使用相互匹配的一对密钥，分别称为公钥和私钥。这对密钥具有如下特点：首先是一个公钥对应一个私钥；其次是用其中一个密钥（公钥或私钥）加密信息后，只有另一个对应的密钥才能解开；最后是公钥可向其他人公开，私钥则保密，其他人无法通过该公钥推算出相应的私钥。

非对称加密技术在区块链的应用场景主要包括信息加密、数字签名和登录认证等，其中信息加密场景主要是由信息发送者（记为 A）使用接收者（记为 B）的公钥对信息加密后再发送给 B，B 利用自己的私钥对信息解密。比特币交易的加密即属于此场景；数字签名场景则是由发送者 A 采用自己的私钥加密信息后发送给 B，B 使用 A 的公钥对信息解密，从而可确保信息是由 A 发送的；登录认证场景则是由客户端使用私钥加密登录信息后发送给服务器，后者接收后采用该客户端的公钥解密并认证登录信息。

以比特币系统为例，其非对称加密机制如图 2-10 所示。比特币系统一般通过调用操作系统底层的随机数生成器来生成 256 位随机数作为私钥。比特币私钥的总量可达 2256，极难通过遍历全部私钥空间来获得存有比特币的私钥，因而密码学是安全的。为便于识别，256 位二进制形式的比特币私钥将通过 SHA256 哈希算法和 base58 转换，形成 50 个字符长度的易识别和书写的私钥提供给用户；比特币的公钥由私钥经过 Secp256k1 椭圆曲线算法生成 65 字节长度的随机数。该公钥可用于产生比特币交易时使用的地址，其生成过程为首先将公钥进行 SHA256 和 RIPEMD160 双哈希运算并生成 20 字节长度的摘要结果（即 hash160 结果），再经过 SHA256 哈希算法和 base58 转换形成 33 字符长度的比特币地址。公钥生成过程是不可逆的，即不能通过公钥反推出私钥。比特币的公钥和私钥通常保存于比

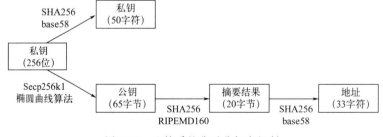

图 2-10　比特币的非对称加密机制

特币钱包文件中，其中私钥最为重要，丢失私钥就意味着丢失了对应地址的全部比特币资产。现有的比特币和区块链系统中，根据实际应用需求已经衍生出多私钥加密技术，以满足多重签名等更为灵活和复杂的场景。

非对称加密算法的核心基础之一是单向限门函数，即具有"正向计算容易，逆向计算非常困难且必须付出一定工作量才能完成"特性的函数。构造良好的单向限门函数对于非对称加密算法设计来说至关重要。目前常用的限门函数分为三类，即质因数分解、椭圆曲线离散对数计算以及素数域内的离散对数计算，这构成了目前非对称加密体系三大支柱：RSA 加密算法、椭圆曲线加密算法和离散对数加密算法。

以下将重点阐述三类代表性算法。

（1）RSA 加密算法

RSA 算法于 1977 年由麻省理工学院的 Ronald Rivest、Adi Shamir 和 Leonard Adleman 共同提出，根据三人姓氏首字母的组合来命名。实际上，1973 年，英国政府通信总部数学家 Clifford Cocks 就在内部文件中独立提出了相同的算法，但该算法由于被列入机密一直不为人知，直到 1997 年才得以发表。

RSA 算法是第一个比较完善的公开密钥算法，也是目前最有影响力的公钥加密算法之一，既能用于加密，也能用于数字签名。目前，世界上还没有可靠的针对 RSA 算法的攻击方式。只要使用足够长的密钥长度，经 RSA 算法加密后的信息基本上被认为是无法被破解的。目前被破解的最长 RSA 密钥就是 768 位，实际应用一般取 1024 位，重要场合甚至长达 2048 位。

RSA 算法的基本思想基于数论中质因数分解问题的简单事实：获得两个大质数的乘积非常容易，但是想要对该乘积进行因式分解却极其困难。如果记公钥为 $(N，e)$，私钥为 $(N，d)$，则 RSA 算法的密钥生成方式如下：

第 1 步：随机选择两个不相等的质数 p 和 q，计算 $N=pq$；N 的长度为密钥长度，实际应用中可使用较大的质数 p 和 q，且越大越难破解。

第 2 步：计算欧拉函数 $r=\varphi(N)=\varphi(p)\varphi(q)=(p-1)(q-1)$。

第 3 步：选择一个小于 r 并与 r 互质的整数 e，计算 e 关于 r 的模反元素 d（e 通常取65537）。

第 4 步：将 N 和 e 封装成公钥，N 和 d 封装为私钥。

在上述算法生成的公钥和私钥的基础上，RSA 算法的加解密过程为：

加密：密文=明文^e（mod N）。

解密：明文=密文^d（mod N）。

即明文的 e 次方对 N 取模即可获得密文；相对应地，密文的 d 次方对 N 取模就是明文。RSA 算法具有较高的安全性。破解 RSA 算法的关键是在已知公开信息 N 和 e 的前提下，计算私钥中的未知元素 d。由于 d 是已知信息 e 关于 r 的模反元素，而 $r=\varphi(N)=(p-1)(q-1)$，$N=pq$，因此计算 d 必须首先求解 p 和 q，此时问题转化为如何从 N 作因式分解得出 p 和 q。根据数论知识可知，对大数 N 进行因式分解获得 p 和 q 是困难的。这就保证了 RSA 算法的安全性。

RSA 算法的运行速度是一直以来的缺陷，通常是对应同样安全级别的对称密码算法的1/1000 左右，因而该算法一般只用于少量数据加密。实际应用中一般首先使用一种对称算法来加密信息，然后用 RSA 算法来加密比较短的对称密码，最后将用 RSA 加密的对称密码和对称算法加密的消息送给对方。这种对称加密和非对称加密相结合的方式通常称为混合加密。

（2）椭圆曲线加密算法

椭圆曲线密码学（ECC）是 1985 年由 Neal Koblitz 和 Victor S. Miller 分别独立提出的基于椭圆曲线数学的公钥密码学方法。与 RSA 算法基于质因数分解问题的困难性不同，ECC 算法的安全性基础是椭圆曲线离散对数问题这一广泛承认的数学难题，即给定椭圆曲线上的一个点 G，任意选取整数 k，求解椭圆曲线的另一点 $K = kG$ 非常容易，但反过来，给定椭圆曲线上的两个点 G 和 K，求解整数 k 是非常困难的。这里 G 为椭圆曲线上的基点，整数 k 则是私钥（通常选择较大的整数），经过 kG 运算后得到的点 K 是公钥。

ECC 加密算法主要由一条椭圆曲线和定义在椭圆曲线上的运算法则组成。椭圆曲线的点集合与运算法则共同构成了一个阿贝尔群。

1）比特币系统中的 ECC 算法

比特币系统就是采用 ECC 算法来实现加解密和数字签名的，其采用的是一类特殊的被称为 Secp256k1 的 Koblitz 曲线而非 NIST 推荐的 Secp256r1 曲线。与其他类型的椭圆曲线相比，Secp256k1 曲线加密有两个明显的优点：首先是可以占用非常少的带宽和存储资源，密钥长度较短；其次是可以让所有用户都使用同样的操作完成域运算。

2）ECC 与 RSA 的比较

ECC 与 RSA 是目前常用的公钥密码学加密算法。相比之下，RSA 算法的特点是数学原理简单，在工程应用中易于实现。ECC 算法在许多方面的性能都超出 RSA 算法，主要体现在抗攻击性强、处理速度快、内存使用少等，因此许多加密数字货币都选择使用 ECC 算法。

① 抗攻击性强：利用国际公认的针对 RSA 的有效攻击方法一般数域筛（NFS）来破译和攻击 RSA 算法，其难度是亚指数级的；而利用国际公认的针对 ECC 算法的有效攻击方法 Pollard rho 来破译和攻击 ECC 算法，其难度基本上是指数级的；因而 ECC 算法的抗攻击性更强，单位安全强度更高。

② 处理速度快：ECC 算法加解密的计算量小、CPU 占用少、处理速度快。例如，在同样性能的 CPU 饱和度测试中，3072 位 RSA 算法每秒可承受 500 次请求，2048 位 RSA 算法每秒可承受 1300 次请求，而 256 位 ECC 算法（与 3072 位 RSA 同等安全）则每秒可以承受每秒 2800 次请求。

③ 内存使用少：为达到同样的安全强度，ECC 算法所需使用的密钥长度远比 RSA 要低，因此占用的存储空间更少。例如，163 位 ECC 密钥的安全性相当于 1024 位 RSA 密钥的安全性；更为重要的是，随着安全等级的增加，RSA 密钥长度近乎指数增长，而 ECC 则基本上是线性增长，例如，512 位 ECC 密钥的安全性相当于 15360 位 RSA 密钥的安全性。

ECC 的这些特点使它有可能取代 RSA，成为通用的公钥加密算法。例如，SET 协议的制定者已把它作为下一代 SET 协议中缺省的公钥密码算法。

（3）离散对数加密算法

Elgamal 算法是 1985 年由 Taher Elgamal 提出的基于 D-H 密钥交换的非对称加密算法，其安全性基础是求解有限域上离散对数问题的困难性。Elgamal 算法既适用于非对称加密也适用于数字签名，具有高度的安全性和实用性。美国数字签名标准（DSS）的数字签名算法（DSA）就是经过 Elgamal 算法演变而来的。

DH 是 Whitfield Diffie 和 Martin Hellman 在 1976 年提出的密钥交换协议。DH 算法主要解决对称加密算法面临的密钥交换难题，可以在通信双方完全没有对方任何预先信息的条件下，通过不安全信道建立起一个共享密钥，该密钥可以在后续的通信中作为对称密钥来加密通信内容。

基于 DH 密钥交换算法，Elgamal 算法由密钥生成、加密过程与解密过程三个部分组成。

2.1.2.5 数字签名

数字签名是一种证明数字消息、文档或者资产真实性的数学方案，其作用是使得接收者有理由相信其接收到的内容是由已知的发送者发出的（身份认证），且发送者无法否认其曾经发送过（不可抵赖），同时，该内容在传输过程中未被篡改（完整性）。ISO 7498-2 标准将数字签名定义为"附加在数据单元上的一些数据，或是对数据单元所作的密码变换，这种数据和变换允许数据单元的接收者用以确认数据单元来源和数据单元的完整性，并保护数据防止被人进行伪造"。

1976 年，Whitfield Diffie 和 Martin Hellman 首次描述了数字签名方案的概念，并猜想这样的方案在陷门单向置换函数的基础上是存在的。随后不久，RSA 算法就被提出并可用来生成数字签名。其他早期的数字签名方案包括 Lamport 签名、Merkle（即默克尔树或者哈希树）签名和 Rabin 签名等。1984 年，Shafi Goldwasser、Silvio Micali 和 Ronald Rivest 等首次严格定义了数字签名方案的安全需求，描述了签名方案的层次化攻击模型并提出了 GMR（三人姓氏首字母排序）数字签名方案。直到 1989 年，才出现了第一个广泛使用的可提供数字签名的市场化软件包，即基于 RSA 算法的 Lotus Note 1.0。

（1）数字签名的模型与流程

数字签名方案的模型通常可以表示为七元组（M，S，SK，PK，Gen，Sign，Verify），如图 2-11 所示，其中：

① M：某字母表中串的集合组成的明文消息空间，即待发送消息内容集合；

② S：可能的签名空间；

③ SK：签名密钥空间，即用于生成签名的私钥集合；

④ PK：验证密钥空间，即用于验证签名的公钥集合；

⑤ Gen：N→SK×PK，密钥生成算法，可生成一对匹配的公钥 pk 和私钥 sk；

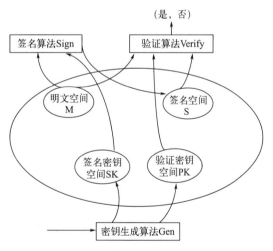

图 2-11　数字签名的模型要素

⑥ Sign：M×SK→S，签名算法，利用私钥 sk 生成消息 m 的签名 s；

⑦ Verify：M×S×PK→(True，False)，验证算法，利用公钥 pk 验证消息 m 的签名 s 是否正确。

一个有效的数字签名方案必须满足两个性质：首先是安全性，即利用特定的私钥对某个消息生成的数字签名，可以使用其对应的公钥进行验证；其次是真实性，即没有正确私钥的攻击者不可能（计算上不可行）生成被攻击者的有效数字签名。

数字签名方案通常需要使用非对称加密技术和数字摘要技术，其一般流程通常包括签名和验证两个阶段，如图 2-12 所示。

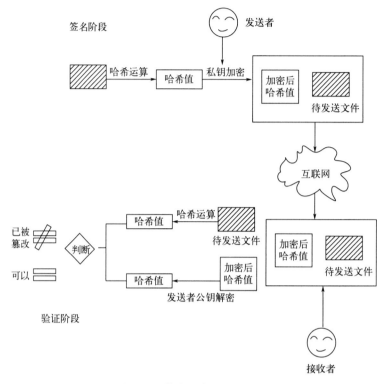

图 2-12　数字签名的一般流程

（2）常见数字签名算法

以下列出了目前常见的数字签名算法，以及这些算法的设计原理、优点和缺点、应用场景等，如表 2-6 所示。

表 2-6　常见数字签名算法概述

名称	设计原理	优劣势分析
RSA	质因数分解问题的难解性	优点:方便公钥分发;大规模网络所需的密钥数量少
		缺点:速度较慢;提高加密强度、抵御篡改攻击而带来的高计算成本;对乘法攻击敏感,即不知道私钥的恶意用户可以通过计算已签名文档的哈希值来产生新文档的合法签名
Elgamal	有限域离散对数问题的难解性	优点:概率性加密,高强度加密级别;能够使用一个密钥为大量消息生成数字签名
		缺点:与初始文本相比,加密文本长度加倍,导致了更长的计算时间和对通信信道安全性的更严格要求
DSA	有限域离散对数问题的难解性	优点:DSA 是 Elgamal 加密算法的一种改进;同等加密强度时,签名长度更短;较低的签名计算速度;减少存储空间需求
		缺点:验证签名必须使用复杂的求余数操作,因而阻碍了最快的可能操作

续表

名称	设计原理	优劣势分析
ECDSA	椭圆曲线离散对数计算问题的难解性	优点:ECDSA 是 DSA 算法的改进版;与 DSA 算法相比,可在更低的域中操作;没有应用性能问题;快速的签名和验证过程;兼容不断增长的保护需求;支持国家信息保护标准
		缺点:可能出现选择私钥导致不同文档生成相同签名的错误情况(需要大量计算)
GOST R 34.10—2012	椭圆曲线离散对数计算问题的难解性	优点:是描述数字签名生成和验证算法的俄罗斯标准;不包含建议使用的曲线,只包含一组曲线所需满足的需求;无论何时出现关于弱类型椭圆曲线的新结果,都允许标准保持不变
		缺点:因缺乏建议的参数,需要付出额外努力来选择、验证和推广这些参数
Schnorr	有限域离散对数问题的难解性	优点:是 Elgamal 加密和 Fiat-Shamir 签名方案的改进;较小的签名大小、时空效率高
		缺点:不常用
Rapid	有限域离散对数问题的难解性	优点:简化计算,提升性能水平
		缺点:有待进一步研究;仅限于匹配配对方法
GMR	质因数分解问题的难解性	优点:基于 RSA 的改进算法;免受自适应选择消息的攻击
		缺点:一是签名方案并非完全"无记忆",二是基于质因子分解实现的签名过程太慢
Rabin	质因数分解问题的难解性	优点:是具有可证明强度等级的签名方案,有比 RSA 更高的运行速度
		缺点:需要从四种可能的信息中选择真实信息;易受基于所选密文的攻击,并没有得到广泛的应用
EdDSA	椭圆曲线离散对数计算问题的难解性	优点:高速;随机数生成器的独立性;高性能
		缺点:采用 Schnorr 算法和椭圆曲线的签名方案;依赖基于 SHA512/256 和 Curve 25519 的 Ed25519 签名方案

此外,根据数字签名算法的应用模式,还有盲签名、环签名、群签名、多重签名等多种形式。

（3）多重签名

多重签名是数字签名技术的重要应用模式,常用于多个参与者对某个消息、文件和资产同时拥有签名权或者支付权的场景。正如同现实生活中一份文件需要多个部门联合签字方可生效,多重签名场景通常需要 N 个参与者之中至少有 M 个参与者联合签名,其中 $N>=M>=1$。当 $N=M=1$ 时,多重签名退化为传统的单人签名。根据签名过程的不同,多重签名方案可以分为两类,即有序多重签名和广播多重签名。对前者来说,签名者之间的签名次序是一种串行的顺序,而对后者来说,签名者之间的签名次序是一种并行的顺序。

多重签名被认为是区块链发展历史上的重要里程碑之一,不仅可以极大地提升区块链的安全性,同时也衍生出许多新型的商业模式。比特币系统中,数字签名的对象就是比特币交易本身,其使用的多重签名技术依托于比特币的 P2SH 协议,一般采用 N 选 M 的形式,即该多重签名地址共有 N 个私钥,至少需要其中 M 个私钥共同签名才能从这个地址中转账,常见形式有 3 选 1、3 选 2 或者 3 选 3 模式。显然，多重签名使得同一笔比特币交易需要多方共同签名之后才能获得全网节点的认可并记录进区块链。因此，恶意的攻击者必须同时获得所有签名方的私钥才能盗用这笔比特币，这无疑增加了攻击难度，同时也降低了用户因无意间泄露私钥而带来的风险，减少了损失。

2.1.3　区块链网络

区块链的网络层封装了区块链系统的组网方式、数据传播协议和数据验证机制等要素。本小节将重点讨论区块链底层的网络结构与通信协议，以及实现多条区块链之间互操作的跨链技术。

2.1.3.1　网络类型

区块链系统通过其内置的激励机制组织起大量分布式的计算节点来共同完成特定的计算任务，并共同保护分布式数据账本的安全性、一致性和不可篡改性。从这种意义上来说，区块链符合分布式系统的狭义定义，即网络连接的计算机系统中，每个节点独立地承担计算或者存储任务，节点间通过网络通信协同工作。从广义角度来看，分布式系统的判定取决于观察者的视角。从微观计算节点的角度来看区块链是分布式系统，而从宏观视角来看，大量区块链节点通过共识算法对外提供统一的服务，因而亦可视之为非分布式系统。

区块链的网络结构继承了计算机通信网络的一般拓扑结构，可以分为中心化网络、多中心化网络和去中心化网络三类。一般来说，以比特币和以太坊为代表的非授权区块链大多采用去中心化网络，其网络节点一般具有海量、分布式、自治、开放、可自由进出等特性，因而大多采用对等网络（P2P 网络）来组织散布全球的参与数据验证和记账的节点。P2P 网络中的每个节点都地位对等且以扁平式拓扑结构相互连通和交互，不存在任何中心化的特殊节点和层级结构，每个节点均会承担网络路由、验证区块数据、传播区块数据、发现新节点等功能；随着区块链技术的发展，近年来有些区块链系统尝试采用 mesh 网络（即网状网）来组织区块链的计算节点。与非授权区块链相比，授权区块链采用中心化星型网络或者多中心网络结构，例如联盟链大多采用多中心网络，而私有链则可能采用完全中心化的星型网络。

去中心化和分布式网络的说法源自 1961 年美国兰德公司的一份有关分布式通信的报告"On Distributed Communications"，该报告认为大多数网络拓扑结构都可以分解为"中心化星型网络"和"分布式网格或者网状网"。这两类网络拓扑又可以通过组合构成所谓的"去中心化网络"，星型结构和分布式结构组合而成的层级结构的特点是并不总是依赖单一节点，但是破坏少量中心节点也可以摧毁整个网络的通信。显然，兰德报告的"去中心化网络"实际上是完全中心化网络和完全去中心化网络的中间状态，任何由完全中心化网络到完全去中心化网络的过渡状态实际上都是这两类网络形态的层次化组合。由此可见，兰德报告的"分布式网络"实际上就是常见的"去中心化网络"。因此，可认为将三类网络拓扑分别称为中心化、多中心化和去中心化更为合适。

实际上，是否分布式与是否去中心化是两个不同的维度，分布式系统同样可以有中心化和去中心化两种设计和实现方式。此外，完全去中心化网络实际上是一种理想形态，在实际网络系统中较少存在，更多的是不同程度上的多中心化。例如，比特币网络的理论模型是完全去中心化网络，但实际比特币网络中的全节点（中心节点）数量远小于所有节点数量，造成事实上的多中心化。

在 P2P 网络环境中，彼此连接的多台计算机之间都处于对等的地位，各台计算机有相同的功能，无主从之分。网络中的每一台计算机既能充当网络服务的请求者，又能对其他计算机的请求作出响应，提供资源、服务和内容。通常这些资源和服务包括：信息的共享和交换、计算资源（如 CPU 计算能力）共享、存储（如缓存和磁盘空间的使用）共享、网络共享、打印机共享等。

P2P 网络技术的特点体现在以下几个方面。

非中心化：网络中的资源和服务分散在所有节点上，信息的传输和服务的实现都直接在节点之间进行，可以无需中间环节和服务器的介入，避免了可能出现的瓶颈。P2P 的非中心化特点，带来了其在可扩展性、健壮性等方面的优势。

可扩展性：在 P2P 网络中，随着用户的加入，不仅服务的需求增加了，系统整体的资源和服务能力也在同步扩充，始终能比较容易地满足用户的需要。理论上其可扩展性几乎可以认为是无限的。

健壮性：P2P 架构天生具有耐攻击、高容错的优点。由于服务是分散在各个节点之间的，部分节点或网络遭到破坏对其他部分的影响很小。P2P 网络一般在部分节点失效时能够自动调整整体拓扑，保持其他节点的连通性。P2P 网络通常都是以自组织的方式建立起来的，并允许节点自由地加入和离开。原因是当一个节点想要在网络中找到自己需要的数据时，由于整个网络缺乏结构，它不知道哪一个节点上储存着自己想要的数据，它需要向尽可能多的节点发送寻找这项数据的请求，而且网络中的其他节点都要回应和处理这一请求：储存着相关数据的节点计算机要向请求回复“此处有你需要的数据”，没有相关数据的节点要告诉请求者“我这里没有你想要的数据”。

此外，如果请求者寻找的数据是比较流行的，比如热播电影或流行音乐，那么网络中大量的节点会存储这类数据，这时请求者的数据请求会很快得到回应；但如果请求者寻找的是比较小众的数据（本来只储存在网络中的少量节点计算机上），那么请求者的数据请求失败的可能性就会大大增加。

根据网络体系结构，一般可以把 P2P 网络分为三类。

（1）混合式对等网络

它是 C/S 和 P2P 两种模式的混合，反映了早期网络从 C/S 到 P2P 的过渡。混合式对等网络最具影响力的代表是 Napster。Napster 是一个为音乐迷们提供交流 MP3 文件的平台，最典型的特点是存在维护共享文件索引与提供查询的服务端（C/S 模式），但具体内容存储在用户硬盘中，内容的传送只在用户节点间进行（文件交换是 P2P 的）。从服务端的存在这个角度来说，早期的 P2P 网络不是完全去中心化的。

（2）无结构对等网络

这种网络的特点是无固定网络结构图，无中心节点，每个节点既是客户端又是服务端，节点地址没有统一标准，内容存放位置与网络拓扑无关，对等节点间通过客户端软件搜索网络中存在的对等节点，并直接交换信息。典型的无结构 P2P 网络协议，如 Gnutella，是纯粹意义上的 P2P 网络。图 2-13 是非结构化的 P2P 网络结构示意图。

（3）结构化对等网络

它以准确、严格的结构来组织网络，一般采用哈希函数将节点地址规范为标准的标识，内容的存储位置与节点标识之间存在映射关系，可以实现有效的节点地址管理，精确定位节

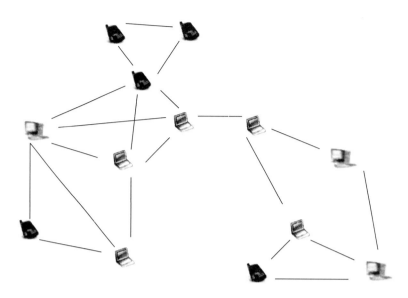

图 2-13　非结构化的 P2P 网络

点信息。因为所有节点按照某种结构进行有序组织，所以整个网络呈环状或者树状。其最具代表性的经典模型和应用体系有 Chord、Pastry 等。结构化的 P2P 网络，其特点是网络节点通过特定的网络拓扑结构连接在一起，通过网络协议确保任意节点可以高效找到所需的数据，即使是很少见的数据。目前最常用的结构是 DHT，即分布式哈希表。

在 DHT 结构的 P2P 网络中，采用哈希表的方式来对应资源与存储空间，即对于某一资源 key，首先使用哈希函数计算出这个 key 值的索引值（index），hash(key)＝index，然后把与这个 key 值对应的数据资源 value 存储到索引值所对应的存储空间中，这样就建立了 key 和 value 的对应关系。每次想要查找 key 所对应的 value 值时，只需要进行哈希运算找到其索引值并访问对应的存储空间，就可以找到所需数据。

为了提高搜索效率，网络中的每个节点都保存一份网络节点的哈希表，通过这一列表使网络资源与存储节点对应起来。查找某一资源时，先对该资源进行哈希计算，找到唯一对应的索引值，然后访问这一索引值对应的节点或存储空间，就能很快找到所需的数据资源，避免了网络中的信令"洪水"以及提高搜索的成功率。结构化 P2P 网络也有不足之处，因为网络中的哈希表建立了资源与存储空间的对应关系，所以其网络抗扰动的能力不足，比如当大量节点经常加入或退出网络时，网络数据与资源的对应关系就会发生很大变化，原来的哈希表的作用就会大幅降低，效率也随之下降。

Napster 是 P2P 技术在文件分享领域的最先尝试，得益于 P2P 模式的天然优点，Napster 迅猛发展。它的创新点在于通过构建存储音乐文件索引与存放位置信息的 Napster 服务器，实现文件查询与文件传输的分离。用户需要某个音乐文件时，首先与 Napster 服务器相连，检索信息，根据返回的存放节点择优再进行下载。这种模式查询与下载并行，大大提高了系统整体带宽利用效率。当然，尽管 Napster 服务器只是个索引和搜索的轻服务，但中心化终归是隐患，不可避免地带来了系统瓶颈、单点故障等问题。

BitTorrent 是 Napster 架构的衍生强化版，分布式的思想在其网络中得到更深层次的渗透。BitTorrent 网络中共享同一文件的用户形成一个独立的子网，从而将服务端分散化，不会因为单点故障影响整体网络。文件的持有者将文件发送给其中一名用户，再由这名用户转发给其他用户，用户之间相互转发自己所拥有的部分文件，直到每个用户的下载都全部完成。这种方法的特点是下载的人越多，下载速度越快。原因在于，每个下载者将已下载的数据提供给其他下载者下载，并通过一定的策略保证上传速度越快，下载速度也越快。然而，不管是 Napster 还是 BitTorrent 都存在一个共同的问题：人们大多只愿意免费获取，而不愿耗费资源去共享。这就催生了后来引入强制共享机制的电驴——eDonkey。

区块链激励机制则给出了更好的答案，区块链网络层大多选择 P2P 模式作为其组网模型，其理念是去中心化，不依赖任何第三方来完成自身系统的运转。P2P 网络天然的全网对等的属性与区块链不谋而合，再加上 P2P 已经是发展成熟、经过考验的技术，二者的结合几乎是必然的。

2.1.3.2　广播与验证机制

广播与验证机制是区块链网络产生信任、形成高安全性的基础，也是区块链网络与以往中心化网络的重要区别之一。

在区块链的分布式网络中，存在两种广播机制：一种是交易广播机制，每一笔交易都需要向全网进行广播，取得全网节点的验证，从而进入区块；另一种是区块构造广播，即由网络服务机构完成的广播，比如比特币的矿工。当矿工进行了大量的计算，完成了工作量证明时，他需要把自己的运算结果广播到全部网络节点之中，由其他节点根据给定的计算条件，调动资源（算力）进行验证。当验证通过后，该笔交易即可记录到区块之中，随后也会放到区块链之中。

交易广播机制的存在，将区块链中的每一项交易置于全网节点的监督之下，交易的每一个细节都要受到其他节点的检验，如支付资金的来源是否可以追溯、支付过程是否符合规则、支付的结果是否确定，等等。一旦经过验证是一项真实的交易，这笔交易就进入了全网节点的区块内，由全网节点为它的真实性、合规性进行背书，下一项与之相关的衍生交易自然无需中心机构的背书即可信任该项交易，这就是区块链网络信任的基础。因此可以说，交易广播一方面是下一项交易的源头，是产生信任机制的第一步；另一方面也是区块封装的数据基础，因为矿工们要做的是将某一时段内的交易组装为区块并进行计算。

区块构造广播，即矿工们竞争构造区块的结果广播，是区块链运行的基础流程之一。区块的构造是全网的服务机构（即矿工们）竞争的结果，在接收到交易广播的信息，完成本时段内全部交易的封装后，矿工们开始竞争计算哈希值。最快完成计算的矿工必须将结果广播出去，才能使区块真正构建完成，具备接受全网节点验证的基础条件，实现区块向主区块链的入链过程。

验证机制，是指节点对广播的交易信息和区块进行验证的过程。区块链没有中心机构进行交易信任检验和保证，因此每一项交易需要靠全网节点的验证来保证，至少经过 51％节点验证的交易才能取得信任，成为区块封装中的交易组合信息。

对于网络节点来说，接收到交易信息的广播后，最重要的验证是支付资金的来源是否可追溯。从理论上来讲，只要有时间和资源进行回溯，所有的交易都可以一路回溯至创始区块。但由于区块数量较大，同时考虑交易的时效性、验证的经济性，节点对交易的验证过程并不关注过多的回溯和源交易的细节，一般只对源交易的哈希值进行验证，只需确认源交易的哈希值是可信的而且存在于此前的区块之中即可。交易信息的其他验证，包括数据格式的验证、交易双方的数字签名等，都是作为支付验证的辅助信息。只有通过了验证的交易，支付方才能真正取得支付的资格，用于自己的其他交易。

区块构造的验证也是非常重要的，以比特币网络为例，当最先完成区块封装以及竞争计算的矿工把构造结果广播出去以后，其他节点的矿工就会停止对本区块的构造，转为验证该区块的计算结果是否成立，每一个节点在将新的区块转发到其节点之前，会进行一系列的测试来验证它，从而确保了区块的合格与有效。具体的操作是：矿工节点依据一个标准清单对该区块进行验证，这些标准存于比特币核心客户端的 CheckBlock 函数和 CheckBlockHead 函数中，包括以下五个方面：

① 区块的数据结构在语法上有效；

② 区块头的哈希值小于目标难度（确认包含足够的工作量证明）；

③ 区块时间戳早于验证时刻未来两个小时（允许时间错误）；

④ 区块大小在长度限制之内；

⑤ 其他条件。

（1）节点类型

比特币网络由多种类型的节点组成，其功能集合一般包括网络路由（简写为 N）、完整区块链（简写为 B）、矿工（简写为 M）、钱包（简写为 W）。每个区块链节点都参与全网路由，同时也可能包含其他功能。根据节点提供的功能不同，主要分为如下几种，如图 2-14 所示。拥有全部功能集的称为核心客户端；不参与挖矿，仅提供完整区块链数据与参与全网路由的节点称为完整区块链节点；拥有完整区块链数据，并参与挖矿与路由的节点称为独立矿工；仅提供钱包功能与参与全网路由的节点称为轻量（SPV）钱包。除了这些主要节点类型外，还有一些节点运行其他协议，如挖矿协议，因而网络中还有矿池协议服务器、矿池挖矿节点、Stratum 钱包节点等。拥有完整的、最新的区块链数据的节点也被称为全节点，这样的节点能够独立自主地校验所有交易；只保留区块头数据，通过简易支付验证方式完成交易验证的节点为 SPV 节点或轻量级节点，它们没有区块链的完整拷贝。随着比特币生态的发展，比特币 P2P 协议、stratum 协议、矿池协议以及其他连接比特币系统组件的相关协议综合构成了现在的比特币网络，我们称之为扩展比特币网络。扩展比特币网络包含了多种类型的节点（如核心客户端、完整区块链节点等）、网关服务器、边缘路由器、钱包客户端以及它们互相连接所需要的 P2P 协议、矿池挖矿协议、stratum 协议等各类协议。

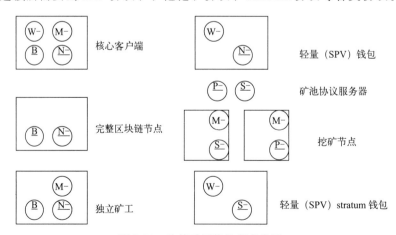

图 2-14　比特币网络的节点类型

新区块链节点启动后，如何发现网络中其他节点并获知其地址是区块链组网的重要环节，一般通过如下五种方式实现。

1) 地址数据库

网络节点的地址信息会存储在地址数据库——peers.dat 中。节点启动时，由地址管理器载入。节点第一次启动时，无法使用这种方式。

2) 通过命令行指定

用户可以通过命令方式将指定节点的地址传递给新节点，命令行传递参数格式如-add-node<ip>或-connect <ip>。

3) DNS 种子

当 peers.dat 数据库为空，且用户没有使用命令行指定节点的情况下，新节点可以启用 DNS 种子。

4) 硬编码地址

如果 DNS 种子方式失败，还有最后的手段，即硬编码地址。需要注意的是，需要避免 DNS 种子和硬编码种子节点的过载。因此，通过他们获得其他节点地址后，应该断开与这些种子节点的连接。

5) 通过其他节点获得

节点间通过 getaddr 消息和 addr 消息交换 IP 地址信息。

（2）数据传播协议

一般新节点由初始种子启动，再与相邻节点通信获得更多连接。下面将详细介绍节点之间是如何通信的。节点通常采用 TCP 协议，使用 8333 端口与其他对等节点交互。一个通用的区块链网络一般包括如下核心场景。

① 节点入网建立初始连接；

② 节点地址传播发现；

③ 矿工、全节点同步区块数据；

④ 客户端创建一笔交易；

⑤ 矿工、全节点接受交易；

⑥ 矿工、全节点挖出新区块，并广播到网络中；

⑦ 矿工、全节点接收广播的区块。

一般，version 消息和 verack 消息用于建立连接；addr 和 getaddr 消息用于地址传播；getblocks、inv 和 getdata 消息用于同步区块链数据，tx 消息用于发送交易。

1) 建立初始连接

建立连接始于"握手"通信，这一过程如图 2-15 所示。

比特币节点之间的"握手"过程类似 TCP 三次握手，节点 A 向节点 B 发送包含基本认证内容的 version 消息，节点 B 收到后，检查是否与自己兼容，兼容则确定连接，返回 verack 消息，同时向节点 A 发送自己的 version 内容，如果节点 A 也兼容，则返回 verack，至此连接成功建立。

2) 地址广播及发现

一旦建立连接，新节点将向其相邻节点发送包含自身 IP 地址的 addr 信息。相邻节点则将此 addr 消息转发给各自相邻节点，进而保证新节点被更多节点获知。此外，新

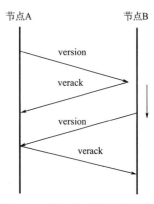

图 2-15　建立初始连接示意图

接入节点还向其相邻节点发送 getaddr 消息，获取相邻节点可以连接的节点列表。整个过程如图 2-16 所示。

3）同步区块数据

新入网节点只知道内置的创世区块，因此需要同步最新区块。同步过程始于发送 version 消息，该消息含有节点当前区块高度（BestHeight 标识）。具体而言，连接建立后，双方会互相发送同步消息 getblocks，其包含各自本地区块链的顶端区块哈希值。通过比较，区块数较多的一方向区块数较少的一方发送 inv 消息。需要注意的是，inv 消息只是一个清单，并不包括实际的数据。后者收到 inv 消息后，开始发送 getdata 消息请求数据，具体如图 2-17 所示。SPV 节点同步的不是区块数据，而是区块头，使用 getheaders 消息，如图 2-18 所示。

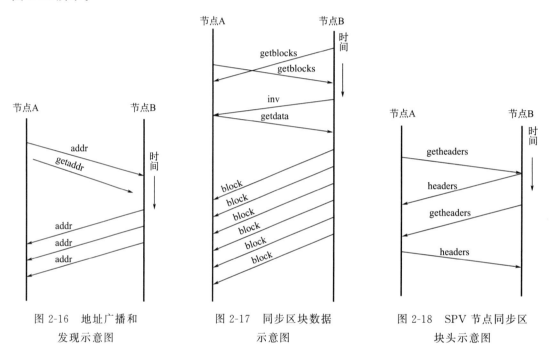

图 2-16　地址广播和发现示意图　　图 2-17　同步区块数据示意图　　图 2-18　SPV 节点同步区块头示意图

4）交易广播

交易数据的广播是更为常见的场景。假定有节点要发送交易，那么首先会发送一条包含该交易的 inv 信息给其邻居节点。邻居节点则通过发送 getdata 消息请求 inv 中所有交易的完整信息。如果发送方接收到 getdata 响应信息，则使用 tx 发送交易。接收到交易的节点也将以同样的方式转发交易（假定它是个有效的交易）。比特币系统的交易数据传播协议包括如下步骤：

① 比特币交易节点将新生成的交易数据向全网所有节点进行广播；

② 每个节点都将收集到的交易数据存储到一个区块中；

③ 每个节点基于自身算力在区块中找到一个具有足够难度的工作量证明；

④ 当节点找到区块的工作量证明后，就向全网所有节点广播此区块（block 消息）；

⑤ 仅当包含在区块中的所有交易都是有效的且之前未存在过的时候，其他节点才认同该区块的有效性；

⑥ 其他节点接受该数据区块，并在该区块的末尾制造新的区块以延长该链条，将被接

受区块的随机哈希值视为先于新区块的随机哈希值。

5）检测节点存活

ping 消息有助于确认接收方是否仍处于连接状态。通过发送 ping 消息，可以检测节点是否存活。接收方通过回复 pong 消息，告诉发送节点自己仍然存在。默认情况下，任何超过 20 分钟未响应 ping 消息的节点会被认为已经从网络中断开。

6）Gossip 传播协议

Gossip 协议最初是由 Alan Demers、Dan Greene 等于 1987 年在论文《用于复制数据库维护的流行病学算法》（"Epidemic Algorithms for Replicated Database Maintenance"）中提出的。Gossip 协议是一种计算机-计算机通信方式，受启发于现实社会的流言蜚语或者病毒传播模式。Gossip 协议也被称为反熵。熵是物理学中一个概念，代表无序、错乱，反熵则是在杂乱中寻求一致，这形象地体现了 Gossip 协议的特点：在一个有界网络中，每个节点随机地与邻居节点通信，每个节点都遵循这样的操作，经过一番交错杂乱的通信后，最终所有节点状态达成一致。这种最终一致性是指保证在最终某个时刻所有节点一致对某个时间点前的所有历史达成一致。虽然冗余通信，但具有天然的分布式容错优点，因而被广泛用于分布式系统的底层通信协议，如 Facebook 开发的 Cassandra，就是通过 Gossip 协议维护集群状态。

一般而言，Gossip 协议可以分为 Push-based 和 Pull-based 两种。前者工作流程如下。

① 网络中某个节点 v 随机选择其他 n 个节点作为传输对象。

② 节点 v 向其选中的 n 个节点传递消息。

③ 接收到信息的节点重复进行相同的操作。

Pull-based Gossip 协议的工作流程则相反。

① 网络中某个节点随机选择其他 n 个节点询问有没有新消息。

② 收到询问的节点回复节点 v 其最近收到的消息。

为了提高性能，也有结合 Push-Pull 的混合协议。Gossip 协议一般基于 UDP 协议实现。

在区块链领域，Gossip 协议也有广泛应用。面向企业联盟链的超级账本 Fabric 就采用 Gossip 作为其 P2P 网络的传播协议，由 Cosios 协议负责维护新节点或发现新节点、循环检查节点、剔除离线节点、更新节点列表。随着区块链技术的发展，目前涌现出若干新兴的分布式账本数据结构，将单一链式结构的技术范畴拓展为基于图结构的分布式账本，例如哈希图即采用了 Gossip 协议。

（3）数据验证机制

当新区块在区块链网络传播时，每个接收到区块的节点都将对区块进行独立验证，验证通过的区块才会被转发，以此尽早杜绝无效或者恶意数据在网间传播，预防小部分节点串通作恶导致无效区块被网络接收，尽最大可能保证网络中传播区块的正确性。以比特币网络为例，节点接收到邻近节点发来的数据后，其首要工作就是验证该数据的有效性。矿工节点会收集和验证 P2P 网络中广播的尚未确认的交易数据，并对照预定义的标准清单，从数据结构、语法规范性、输入输出和数字签名等各方面校验交易数据的有效性，并将有效交易数据整合到当前区块中。

具体而言，数据验证清单主要包括以下 6 部分。

1）验证区块大小在有效范畴内。

2）确认区块数据结构（语法）的有效性。

3）验证区块至少含有一条交易。

4）验证第一个交易是 coinbase 交易（previous transaction hash 为 0，previous txout-index 为 -1），有且仅有一个。

5）验证区块头部有效性。

① 确认区块版本号是本节点可兼容的。

② 区块引用的前一区块是有效的。

③ 区块包含的所有交易构建的默克尔树是正确的。

④ 时间戳合理。

⑤ 区块难度与本节点计算的相符。

⑥ 区块哈希值满足难度要求。

6）验证区块内的交易有效性，具体检查列表如下。

① 检查交易语法正确性。

② 确保输入与输出列表都不能为空。

③ nLockTime 小于或等于 IXT_MAX 或者 nLockTime 和 nSequence 的值满足 MedianTimePast（当前区块之前的 11 个区块时间的中位数）。

④ 交易的字节大小不小于 100。

⑤ 交易中签名数量小于签名操作数量上限（MAX_BLOCK_SIGOPS）。

⑥ 解锁脚本只能够将数字压入栈中，并且锁定脚本必须符合 isStandard 的格式（拒绝非标准交易）。

⑦ 对于 coinbase 交易，验证签名长度为 2~100 字节。

⑧ 每一个输出值以及总量，必须在规定值的范围内（不超过全网总币量，大于 0）。

⑨ 对于每一个输入，如果引用的输出存在于内存池中任何的交易，该交易将被拒绝。

⑩ 验证孤立交易：对于每一个输入，在主分支和内存池中寻找引用的输出交易，如果输出交易缺少任何一个输入，该交易将被认为是孤立交易。如果与其匹配的交易还没有出现在内存池中，那么其将被加入孤立交易池。

⑪ 如果交易费用太低（低于 minRelayTxFee 设定值）以至于无法进入一个空的区块，则交易将被拒绝。

⑫ 每一个输入的解锁脚本必须依据相应输出的锁定脚本来验证。

⑬ 如果不是 coinbase 交易，则确认交易输入有效，对于每一个输入：

a. 验证引用的交易存于主链；

b. 验证引用的输出存于交易，如果引用的是 coinbase 输出，确认输入至少获得 COINBASE_MATURITY(100) 个确认；

c. 确认引用的输出没有被花费；

d. 验证交易签名有效；

e. 验证引用的输出金额有效；

f. 确认输出金额不大于输入金额（差额即手续费）。

⑭ 如果是 coinbase 交易，确认金额小于或等于交易手续费与新区块奖励之和。

如果数据有效，则按照接收顺序将其存储到内存池中以暂存尚未计入区块的有效交易数据，同时继续向邻近节点转发。如果数据无效，则立即废弃该数据，从而保证无效数据不会在区块链网络中继续传播。

（4）区块链分叉

分叉，是软件开发中常见的一个概念，一般代表复制并修改。例如开源项目常见新群体分叉了一个项目，项目就产生分叉，拆分为两个项目，新群体将沿着这个分叉向另外的方向独立发展这个项目。

以比特币为例讨论区块链分叉，可以从两个层面理解：一种是自然分叉，另一种则是人为分叉。

1）自然分叉（机器共识过程产生的临时分叉）

比特币网络中固有的节点地域分布广泛、网络传输延迟，造成节点接收新区块存在一定的时间差异。当两个不同节点近乎同时挖掘出新区块 A、B 并进行广播时，就会造成后继区块链分叉的发生。区块 A、B 都是有效的，有些节点先接收到 A，其他节点则先接收到 B。节点会把先接收到的区块加入自己的主链，把后接收到的区块加到由主链分叉出来的支链上，临时的分叉由此产生。当后续再发现新区块 C，而 C 所指向的父区块是 A 的时候，网络中的节点有两种选择：原本主链最后一个区块是 A 的节点，自然正常将区块 C 加入主链，而主链最后是区块 B 的节点，则先在支链上将区块 C 加至区块 A 后面，然后将支链切换为主链。随着区块 C 在全网的传播，最终比特币全网节点的区块链又趋于一致，始终保持算力最大的为主链。在比特币网络中发生一次临时分叉很常见，连续 6 次产生分叉的情况，从概率上来说近乎为 0，这也是为什么区块确认一般是 6 块之后。

2）人为分叉（人的共识失败产生的分叉）

区块链的每一次升级都将导致分布式网络中的节点根据其是否接受升级而运行不同规则，于是人为的分叉就会产生。以比特币为例，比特币系统的改进都是通过 BIP 方式进行，现在比特币社区已经累计有数百条 BIP，这是人的共识达成的过程，具体又可以分为软分叉和硬分叉。

① 软分叉

软分叉是向前兼容的分叉。新规则下产生的区块可被未升级的旧节点所接收，旧节点只是无法识别、解析新规则。新、旧版本互相兼容，软分叉对整个系统的影响较小。新的交易类型一般以软分叉的方式升级，例如 P2SH 以及隔离见证。

根据由谁主导激活新的提议过程，又可分为矿工激活软分叉（MASF）与用户激活软分叉（UASF）。这里挖矿的节点被称为矿工，其他不挖矿的普通节点被称为用户。

软分叉在比特币发展过程中多次发生，是一种逐步升级的过程，是在现有结构基础上进行改进，不增加新字段。分叉过程不影响系统的稳妥运行，但是存在升级空间受限的缺点，硬分叉则相反。

② 硬分叉

硬分叉是不向前兼容的，旧版本节点不会接受新版本节点创建的合法区块，于是新旧版本节点开始在不同的区块链上运行。新旧节点可能长期并存，不像软分叉是临时的，硬分叉是有可能会长期存在的。分叉链的存活在于其算力的大小。如果原区块链为 A 版本，硬分叉产生的同源分叉链为 B 版本，则具体可以分为如下几种情况。

a. A 版本仍然被广泛支持，B 版本因算力不足而消亡，即还是保留原链。

b. B 版本获得广泛支持，A 版本因算力不足而消亡，即保留新链。

c. A、B 版本都有相当比例的矿工的支持，同时存在，这种情况最符合严格意义上的硬分叉，例如 ETH 与 ETC，两者都有其代币。这种分叉存在一定的门槛。

d. A 版本仍然被广泛支持，B 版本通过代码调整难度，小部分节点也能够让它存活。这种分叉几乎没有门槛，人人可以分叉。

e. B 版本获得支持，A 版本调整代码，小算力也可存活。

硬分叉的过程一般经历如下几个阶段。

a. 软件分叉：新的客户端发布，新版本改变规则且不被旧客户端兼容，客户端出现了分叉。

b. 网络分叉：接受新版的节点在网络运行，其发现的区块将被旧版节点拒绝，旧版节点断开与这些新版节点的连接，因此网络进一步出现了分叉。

c. 算力分叉：运行不同客户端版本的矿工的算力逐渐出现分叉。

d. 链分叉：升级的矿工基于新规则挖矿，而拒绝升级的矿工仍基于旧规则，导致整个区块链出现了分叉。

每一种区块链的背后都有其对应的社区、开发者、矿工等利益、信仰共同体，链的硬分叉同时也会带来对应社区的分裂，受关注度最高的有 2016 年因 "The DAO 事件" 出现的以太坊经典，2017 年催生出的比特币现金以及 2018 年比特币现金的进一步分叉。例如，2017年针对扩容问题的意见分歧导致 2017 年 8 月 1 日比特币的首次硬分叉，比特币社区的分裂催生了比特币现金；2018 年 11 月 15 日比特币现金社区再次分叉为比特币 ABC 和比特币 SV。由此可见，社区的分裂才是主导区块链分叉的因素。

值得注意的是，2017 年 8 月 1 日，比特币的硬分叉让大量的比特币持有者凭空地增加了一种新的数字币，即比特币现金（BCH）。这种硬分叉，没有减少资产，反而让人手里多了一种资产，于是区块链分叉就成了一种资产凭空增加的方式。硬分叉这种创造数字币的方式和 ICO（首次代币发行）非常类似，于是一个新的名词诞生了——IFO（首次分叉发行）。矿工团队在创造分叉的同时，可以在分叉发生的区块中，利用自己的特权，分配一些货币给自己或其他人（直接写成 coinbase 交易即可），然后再开放让所有人都可以参与挖矿。

2.1.3.3　网络协议

（1）getwork 协议

比特币 P2P 主网络上连接着许多矿池服务器以及协议网关，以下将简述矿池挖矿协议——getwork 协议。

getwork 协议可以被认为是最早的挖矿协议——实现区块链数据与挖矿逻辑剥离，拥有完整数据的节点构造区块头，即 version、prev-block、bits 和 Merkle-root 这 4 个字段必须由节点客户端提供。挖矿程序主要是递增遍历 nonce，必要时候可以微调 timestamp 字段。

对于 getwork 而言，矿工对区块一无所知，只知道修改 nonce 这 4 个字节，显然不符合迅猛发展的比特币矿机算力。如果继续使用 getwork 协议，矿机需要频繁调用 RPC 接口，显然不合时宜。如今比特币和莱特币节点都已经禁用 getwork 协议，转向更高效的 getblocktemplate 协议。该协议诞生于 2012 年，其最大的不同点是它让矿工自行构造区块，因为由矿工构建 coinbase 交易，所以这种方式所带来的搜索空间巨大。

（2）stratum 协议

getblocktemplate 协议虽然扩大了搜索空间，但正常的一次 getblocktemplate 调用节点都会返回 1.5M 左右的数据，因为要把区块包含的所有交易都交给矿工，数据负载过大。stratum 协议巧妙解决了这个问题。stratum 协议是为了扩展支持矿池挖矿而编写的挖矿协

议，于 2012 年底出现，是目前最常用的矿机和矿池之间的 TCP 通信协议之一，数据采用
JSON 格式封装，矿机与矿池通信过程一般如图 2-19 所示。

图 2-19　stratum 协议的基本通信入口

stratum 协议利用默克尔树结构特性，从 coinbase 构造 hashMerkleroot，无需全部交
易，只要把与 coinbase 涉及的默克尔结果提交给路径上的 hash 值返回即可，假如区块包含
N 笔交易，这种方式数据规模将压缩难度调整至 $\log_2 N$，大大降低了矿池和矿工交互的数
据量。stratum 协议不但保证给矿工增加足够的搜索空间，而且仅需很少的数据交互，这就
是该协议最优雅的地方。

2.1.3.4　跨链技术

随着区块链技术的广泛应用，形形色色的链大量出现，但大多数的链都是独立的、封闭
的，链与链之间高度异构、难以互通、无法对话，各自的数据与价值都局限于各自的数据
"孤岛"之中，这种困局与早期的因特网非常相似。因特网由一种支持异构网络互连的
TCP/IP 协议破局，从互不通信的单机逐步走向大规模网络，任何用户在任何地方，只要通
过互联网服务提供商，就可以访问到世界任何一个角落的互联网信息。同时，当前区块链之
间的互通性和互操作性极大地制约着区块链的发展，区块链网络迫切需要能够使众多区块链
协同工作的标准化协议，多链互通相关技术已经被认为是区块链未来发展的制高点，跨链技
术就在这样的背景下应运而生。正如 TCP/IP 协议之于互联网，跨链技术必将促使区块链向
真正的价值互联网演变。

跨链技术最早可以追溯到 2012 年的 Ripple 公司，其致力于建立一套适用于所有记账系
统，能够包容所有记账系统差异性的协议；2014 年，BlodStream 团队首次提出楔入式侧链
方案以寻求与其他区块链的互操作；2015 年 10 月，Ripple 公司进一步引入了一种跨链价值
传输的技术协议——ILP，这是跨链转账的首次尝试，其目标是打造全球统一支付标准，创
建统一的网络金融传输的协议；2016 年 9 月，以太坊创始人 Vitalik Buterin 为 R3 区块链联
盟写了一份关于跨链互操作的报告《链互操作性》（"Chain Interoprabliry"），对区块链互操
作性问题作了深度分析，并提出了三种实现跨链的策略：公证人机制、侧链/中继、哈希锁
定机制。

随后，闪电网络提出基于微支付通道构建跨链方案，BTC Relay 基于中继跨链方式实现从比特币到以太坊的单向流通，万维链则利用多方计算和门限密钥共享方案，实现公有链间的跨链交易，而以 Polkadot 和 Cosmos 为代表的跨链技术，更多关注的是跨链基础设施建设。

从跨链的发展历程中，可以看到其离不开侧链的身影，从早期的 Blockstream 的开源侧链项目元素链，这可以看作是跨链技术实现的雏形之一，到后来基于智能合约的 BTC Relay，实现从比特币到以太坊单向流通。侧链与跨链的概念交错耦合，两者技术内容方面是具有共性的，简言之，两者技术天然相通，应用的侧重点不同。一般侧链服务于主链，侧重币的兑换，而如今跨链所涵盖的范畴已经扩大，链与链之间的关系不仅仅是主侧关系，也可以是对等的，跨链通信不限于转账，更多关注打通不同区块链之间的信息、资产、状态，跨链旨在实现链之间价值服务与功能的连通，跨链的应用场景比侧链更为丰富。

（1）定义

跨链技术目前尚未形成行业公认的定义，结合跨链设计目标，跨链是指实现区块链账本之间资产的互操作，即在可以引入第三方但不改变原生链的前提下实现区块链之间资产的互换、转移。因此，目前对跨链的研究主要集中在资产互换与资产转移两个场景。

1）资产互换

通常指发生在两条链之间不同用户间的资产互换。这与中心化交易所中的币兑换类似，只是这个过程是在链上进行的。例如用户 A 和 B 在比特币和以太坊两条链上都有相应的账户，其中用户 A 在比特币区块链上有 10 个比特币，用户 B 在以太坊区块链上有 300 个以太币，假设当时 1 个比特币等值于 30 个以太币，他们不想在中心化交易所进行，希望彼此能够直接在链上、点对点、不通过第三方进行交换，则资产互换场景使得用户 A 换得 300 个以太币，用户 B 获得 10 个比特币，两条链上的资产总量不发生变化，只是相应资产的所有权发生转换。这个过程中突出的问题是任何一方违背交易，不确定如何保障另一方的利益。

2）资产转移

通常指发生在两条链之间单用户的资产迁移，可以分为单向或者双向，例如用户 A 想将比特币区块链上的 10 个比特币兑换成以太币，即将资产转移到以太坊区块链上，那么，与资产互换不同之处在于没有用户 B 去承接这 10 个比特币，这些币原则上要被销毁或冻结，两条链上的资产总量不再保持不变，各自是需要相应地增加或减少的。

（2）难点与解决方案

跨链交易提供了一种链间清算机制，清算的本质就是精确记账，因此跨链传递的不仅是信息流，更在于其背后对应的需要精确记录的价值。结合当前区块链自身的特点，要实现跨链交易，首先需要解决两个难题。

一是实现对交易的确认。一方面，区块链系统自身缺乏主动获取外界信息的机制，而原链上的交易状态对于另一条链来说就是不可或缺的外部信息，如何获得正确的原链上的交易状态信息是跨链交易的关键；另一方面，许多区块链（如 PoW 共识算法）对交易的确认是有等待时间的，需要获得足够算力才能保证交易的有效，因为理论上任何一笔交易都有可能被撤销，一个交易被确认之后依然有可能作废，如何验证交易将加大跨链交易的难度。

二是保证交易的原子性。跨链交易要么全发生，要么都不发生，始终保持两条链上账本的同步性，确保账本变动的一致性。如果发生错误，要有相应的回滚机制，保障交易双方的利益，系统回到交易前的状态。回撤机制是跨链交易发生异常后的重要保障。

1）难点一：实现对交易的确认

区块链系统是彼此封闭的。两个独立的、不兼容的系统要做到信息的互通，需要中间人的角色来搭线以实现对交易的确认。中间人这个机制可以有多种实现方式，可以是中心化方式，也可以是去中心化方式，中间人节点可以是单个的也可以是集群。根据交易信息传输和验证方式不同，具体方案可分为公证人机制、中继机制以及侧链机制。

① 公证人机制

公证人机制是一种直接和自然地实现跨链的思路，其最大的特点是不用关注所跨链的结构，因此也是较通用与成熟的模式。在双方无法互信的场合下，就需要一个中间人进行监督和公证。此时的中间人一般是可信第三方，担任中立方的角色，除了收集交易状态数据，还负责交易的验证。根据中心化程度，又可分为单签名公证人机制、多签名公证人机制以及分布式签名公证人机制。

a. 单签名公证人机制。单签名公证人机制也被称为中心化公证人机制，公证人通常由单一指定的节点或者机构担当，在交易过程充当交易确认者和冲突仲裁者。以中心化的机构保障信用，实现最为简易，交易处理速度快，兼容性好。该机制一般被区块链交易所采纳。其缺点也很明显，即过度依赖于公证人的可靠性，高度的中心化会带来安全隐患，造成性能瓶颈。

b. 多签名公证人机制。为了改善单签名公证人机制的过度中心化问题，多签名公证人机制引入多位公证人共同签名，达成共识后才能确认交易。该机制约定只要达到一定的公证人签名数量或者比例，交易就能被确认，因此，少数公证人作恶或者被攻击不影响系统的运行，交易安全性提高。公证人选取方式可以有多种，如随机选择、可信联盟的可信节点等。实践中一般利用多重签名脚本实现，所以该机制要求跨链交易的双方链本身支持多重签名功能。

c. 分布式签名公证人机制。分布式签名技术综合利用分布式密钥生成、门限签名等密码学算法，从最底层密码学算法层面解决跨链去中心化交易确认问题，使得跨链过程中的资产保管人角色由全网节点承担，而不是少数第三方。相较于多重签名，安全性更高，但实现更复杂。

公证人机制技术架构简单，对原链基本没影响，但中心化程度越低，安全性越高，实现越复杂，需综合场景需求进行权衡。

② 中继机制

中继的概念在生活中常见于通信场景，基站与基站之间搭建中继节点，以满足信号的多次转发。在跨链中，中继机制不依赖可信的第三方帮助其进行交易验证，中间人仅仅负责交易相关数据的收集与转发，目标链可以在拿到发送链的数据后自行验证。需要注意的是，两条链不能同时验证对方的交易，否则会陷入互为等待对方交易确认的死循环。整个过程中，中间人更多体现的是桥接的功能。因此相比于其他跨链技术，中继方案松耦合、更加灵活且易于扩展，具有多种实现形式，如 Cosmos 中的 Hub，Polkadot 中的 Relay Chain 等。

③ 侧链机制

侧链被定义为可以验证来自其他区块链数据的区块链，实现数字资产在多个区块链间的转移。侧链和中继的技术基础存在一定共性。一般说来，链 A 能够读懂链 B，那么表示 A 是 B 的侧链，主链可以不知道侧链的存在，但侧链必须知道主链，中继则必须知道两条链，侧链一般锚定主链，中继不存在这种从属关系，只负责数据传递；侧链一般基于 SPV 证明验证数据，需要同步所有的区块头，只能验证交易是否发生，中继一般不需要下载所有区块头。

早期的侧链方案基本都是针对比特币提出的，重构比特币的基础框架以弥补当初的设计缺陷（如吞吐量低、不支持图灵完备的智能合约）是极具风险的，因而利用侧链技术可以间接地扩展比特币的性能与功能，但侧链受到主链的技术限制较多，可认为是一种强耦合结构的跨链模式，而中继机制更像是从各主链中抽离出来的一个松耦合操作层。

对于交易的最终确定性，即应对交易可能撤销的场景（例如 PoW 共识只有概率确定性，存在分叉可能）的常见方案如下：

a. 等待足够多的确认，这种方案的不足在于拉长了处理周期；

b. 区块纠缠，令两个链之间建立依赖关系，当一个链上的区块被撤销时，级联撤销关联链上的相关区块；

c. 使用强一致性的共识算法，如 PBFT 等。

以上只是概念范畴的辨析，实际应用中会根据项目愿景、应用场景进行各方权衡，组合使用各种技术，核心在于把握原链交易信息是如何传递、接收链如何对交易进行验证，最终确认交易。

2）难点二：保证交易的原子性

跨链交易包含不同链上的多个子交易，这些子交易构成一个事务，所有子交易要么都成功，要么都失败。跨链事务管理是实现跨链的关键技术，当前保证交易原子性的解决方案离不开原子互换，基于原子互换概念的具体实现是哈希时间锁定合约与其延伸的哈希时间锁定协议。

① 原子互换

原子跨链交换是一种实现多方跨多个区块链交换资产的分布式协调任务。原子性是计算机领域非常重要的概念，原子操作是不可分割的，在执行完毕之前不会被任何其他任务或事件中断，整个操作要么成功、要么失败，不存在中间状态。在区块链领域，原子互换一直在不断探索与尝试。2017 年 11 月，Lightning Labs 宣布它成功完成比特币和莱特币之间的首次链下原子互换。原子互换以去中心化的方式实现资产交易，在点对点的基础上实现两种加密数字货币的交换，无需第三方介入，也不存在交易一方在交易中违约的风险。原子互换是保障区块链间跨链交易原子性的基础协议，协议的具体实现有多种方式，下面设定一个交换场景，通过实例来理解原子互换的一般流程。

场景：两人想要以不通过中心化交易所的方式进行比特币与以太币的交换，在兑换比率达成一致后，用户 A 与 B 即可互换。然而由于区块链上交易不可逆转，如果 A 先发送给 B 比特币，于 A 不利，因为并不确定 B 会发送给他以太币。因此，为了能使这种场景的交易履约进行，需要设计一种机制能够确保 A 和 B 都不会违背交易。原子互换通过定时智能合约来解决这种问题 D，原子互换交易示例如图 2-20 所示。

a. 用户 A 创建一个随机密钥 k，该密钥只有用户 A 知道。

b. 用户 A 在比特币链上创建交易 TX1："Pay w BTC to <B's public key> if(k for Hash(k)known and signed by B)"，即用户 A 发起了向用户 B 转 w 个比特币的交易，解锁

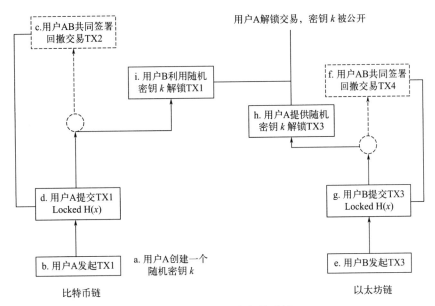

图 2-20　原子互换交易示例

条件是提供密钥 k 与用户 B 的签名。

c. 在 TX1 广播之前，用户 A 先在比特币链上广播一个回撤交易 TX2："Pay w BTC from TX1 to ＜A's pubic key＞, locked 48 hours in the future, signed by A"，即如果 48 小时内未有人解锁 TX1，那么将 w 比特币返还给用户 A。TX2 需要双方共同签名，才能生效。用户 B 同意交易便签署 TX2，并返回给用户 A。

d. 用户 A 在比特币链上提交 TX1，向全网广播。

e. 用户 B 在以太坊币链上创建交易 TX3："Pay v ETH to＜A-public-key＞if(k for Hash(k)known and signed by A)"，解锁条件是提供密钥 k 与用户 A 的签名。

f. 同样，TX3 广播之前，用户 B 先在以太坊链上广播一个需要双方共同签名的回撤交易 TX4："Pay v ETH from TX3 to ＜B's public key＞, locked 24 hours in the future, signed by B"，即如果 24 小时内未有人解锁 TX3，那么将 v 以太币返还给用户 B，用户 A 看到用户 B 发起的 TX4，附上自己的签名，返回给用户 B。

g. 用户 B 在以太币链上提交 TX3，向全网广播。

h. 用户 A 为了获得 v 个以太币，便在以太币链上提供密钥 k，并附上自己的签名以解锁 TX3，交易成功后，用户 A 获得 v 个以太币，用户 B 也知晓密钥 k。

i. 用户 B 利用密钥 k 与自己的签名在比特币链上解锁 TX1，最终获得用户 A 的 w 个比特币。

整个过程的关键在于用户 A 和用户 B 商定个定时智能合约并先后锁定待转账的资产，定时智能合约约定如下：

条件 a：如果有人能在 T 小时内向智能合约输入随机密钥 k'，并且能够验证 Hash$(k')=m$，那么用户 B 锁定的以太币将发送给用户 A，超时则将以太币返还用户 B。

条件 b：如果有人能在 $2T$ 小时内将原始密码 k 发送给智能合约，则用户 A 的比特币将自动转给用户 B，否则返还给用户 A。

条件 a 是约束用户 A 的，密钥只有 A 唯一知道，只要他提供密钥 k，合约验证肯定通过，只要不超时便可获得用户 B 被锁定的以太币。同时，密钥 k 被公开。用户 B 便可拿着公开的密钥 k，在 T 到 $2T$ 小时内将其发给合约，依照条件 b 获得用户 A 锁定在合约中的比特币。

依照流程，交易可以成功完成。

② 哈希时间锁定合约

哈希时间锁定合约可以看作是原子互换的一种具体实现，哈希时间锁定合约（HTLC）包含哈希锁定及时间锁定两个部分，这两个锁定机制保障了交易的原子性。HTLC 的典型代表就是比特币的闪电网络，其通过微支付通道（一种离链 off-chain 策略）来提升比特币交易处理能力。利用哈希锁定将发起方的交易代币予以锁定，再结合时间锁定让接收方在某个约定时刻前生成支付的密码学证明，如果与先前约定的哈希值一致，就可完成交易。

a. 哈希锁定：原子互换实例中提及的交易条件中出现了 Hash 函数，这种函数是单向，用户 A 可以用 Hash 函数对密钥 k 作计算得到摘要 m，但无法通过 Hash 函数与 m 反向计算得到 k，因此，Hash 函数与 m 都可以告诉用户 B。只要用户 A 公开密钥 k'，用户 B 就可以利用 Hash 函数与 m 验证其提供的 k' 是否就是真实的密钥 k。在比特币系统中，哈希计算操作通常用 OP＿SHA256 或 OP＿HASH160 来实现。

b. 时间锁定：原子互换实例中还提及了回撤交易，交易未在指定时间范围内生效，则自动返回锁定的资产。时间锁定在比特币系统中有两种实现方式。

OP＿CHECKLOCKTIMEVERIFY：该操作码通常简称为 CLTV，是在 BIP-0065 中提出的将特定事务冻结到将来的某个特定点，即允许在特定时间内冻结比特币交易。限定的时间是绝对时间，有两种表达方式，一种是时间戳，另一种是块高度。一般与 nLockTime 字段结合使用，当该操作码被调用时，会检查 nLockTime 字段，只有当 nLockTume 的时间大于或等于 CLTV 参数指定的时间时，交易才会被完整执行。

OP＿CHECKSEQUENCEVERIFY：该操作码通常简称为 CSV，是在 BIP-0112 中提出的，相对于 CLTV 锁定的是绝对时间，CSV 锁定的是相对时间。例如：一年之后币可用。该码与 nSequence 字段配合使用，系统会检查 nSequence 字段，若其表示的相对时间大于或者等于 CSV 参数的时间，则交易开始执行。

③ 哈希时间锁定协议

哈希时间锁定协议（HTLA）可以看作是 HTLC 概念的泛化，可以用来在不支持 HTLC 的账本间执行 HTLC，跨的不仅是链，中心化或者去中心化账本都支持，在 Interledger 中应用了该理念。Interledger（ILP）是由 Ripple 发起的一个跨账本协同的协议，专注于实现连接各个账本不同资产的统一支付标准。支持的账本不仅包括区块链，还有银行、金融相关的各类传统中心化账本。在付款方和收款方中间，起到核心作用的是一系列的连接器，每个连接器犹如路由器节点一般试图将 ILP 数据包转发到更接近终点的地方，最终收敛到终点。付款方和连接器之间，连接器之间，连接器和收款方之间都是通过哈希时间锁定的概念来完成有条件的转账，并且可以扩展到支持多跳支付。每个参与者只需要信任直接对接的上下游即可。

以上内容实际上对应着 Vitalik Buterin 提出的三种跨链技术：公证人机制、侧链/中继、哈希锁定机制。下面就上述三种主要的跨链策略从互操作支持类型、信任模型、支持跨链资产互换、支持跨链资产转移、支持跨链预言机、支持跨链资产质押、实现难度等 7 个维度进行比较，如表 2-7 所示。

表 2-7 三种主要跨链策略对比

项目	公证人机制	中继	哈希锁定机制
互操作支持类型	全部	全部（需要两条链上都有中继，否则仅支持单向的）	只支持交叉依赖
信任模型	大多数公证人诚实	链不宕机或者遭受51%攻击	链不宕机或者遭受51%攻击
支持跨链资产互换	是	是	是
支持跨链资产转移	是（但是要求共同的、长期公证人可信）	是	否
支持跨链预言机	是	是	不直接支持
支持跨链资产质押	是（但是要求长期公证人可信）	是	多数情况下支持，但是有难度
实现难度	中	高	低

2.1.4 共识算法

2.1.4.1 拜占庭容错技术

拜占庭容错（BFT）技术是一类分布式计算领域的容错技术。拜占庭假设是对现实世界的模型化，由于硬件错误、网络拥塞或中断以及遭到恶意攻击等原因，计算机和网络可能出现不可预料的行为。拜占庭容错技术被设计用来处理这些异常行为，并满足所要解决的问题的规范要求。

（1）拜占庭将军问题

拜占庭容错技术来源于拜占庭将军问题。拜占庭将军问题是 Leslie Lamport 在 20 世纪 80 年代提出的一个假想问题。拜占庭是东罗马帝国的首都，由于当时拜占庭罗马帝国国土辽阔，每支军队的驻地分隔很远，将军们只能靠信使传递消息。发生战争时，将军们必须制订统一的行动计划。然而，这些将军中有叛徒，叛徒希望通过影响统一行动计划的制定与传播，破坏忠诚的将军们一致的行动计划。因此，将军们必须有一个预定的方法协议，使所有忠诚的将军能够达成一致，而且少数几个叛徒不能使忠诚的将军作出错误的计划。也就是说，拜占庭将军问题的实质就是要寻找一个方法，使得将军们能在一个有叛徒的非信任环境中建立对战斗计划的共识。在分布式系统中，特别是在区块链网络环境中，和拜占庭将军的环境类似，有运行正常的服务器（类似忠诚的拜占庭将军），有故障的服务器，还有破坏者的服务器（类似叛变的拜占庭将军）。共识算法的核心是在正常的节点间形成对网络状态的共识。

求解拜占庭将军问题，隐含要满足以下两个条件：

① 每个忠诚的将军必须收到相同的命令值 v_i（v_i 是第 i 个将军的命令）。

② 如果第 i 个将军是忠诚的，那么他发送的命令和每个忠诚将军收到的 v_i 相同。

于是，拜古庭将军问题的可以描述为一个发送命令的将军要发送一个命令给其余 $n-1$ 个将军，使得：

IC1. 所有忠诚的接收命令的将军遵守相同的命令；

IC2. 如果发送命令的将军是忠诚的，那么所有忠诚的接收命令的将军遵守所接收的命令。

Lamport 对拜占庭将军问题的研究表明，当 $n>3m$ 时，即叛徒的个数 m 小于将军总数 n 的 1/3 时，通过口头同步通信（假设通信是可靠的），可以构造同时满足 IC1 和 IC2 的解决方案，即将军们可以达成一致的命令。但如果通信是可认证、防篡改伪造的，如采用公钥基础结构（PKI）认证、消息签名等，则在任意多的叛徒（至少得有两个忠诚将军）的情况下都可以找到解决方案。

而在异步通信情况下，情况就没有这么乐观。Fischer-Lynch-Paterson 定理证明了，只要有一个叛徒存在，拜占庭将军问题就无解。翻译成分布式计算语言，在一个多进程异步系统中，只要有一个进程不可靠，那么就不存在一个协议能保证有限时间内使所有进程达成一致。

由此可见，拜占庭将军问题在一个分布式系统中，是一个非常有挑战性的问题。因为分布式系统不能依靠同步通信，否则性能和效率将非常低，因此寻找一种实用的解决拜占庭将军问题的算法一直是分布式计算领域中的一个重要挑战。

分布式计算中有关拜占庭缺陷和故障有两个定义：

定义一：拜占庭缺陷——任何观察者从不同角度看，表现出不同症状的缺陷。

定义二：拜占庭故障——在需要共识的系统中由于拜占庭缺陷导致丧失系统服务。

在分布式系统中，不是所有的缺陷或故障都能被称作拜占庭缺陷或故障。像死机、丢消息等缺陷或故障不能算为拜占庭缺陷或故障。拜占庭缺陷或故障是最严重的缺陷或故障，拜占庭缺陷有不可预测性、任意性的特征，例如遭黑客破坏、中木马的服务器就是一个拜占庭服务器。

在一个有拜占庭缺陷存在的分布式系统中，所有的进程都有一个初始值。在这种情况下，共识问题就是要寻找一个算法和协议，使得该协议满足以下三个属性。

① 一致性：所有的非缺陷进程都必须同意同一个值。

② 正确性：如果所有的非缺陷进程有相同的初始值，那么所有非缺陷进程所同意的值必须是同一个初始值。

③ 可结束性：每个非缺陷进程必须最终确定一个值。

根据 Fischer-Lynch-Paterson 的理论，在异步通信的分布式系统中，只要有一个拜占庭缺陷的进程，就不可能找到一个共识算法，可同时满足上述的一致性、正确性和可结束性要求。在实际情况下，根据不同的假设条件，有很多不同的共识算法被设计出来。这些算法各有优势和局限。算法的假设条件有以下几种情况：

① 故障模型：非拜占庭故障/拜占庭故障。

② 通信类型：同步/异步。

③ 通信网络连接：节点间直连数。

④ 信息发送者身份：实名/匿名。

⑤ 通信通道稳定性：通道可靠/通道不可靠。

⑥ 消息认证性：认证消息/非认证消息。

在区块链网络中，由于应用场景的不同，所设计的目标各异，不同的区块链系统采用了不同的共识算法。一般来说，在私有链和联盟链情况下，对一致性、正确性有很高的要求，一般来说要采用强一致性的共识算法。而在公有链情况下，对一致性和正确性通常没法做到百分之百，通常采用最终一致性的共识算法。

（2）拜占庭容错系统

拜占庭容错系统适合私有链和联盟链场景。以上分析表明，区块链网络的记账共识和拜占庭将军问题是相似的。参与共识记账的每一个记账节点相当于将军，节点之间的消息传递相当于信使，某些节点可能由于各种原因而产生错误的信息并传达给其他节点。通常，这些发生故障节点被称为拜占庭节点，正常的节点即非拜占庭节点。

拜占庭容错系统是一个拥有 n 个节点的系统，整个系统对于每一个请求，满足以下条件：

① 所有非拜占庭节点使用相同的输入信息，产生同样的结果；

② 如果输入的信息正确，那么所有非拜占庭节点必须接收这个信息，并计算相应的结果。

与此同时，在拜占庭系统的实际运行过程中，还需要假设整个系统中拜占庭节点不超过 m 个，并且每个请求还需要满足以下两个指标。

① 安全性：任何已经完成的请求都不会被更改，它可以在以后的请求中看到。

② 活性：可以接受并且执行非拜占庭客户端的请求，不会被任何因素影响而导致非拜占庭客户端的请求不能被执行。

拜占庭系统普遍采用的假设条件包括：

① 拜占庭节点的行为可以是任意的，拜占庭节点之间可以共谋；

② 节点之间的错误是不相关的；

③ 节点之间通过异步网络连接，网络中的消息可能丢失、乱序或延时到达，但大部分协议假设消息在有限的时间里能传达到目的地；

④ 服务器之间传递的信息，第三方可以嗅探到，但是不能篡改、伪造信息的内容和破坏信息的完整性。

（3）实用的拜占庭容错协议

原始的拜占庭容错系统由于需要展示其理论上的可行性而缺乏实用性。另外，还需要额外的时钟同步机制支持，算法的复杂度也是随节点增加而指数级增加。实用拜占庭容错协议，降低了拜占庭协议的运行复杂度，从指数级别降低到多项式级别，使拜占庭协议在分布式系统中应用成为可能。

PBFT 是一类状态机拜占庭协议，要求共同维护一个状态，所有节点采取的行动一致。为此，需要运行三类基本协议，包括一致性协议、检查点协议和视图更换协议。我们主要关注支持系统日常运行的一致性协议。

一致性协议要求来自客户端的请求在每个服务节点上都按照一个确定的顺序被执行。这个协议把服务器节点分为两类——主节点和从节点，其中主节点仅一个。在协议中，主节点负责将客户端的请求排序；从节点按照主节点提供的顺序执行请求。每个服务器节点在同样的配置信息下工作，该配置信息被称为视图，主节点更换，视图也随之变化。

一致性协议至少包含若干个阶段：请求、序号分配和响应。根据协议设计的不同，可能包含相互交互、序号确认等阶段。

PBFT 的一致性协议通信模式如图 2-21 所示。PBFT 系统通常假设故障节点数为 m，而整个服务节点数为 $3m+1$。每一个客户端的请求需要经过 5 个阶段，通过采用两次两两交互的方式在服务器达成一致之后再被执行。由于客户端不能从服务器端获得任何服务器运行状态的信息，PBFT 中主节点是否发生错误只能由服务器监测，如果服务器在一段时间内都不能完成客户端的请求，就会触发视图更换协议。

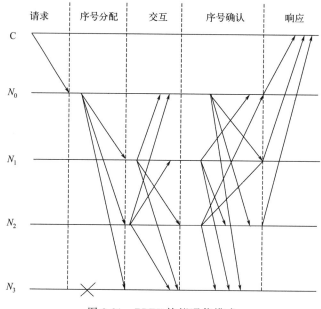

请求　　序号分配　　交互　　序号确认　　响应

图 2-21　PBFT 协议通信模式

图 2-21 显示了一个简化的 PBFT 的协议通信模式，其中 C 为客户端，$N_0 \sim N_3$ 表示服务节点，其中，N_0 为主节点，N_3 为故障节点。整个协议的基本过程如下。

1）客户端发送请求，激活主节点的服务操作。

2）当主节点接收请求后，启动三阶段的协议以向各从节点广播请求。

① 序号分配阶段，主节点给请求赋值一个序列号 n，广播序号分配消息和客户端的请求消息 m，并将构造 pre-prepare 消息广播给各从节点；

② 交互阶段，从节点接收 pre-prepare 消息，向其他服务节点广播 prepare 消息；

③ 序号确认阶段，各节点对视图内的请求和次序进行验证后，广播 commit 消息，执行收到的客户端的请求并给客户端以响应。

3）客户端等待来自不同节点的响应，若有 $m+1$ 个响应相同，则该响应为运算的结果。

PBFT 在很多场景都有应用，在区块链场景中，一般适合于对强一致性有要求的私有链和联盟链场景。例如，在 IBM 主导的区块链超级账本项目中，PBFT 是一个可选的共识协议。

除了 PBFT 之外，超级账本项目还引入了基于 PBFT 的自用共识协议，它的目的是希望在 PBFT 基础之上能够对节点的输出也做好共识，这是因为，超级账本项目的一个重要功能是提供区块链之上的智能合约，即在区块链上执行的一段代码，它会导致区块链账本上最终状态的不确定，为此这个自用共识协议会在 PBFT 实现的基础之上，引入代码执行结果签名进行验证。

（4）Raft 协议

在很多分布式系统场景下，并不需要解决拜占庭将军问题，也就是说，在这些分布式系统的实用场景下，其假设条件不需要考虑拜占庭故障，而只是处理一般的死机故障。在这种情况下，采用 Paxos 等协议会更加高效。Paxos 是 Lamport 设计的保持分布式系统一致性的协议。但由于 Paxos 非常复杂，比较难以理解，因此后来出现了各种不同的实现和变种。例如谷歌的 GFS、BigTable 等大型系统就采用了基于 Paxos 的 Chubby 分布式锁协议，雅虎的 Hadoop 系统采用了类似 Paxos 协议的 Zookeeper 协议。Raft 也为了避免 Paxos 的复杂性而专门设计成易于理解的分布式一致性算法。在私有链和联盟链的场景下，通常共识算法有强一致性要求，同时对共识效率要求高。另外一般安全性要比公有链场景高，一般来说不会经常存在拜占庭故障。因此，在一些场景下，可以考虑采用非拜占庭协议的分布式共识算法。

在 Hyperledger 的 Fabric 项目中，共识模块被设计成可插拔的模块，支持像 PBFT、Raft 等的共识算法。

Raft 最初是一个用于管理复制日志的共识算法，它是一个为真实世界应用建立的协议，主要注重协议的落地性和可理解性。Raft 是在非拜占庭故障下达成共识的强一致协议。

在区块链系统中，使用 Raft 实现记账共识的过程可以描述如下：首先选举一个 leader，接着赋予 leader 完全的权力管理记账，leader 从客户端接收记账请求，完成记账操作，生成区块，并复制到其他记账节点。有了 leader 简化了记账操作的管理。给定 leader 方法，Raft 将共识问题分解为三个相对独立的子问题。

① leader 选举：现有的 leader 失效时，必须选出新 leader。

② 记账：leader 必须接受来自客户端的交易记录项，在参与共识记账的节点中进行复制，并使其他的记账节点认可交易所对应的区块。

③ 安全：若某个记账节点对其状态机应用了某个特定的区块项，其他的服务器不能对同一个区块索引应用不同的命令。

1）Raft 基础

一个 Raft 集群通常包含 5 个服务器，允许系统有 2 个故障服务器。每个服务器处于 3 个状态之一：leader、follower 或 candidate。正常操作状态下，仅有一个 leader，其他的服务器均为 follower。follower 是被动的，不会对自身发出请求而是对来自 leader 和 candidate 的请求作出响应。leader 处理所有的客户端请求（若客户端联系 follower，follower 则将其转发给 leader）。candidate 状态用来选举 leader。

Raft 阶段主要分为两个，先是 leader 选举过程，然后在选举出来的 leader 基础上进行正常操作，比如日志复制、记账等。

2）leader 选举

当 follower 在选举超时后未收到 leader 的心跳消息，则转换为 candidate 状态。为了避免选举冲突，这个超时时间是一个 150 ms～300 ms 之间的随机数。

一般而言，在 Raft 系统中：

① 任何一个服务器都可以成为一个候选者 candidate，它向其他服务器 follower 发出要求选举自己的请求。

② 其他服务器同意了，发出 ok。注意：如果在这个过程中，有一个 follower 宕机，没有收到请求选举的要求，此时候选者可以自己选自己，只要达到 $N/2+1$ 的大多数票，候选人还是可以成为 leader 的。

③ 这样这个候选者就成为了领导人 leader，它可以向选民也就是 follower 发出指令，比如进行记账。

④ 以后通过心跳进行记账的通知。

⑤ 一旦这个 leader 崩溃了，那么 follower 中有一个成为候选者，并发出邀票选举。

⑥ follower 同意后，其成为 leader，继续承担记账等指导工作。

3）记账过程

Raft 的记账过程按以下步骤完成：

① 假设 leader 领导人已经选出，这时客户端发出增加一个日志的要求；

② leader 要求 follower 遵从他的指令，都将这个新的日志内容追加到它们各自日志中；

③ 大多数 follower 服务器将交易记录写入账本后，确认追加成功，发出确认成功信息；

④ 在下一个心跳中，leader 会通知所有 follower 更新确认的项目。

对于每个新的交易记录，重复上述过程。

如果在这一过程中，发生了网络通信故障，使得 leader 不能访问大多数 follower 了，那么 leader 只能正常更新它能访问的那些 follower 服务器。而大多数的 follower 服务器因为没有了 leader，将重新选举一个候选者作为 leader，然后这个 leader 作为代表与外界打交道。如果外界要求其添加新的交易记录，这个新的 leader 就按上述步骤通知大多数 follower。如果这时网络故障修复了，那么原先的 leader 就变成 follower，在失联阶段，这个老 leader 的任何更新都不能算确认，都回滚，接收新 leader 的新的更新。

以上介绍了分布式系统中的常用共识算法。从介绍拜占庭将军问题开始，介绍了拜占庭容错系统、实用拜占庭容错协议和 Raft 协议。其中拜占庭容错协议和 Raft 协议是联盟链和私有链上常用的共识算法，而公有链的共识机制一般采用工作量证明和权益证明算法。

2.1.4.2 PoW 机制

比特币系统的重要概念是一个基于互联网的去中心化账本，即区块链，每个区块相当于账本页，区块中记录的信息主体，即相应的交易内容。账本内容的唯一性要求记账行为是中心化的行为，然而，中心化所引发的单点失败，可能导致整个系统面临危机甚至崩溃。去中心记账可以避免中心化记账的弱点，但同时也会带来记账行为的一致性问题。

从去中心化账本系统的角度看，每个加入这个系统的节点都要保存一份完整的账本，但每个节点却不能同时记账，因为节点处于不同的环境，接收到不同的信息，如果同时记账的话，必然会导致账本的不一致，造成混乱。因此，哪个节点有权记账需要有共识来达成。比特币区块链通过竞争记账的方式解决去中心化记账系统的一致性问题。

比特币系统设计了以每个节点的计算能力即算力来竞争记账权的机制。在比特币系统中，大约每 10 分钟进行一轮算力竞赛，竞赛的胜利者，就获得一次记账的权利，并向其他节点同步新增账本信息。

然而，在一个去中心化的系统中，谁有权判定竞争的结果呢？比特币系统是通过一个被称为工作量证明（PoW）的机制完成的。

简单地说，PoW 就是一份确认工作端做过一定量工作的证明。PoW 系统的主要特征是计算的不对称性。工作端需要做一定难度的工作得出一个结果，验证方却很容易通过结果来检查工作端是不是做了相应的工作。

举个例子，给定字符串 block chain，给出的工作量要求是，可以在这个字符串后面连接一个被称为 nonce 的整数值串，对连接后的字符串进行 SHA256 哈希运算，如果得到的哈希结果（以十六进制的形式表示）是以若干个 0 开头的，则验证通过。为了达到这个工作量证明的目标，需要不停地递增 nonce 值，对得到的新字符串进行 SHA256 哈希运算。按照这个规则，需要经过 2688 次计算才能找到前 3 位均为 0 的哈希值，而要找到前 6 位均为 0 的哈希值，则需进行 620969 次计算。

通过上面这个计算特定 SHA256 运算结果的示例，可以对 PoW 机制有一个初步的理解。对于特定字符串后接随机 nonce 值所构成的串，要找到这样的 nonce 值，满足前 n 位均为 0 的 SHA256 值，需要多次进行哈希值的计算。一般来说，n 值越大，需要完成的哈希计算量也越大。由于哈希值的伪随机特性，要寻找 4 个前导 0 的哈希值，预期大概要进行 216 次尝试，这个数学期望的计算次数，就是所要求的工作量。

比特币网络中任何一个节点，如果想生成一个新的区块并写入区块链，必须解出比特币网络出的 PoW 问题。这道题关键的 3 个要素是工作量证明函数、区块及难度值。工作量证明函数是这道题的计算方法，区块决定了这道题的输入数据，难度值决定了这道题所需要的计算量。

（1）工作量证明函数

比特币系统中使用的工作量证明函数是 SHA256。SHA 是安全哈希算法的缩写，是一个密码哈希函数家族。这一组函数是由 NSA 设计，NIST 发布的，主要适用于数字签名标准。SHA256 就是这个函数家族中的一个，是输出值为 256 位的哈希算法。到目前为止，还没有出现对 SHA256 算法的有效攻击。

（2）区块

比特币的区块由区块头及该区块所包含的交易列表组成。区块头的大小为 80 字节，由 4 字节的版本号、32 字节的上一个区块的哈希值、32 字节的默克尔根哈希值、4 字节的时间戳（当前时间）、4 字节的当前目标哈希值、4 字节的随机数组成。区块包含的交易列表则附加在区块头后面，其中的第一笔交易是 coinbase 交易，这是一笔为了让矿工获得奖励及手续费的特殊交易。

区块的大致结构如图 2-22 所示。

版本	02000000
前一区块链 （反向）	17975b97c18ed1f7e255adf297599b55330edab87803c817010000000000000000
默克尔根 （反向）	8a97295s274764f1a0b3948df3990344c0e19fa6b2b92b3a19c8e6vadc141787
时间戳	358b0553
当前目标哈希值	533f0119
随机数	48750833
交易计数	63
铸币库交易	
交易	
……	

块哈希值
00000000000
e067ad5ff31a
ddfe018a8e4
1c1316b8799
9d44f6655a

图 2-22 区块的结构

拥有 80 字节固定长度的区块头，就是用于比特币工作量证明的输入字符串。因此，为了使区块头能体现区块所包含的所有交易，在区块的构造过程中，需要将该区块要包含的交易列表，通过默克尔树算法生成默克尔根哈希值，并以此作为交易列表的哈希值存到区块头中。其中默克尔树的算法图解如图 2-23 所示。

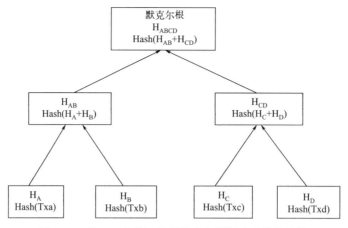

图 2-23　带 4 个交易记录的默克尔树根哈希值的计算

图 2-23 展示了一个具有 4 个交易记录的默克尔树的根哈希值的计算过程。首先以这 4 个交易作为叶子节点构造一棵完全二叉树，然后通过哈希值的计算，将这棵二叉树转化为默克尔树。

首先对 4 个交易记录 Txa～Txd，分别计算各自的哈希值 H_A～H_D，然后计算两个中间节点的哈希值 $H_{AB}=Hash(H_A+H_B)$ 和 $H_{cD}=Hash(Hc+H_D)$，最后计算出根节点的哈希值 $H_{ABCD}=Hash(H_{AB}+H_{CD})$。

构造出来的区块链简化结构如图 2-24 所示。

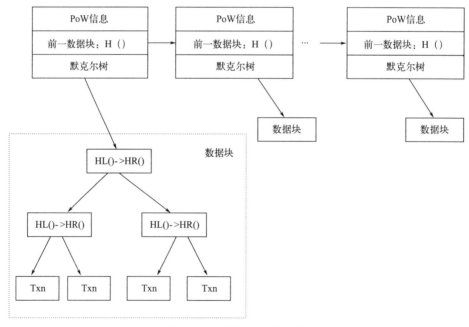

图 2-24　区块链的简化结构

由图 2-24 所示的简化的区块链结构，可以发现，所有在给定时间范围内需要记录的交易信息被构造成一个默克尔树，区块中包含了指向这个默克尔树的哈希指针，关联了与该区块相关的交易数据，同时，区块中也包含了指向前一区块的哈希指针，使得记录了不同交易的单个区块被关联起来，形成区块链。

（3）难度值

难度值是比特币系统中的节点在生成区块时的重要参考指标，它决定了节点大约需要经过多少次哈希运算才能产生一个合法的区块。比特币的区块大约每 10 分钟生成一个，如果要在不同的全网算力条件下，新区块的产生都基本保持这个速率，难度值必须根据全网算力的变化进行调整。简单地说，难度值被设定在无论节点计算能力如何，新区块产生速率都保持在每 10 分钟一个。

难度的调整是在每个完整节点中独立自动发生的。每 2016 个区块，所有节点都会按统一的公式自动调整难度，这个公式是由最新 2016 个区块的花费时长与期望时长（期望时长为 20160 分钟，即两周，是按每 10 分钟一个区块的产生速率计算出的总时长）比较得出的，根据实际时长与期望时长的比值，进行相应调整（或变难或变易）。也就是说，如果区块产生的速度比 10 分钟快则增加难度，比 10 分钟慢则降低难度。

这个公式可以总结为如下形式：

$$新难度值＝旧难度值×（过去 2016 个区块花费时长／20160 分钟）$$

工作量证明需要有一个目标值。比特币工作量证明的目标值的计算公式如下：

$$目标值＝最大目标值／难度值$$

其中最大目标值为一个恒定值：

0x00000000FFFFFFFFFFFFFFFFFFFFFFFFFFFFFFFFFFFFFFFFFFFFFFFFFFFFFFFFFF

目标值的大小与难度值成反比。比特币工作量证明的达成就是矿工计算出来的区块哈希值必须小于目标值。

（4）PoW 的过程

比特币 PoW 的过程，可以简单理解为将不同的随机数值作为输入，尝试进行 SHA256哈希运算，找出满足给定数量前导 0 的哈希值的过程。要求的前导 0 的个数越多，代表难度越大。比特币节点求解工作量证明问题的步骤大致归纳如下：

① 生成铸币交易，并与其他所有准备打包进区块的交易组成交易列表，通过默克尔树算法生成默克尔根哈希；

② 把默克尔根哈希及其他相关字段组装成区块头，将区块头的 80 字节数据作为工作量证明的输入；

③ 不停地变更区块头中的随机数值，并对每次变更后的区块头作双重 SHA256 运算［即 SHA256(SHA256(block_header))］，将结果值与当前网络的目标值做对比，如果小于目标值，则解题成功，工作量证明完成。

比特币的工作量证明，就是俗称"挖矿"所做的主要工作。理解工作量证明机制，将为进一步理解比特币区块链的共识机制奠定基础。

（5）基于 PoW 的共识记账

以比特币网络的共识记账为例，来说明基于 PoW 的共识记账过程。

① 客户端产生新的交易，向全网进行广播要求对交易进行记账；

② 每一个记账节点一旦收到这个请求，将收到的交易信息纳入一个区块中；

③ 每个节点都通过 PoW 过程，尝试在自己的区块中找到一个具有足够难度的工作量证明；

④ 当某个节点找到了一个工作量证明，它就向全网进行广播；

⑤ 当且仅当包含在该区块中的所有交易都是有效的且之前未存在过的，其他节点才认

同该区块的有效性；

⑥ 其他节点表示它们接受该区块，而表示接受的方法是在该区块的末尾，制造新的区块以延长该链条，将被接受区块的随机哈希值视为先于新区块的随机哈希值。

通过上述的记账过程，客户端所要求记录的交易信息被写入了各个记账节点的区块链中，形成了一个分布式的高概率的一致账本。

（6）关于比特币 PoW 能否解决拜古庭将军的问题

关于比特币 PoW 共识机制能否解决拜占庭将军问题一直在业界有争议。2015 年，Juan Garay 对比特币的 PoW 共识算法进行了正式的分析，得出的结论是比特币的 PoW 共识算法是一种概率性的拜占庭协议。Garay 对比特币共识协议的两个重要属性分析如下。

1）一致性

在不诚实节点总算力小于 50% 的情况下，同时每轮同步区块生成的概率很小的情况下，诚实的节点具有相同区块的概率很高。用数学语言严格来说：当任意两个诚实节点的本地链条截取 K 个节点，两条剩下的链条的头区块不相同的概率随着 K 的增加呈指数型递减。

2）正确性

大多数的区块必须由诚实节点提供。严格来说，当不诚实算力非常小的时候，才能使大多数区块由诚实节点提供。当不诚实的算力小于网络总算力的 50% 时，同时挖矿难度比较高，在大约 10 分钟出一个区块的情况下，比特币网络达到一致性的概念会随确认区块的数目增多而呈指数型增加。但当不诚实算力具有一定规模，甚至不用接近 50% 的时候，比特币的共识算法并不能保证正确性，即不能保证大多数的区块由诚实节点来提供。

因此，我们可以看到，比特币的共识算法不适合于私有链和联盟链。第一个原因是它是一个最终一致性共识算法，不是一个强一致性共识算法；第二个原因是其共识效率低，而提高共识效率又会牺牲共识协议的安全性。

另一方面，比特币通过巧妙的矿工奖励机制来提升网络的安全性。矿工挖矿获得比特币奖励以及记账所得的交易费用使得矿工更希望维护网络的正常运行，而任何破坏网络的非诚信行为都会损害矿工自身的利益。因此，即使有些比特币矿池具备强大的算力，它们都没有作恶的动机，反而有动力维护比特币的正常运行，因为这和它们的切实利益相关。

2.1.4.3 PoS 机制

PoW 背后的基本概念很简单：工作端提交已知难于计算但易于验证的计算结果，其他任何人都能够通过验证这个答案就确信工作端为了求得结果已经完成了相当大量的计算工作。然而 PoW 机制存在明显的弊端。一方面，PoW 的前提是节点和算力是均匀分布的，因为通过 CPU 的计算能力来进行投票，拥有钱包（节点）数和算力值应该是大致匹配的，然而随着人们将 CPU 挖矿逐渐升级到 GPU、FPGA，甚至 ASIC 矿机挖矿，节点数和算力值也渐渐失配；另一方面，PoW 太浪费了，比特币网络每秒可完成数百万亿次 SHA256 计算，但这些计算除了使恶意攻击者不能轻易地伪装成几百万个节点和打垮比特币网络，并没有更多实际或科学价值。当然，相对于允许世界上任何一个人在瞬间就能通过去中心化和半匿名的全球数字币网络，给其他人几乎没有手续费地转账所带来的巨大好处，它的浪费也许只算是很小的代价。

鉴于此，人们提出了一些工作量证明的替代者。权益证明（PoS）就是其中的一种方法。

权益证明要求用户证明拥有某些数量的数字币（即对数字币的权益），点点币是首先采用权益证明的数字币，尽管它依然使用工作量证明挖矿。

（1）PoS 的应用

点点币在 SHA256 哈希运算的难度方面引入了币龄的概念，使得难度与交易输入的币龄成反比。在点点币中，币龄被定义为币的数量与币所拥有的天数的乘积，这使得币龄能够反映交易时刻用户所拥有的数字币数量。

实际上，点点币的权益证明机制结合了随机化与币龄的概念，未使用至少 30 天的币可以参与竞争下一区块，越久和越大的币集有更大的可能去签名下一区块。然而，一旦币的权益被用于签名一个区块，币龄将清为零，这样必须等待至少 30 日才能签署另一区块。同时，为防止非常老或非常大的权益控制区块链，寻找下一区块的概率在 90 天后达到最大值，这一过程保护了网络，并随着时间流逝逐渐生成新的币而无须消耗大量的计算能力。点点币的开发者声称这将使得恶意攻击变得困难，因为没有中心化的挖矿池需求，而且购买半数以上的币的开销似乎超过获得 51% 的工作量证明的哈希计算能力。

权益证明必须采用某种方法定义任意区块链中的下一合法区块，依据账户结余来选择将导致中心化，例如单个首富成员可能会拥有长久的优势。为此，人们还设计了其他不同的方法来选择下一合法区块。

（2）随机区块选择

NXT 币和黑币采用随机方法预测下一合法区块，使用公式查找与权益大小结合的最小哈希值。由于权益公开，每个节点都可以合理地准确预计哪个账户有权建立区块。

（3）基于权益速度的选择

瑞迪币引入权益速度证明，即鼓励币的流动而非囤积。通过给币龄引入指数衰减函数，使得 1 币的币龄不会超过 2 币月。

2.1.4.4 DPoS 机制

PoW 机制和 PoS 机制虽然都能有效地解决记账行为的一致性共识问题，但是现有的比特币 PoW 机制纯粹依赖算力，导致专业从事挖矿的矿工群体似乎已和比特币社区完全分隔，某些矿池的巨大算力俨然成为另一个中心，这与比特币的去中心化思想相冲突。PoS 机制虽然考虑到了 PoW 的不足，但依据权益结余来选择，会导致首富账户的权利更大，有可能支配记账权。委托权益证明（DPoS）机制正是基于解决 PoW 机制和 PoS 机制的这类不足而出现的。

比特股是一类采用 DPoS 机制的密码数字币，它期望通过引入一个技术民主层来减小中心化的负面影响。

比特股引入了见证人这个概念，见证人可以生成区块，每一个持有比特股的人都可以投票选举见证人。得到总同意票数中的前 N 个（N 通常定义为 101）候选者可以当选为见证人，当选见证人的个数（N）需满足至少一半的参与投票者相信 N 已经充分地去中心化的条件。

见证人的候选名单每个维护周期（1 天）更新一次。然后见证人随机排列，每个见证人按序有 2 秒的权限时间生成区块，若见证人在给定的时间片不能生成区块，区块生成权限交给下一个时间片对应的见证人。DPoS 的这种设计使得区块的生成更为快速，也更加节能。

DPoS 充分利用了持股人的投票，以公平民主的方式达成共识，他们投票选出的 N 个见证人，可以被视为 N 个矿池，这 N 个矿池彼此的权利是完全相等的。如果它们提供的算力不稳定，计算机宕机，或者试图利用手中的权力作恶，持股人可以随时通过投票更换这些见证人（矿池）。

比特股还设计了另外一类竞选，代表竞选。选出的代表拥有提出改变网络参数的特权，包括交易费用、区块大小、见证人费用和区块区间。若大多数代表同意所提出的改变，持股人有两周的审查期，这期间可以罢免代表并废止所提出的改变。这一设计确保代表技术上没有直接修改参数的权利以及所有的网络参数的改变最终需得到持股人的同意。

2.1.4.5　Ripple 共识算法

（1）Ripple 的网络结构

Ripple 是一种基于互联网的开源支付协议，可以实现去中心化的货币兑换、支付与清算功能。在 Ripple 的网络中，交易由客户端（应用）发起，经过追踪节点或验证节点把交易广播到整个网络中。追踪节点的主要功能是分发交易信息以及响应客户端的账本请求。验证节点除包含追踪节点的所有功能外，还能够通过共识协议，在账本中增加新的账本实例数据。如图 2-25 所示是 Ripple 共识过程中节点交互示意图。

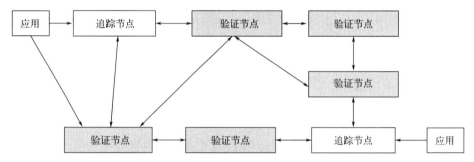

图 2-25　Ripple 共识过程中节点交互示意图

（2）Ripple 共识过程

Ripple 的共识达成发生在验证节点之间，每个验证节点都预先配置了一份可信任节点名单，称之为 UNL。在名单上的节点可对交易达成进行投票。每隔几秒，Ripple 网络将进行如下共识过程（图 2-26）：

① 每个验证节点会不断收到从网络发送过来的交易，与本地账本数据验证后，不合法的交易被直接丢弃，合法的交易将被汇总成交易候选集，交易候选集里面还包括之前共识过程无法确认而遗留下来的交易。

② 每个验证节点把自己的交易候选集作为提案发送给其他验证节点。

③ 验证节点在收到其他节点发来的提案后，如果不是来自 UNL 上的节点，则忽略该提案；如果是来自 UNL 上的节点，就会对比提案中的交易和本地的交易候选集，如果有相同的交易，该交易就获得一票。在一定时间内，当交易获得超过 50% 的票数时，该交易进入下一轮。没有超过 50% 的交易，将留待下一次共识过程去确认。

④ 验证节点把超过 50% 票数的交易作为提案发给其他节点，同时提高所需票数的阈值到 60%，重复步骤③、步骤④，直到阈值达到 80%。

⑤ 验证节点把经过 80%UNL 上的节点确认的交易正式写入本地的账本数据中，称之为最后关闭账本，即账本最后（最新）的状态。

在 Ripple 的共识算法中，参与投票节点的身份是事先知道的，因此，算法的效率比 PoW 等匿名共识算法要高效，交易的确认时间只需几秒钟。当然，这点也决定了该共识算法只适合于权限链的场景，Ripple 共识算法的拜占庭容错能力为 $(n-1)/5$，即可以容忍整

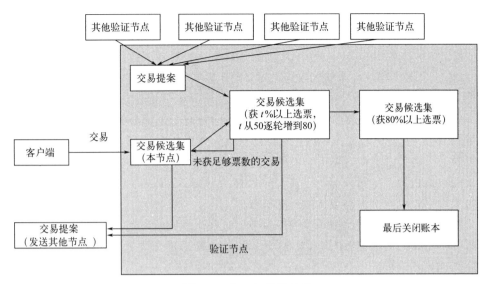

图 2-26　Ripple 共识过程

个网络中 20% 的节点出现拜占庭错误而不影响正确的共识。

2.1.4.6　小蚁共识机制

小蚁是基于区块链技术，将实体世界的资产和权益进行数字化，通过点对点网络进行登记发行、转让交易、清算交割等金融业务的去中心化网络协议。小蚁可以被用于股权众筹、数字资产管理、智能合约等领域。

小蚁共识机制使得运行小蚁协议的各节点能够对当前区块链状态达成一致意见。通过股权持有人投票选举，来决定记账人及其数量；被选出的记账人完成每个区块内容的共识，决定其中所应包含的交易。

小蚁的记账机制被称为中性记账。PoW/PoS/DPoS 解决谁有记账权的问题，而中性记账则侧重于解决如何限制记账人权利的问题。在中性记账的共识机制下，记账人只有选择是否参与的权利，而不能改变交易数据，不能人为排除某笔交易，也不能人为对交易进行排序。

小蚁的中性记账区块链可以做到：

① 每 15s 产生一个区块，优化后有望达到小于 5s；

② 单个记账人不能拒绝某笔交易进入当前区块；

③ 每个确认由全体记账人参与，一个确认就是完全确认；

④ 结合超导交易机制，记账人不能通过构造交易来抢先成交牟利。

小蚁股权持有人可以发起选举记账人交易，对所选择数量（1～1024 个）的候选记账人进行投票支持。一般认为，记账人应当实名化，候选记账人应当通过其他信道提供能证明其真实身份的数字证书。

小蚁协议实时统计所有投票，并计算出当前所需记账人的人数和记账人名单。为确定所需记账人数，将所有选票按支持人数排序，按所持小蚁股权的权重取中间的 50%，然后求算术平均值。当人数不足最低标准时，启用系统预置的后备记账人来顶替。所需记账人数确定后，按由高到低的得票数确定记账人名单。

通过区块随机数的生成来了解小蚁共识机制。每个区块生成前，记账人之间需要协作生成一个区块随机数。小蚁使用沙米尔秘密共享方案（SSSS）来协作生成随机数。

依据 SSSS 方案，可以将密文 S 生成 N 份密文碎片，持有其中的 K 份，就能还原出密文 S。小蚁记账人（假设为 N+1 个）之间通过以下 3 步对随机数达成共识：

① 自选一个随机数，将此随机数通过 SSSS 方案生成 N 份碎片，用其他 N 个记账人的公钥加密，并广播。

② 收到其他 N 个记账人的广播后，将其中自己可解密的部分解密，并广播。

③ 收集到至少 K 份密文碎片后，解出随机数；获得所有记账人的随机数后，合并生成区块随机数。

区块随机数由各个记账人协同生成，只要有一个诚实的记账人参与其中，那么即便其他所有记账人合谋，也无法预测或构造此随机数。

在上述区块随机数生成的第一步的广播中，记账人还同时广播其认为应该写入本区块的每笔交易的哈希值。其他记账人听到广播后，检查自己是否有该交易哈希值的对应数据，如没有则向其他节点请求。

当区块随机数产生后，每个记账人合并所有第一步广播中的交易（剔除只有哈希值但无法获得交易数据的交易），并签名。获得 2/3 记账人的签名，则本区块完成；否则，共识失败，转回随机数共识的第一步，再次尝试。

2.2 智能合约

智能合约是区块链最具有特色的地方，也具有引领塑造新时代的潜力，若要用一句话来介绍智能合约，最简单的说法是：一种在区块链虚拟机上执行的计算机程序。因此，本节主要讲述区块链部署中的重要部分——智能合约。

2.2.1 智能合约概述

2.2.1.1 智能合约起源

要理解什么是智能合约，首先要明确合约是什么。合约是指两方面或几方面在办理某事时，为了确定各自的权利和义务而订立的共同遵守的条文。任何人都不得做出违背合约的事情。但是在现实生活中，很难保证合约能够在不受外界相关方干扰的条件下自动执行，智能合约的概念应运而生。

智能合约的概念由计算机科学家、加密大师 Nick Szabo 于 1993 年左右提出。1994 年他写成了"Smart contracts"（《智能合约》）论文，这是智能合约的开山之作。在文中他指出"智能合约是一个由计算机处理的、可执行合约条款的交易协议。其总体目标是能够满足普通的合约条件，例如支付、抵押、保密甚至强制执行，并最小化恶意或意外事件发生的可能性，以及最小化对信任中介的需求。智能合约所要达到的相关经济目标包括降低合约欺诈所造成的损失，降低仲裁和强制执行所产生的成本以及其他交易成本等。"

智能合约的定义是："一个智能合约是一套以数字形式定义的承诺，包括合约参与方可以在上面执行这些承诺的协议。"

从本质上讲，这些自动合约的工作原理类似于其他计算机程序的 if-then 语句。智能合约只是以这种方式与真实世界的资产进行交互。当一个预先编好的条件被触发时，智能合约便执行相应的合同条款。

　　这里的智能，不等同于人工智能（AI）。它的意思是聪明的、能够灵活多变的，但还没有能够达到人工智能这样的级别。所以有些人仅仅从文字上面理解，认为必须达到人工智能才能算智能合约，其实就和智能手机一样，这里的智能仅仅是指可以灵活定义和操作。

　　智能合约的本质是一段运行于网络中的模块化、可重用、自动执行的脚本代码，同时它还具有两个重要的特点：图灵完备与沙箱隔离。也正是由于智能合约的特点，其在被提出的初期并没有得到广泛的关注与应用。随着比特币、区块链以及各种区块链开源平台的出现，智能合约才由概念逐步落地实现，如今智能合约已经成为区块链应用中的重要组成部分。

　　智能合约是一套以数字形式定义的承诺，承诺控制着数字资产并包含了合约参与者约定的权利和义务，由计算机系统自动执行。从技术角度而言，智能合约是一段代码，是代码和字符串的编程化，用来执行某项任务。例如：在以太坊上使用 Solidity、Serpent、LLL、Golang 等编程语言编写智能合约，采用脚本形式，编译成代码，按照预设逻辑执行任务。从法律角度言之，学者们试图通过自助行为说、代理说、合同说阐释这一新技术形态。

　　从 IT 技术的角度讲，智能合约是各参与方共同执行的计算机协议，而计算机协议是一组定义各参与方根据智能合约如何处理相关数据的算法。从本质上讲，智能合约就是一组计算机程序。在智能合约的世界里，合约的条款可以全部或者部分自动执行，避免了外界因素的干扰，即当一个预先编好的条件被触发时，智能合约执行相应的合同条款。这为合约的谈判和履行带来了便捷以及强有力的保证。

　　虽然从法律范畴上来说，智能合约是否是一个真正意义上的合约还有待研究确认，但在计算机科学领域，智能合约是指一种计算机协议，这类协议一旦制定和部署就能实现自我执行和自我验证，而且不再需要人为的干预。从技术角度来说，智能合约可以被看作种计算机程序，这种程序可以自主地执行全部或部分和合约相关的操作，并产生相应的可以被验证的证据，来说明执行合约操作的有效性。在部署智能合约之前，与合约相关的所有条款的逻辑流程就已经被制订好了。智能合约通常具有一个用户接口，以供用户与已制定的合约进行交互，这些交互行为都严格遵守此前制定的逻辑。得益于密码学技术，这些交互行为能够被严格地验证，以确保合约能够按照此前制定的规则顺利执行，从而防止出现违约行为。此外，通过设计更复杂的合约，智能合约几乎可以应用于任何需要记录信息状态的场合，例如各种信息记录系统以及金融衍生服务。但这要求合约设计者能够深入了解流程的各个细节，并进行合理设计，因为通常来说，智能合约部署成功，就不会再受到人为的干预，从而无法随时修正合约设计中出现的漏洞。智能合约相较于传统合约，有其不可比拟的优势。

　　智能合约与传统合约的对比见表 2-8。

表 2-8　智能合约与传统合约的对比

比较内容	智能合约	传统合约
触发条件	自动判断触发条件	人工判断触发条件
适用场景	适合客观性佳的请求	适合主观性佳的请求
成本	低成本	高成本
执行模式	事前预防	事后执行
违约成本	依赖于抵押品或保证金	高度依赖于法律的执行
适用范围	可以是全球性的	受限于具体辖区

2.2.1.2 智能合约与区块链

为什么智能合约在其概念提出之后的近二十年时间内都没有得到大规模应用呢？因为从技术的角度来看，还没有找到合适的智能合约可信执行环境，也就是说不存在一个没有第三方担保的系统，使得执行智能合约的参与者相互信任对方的身份和执行的有效性，因此，智能合约无法体现出优势，直到比特币的诞生。

比特币系统通过密码经济学原理构建了一个无须信任的去中心化支付系统，该系统的底层实现技术被称为区块链，是根据密码学特性和经济激励机制实现的一种链式数据结构。区块链的这种不可篡改的拜占庭容错的技术特点天生可以为智能合约提供可信的执行环境，使区块链和智能合约结合具有了可能性。

可以这么说，没有区块链，就没有智能合约。虽然智能合约概念的提出先于区块链，但二者之间的联系十分紧密，区块链系统中的智能合约为更广泛意义上的概念，被赋予了新生命，也被称为链上代码。智能合约作为一种受信任的分布式应用程序，从区块链和对等点之间的基本共识中获得信任。大多数基于智能合约的区块链平台，从无许可的平台已发展为许可的平台。原则上，这些平台中使用的智能合约是以非标准或特定于域的语言编写的，因此可以消除不确定性操作。智能合约包含允许用户与分类账交互的各种功能。例如，用户可以通过向智能合约提交来创建、更新和查询其个人电子病历（EMR）信息。在智能合约上运行的应用程序接收，并运行各种类型的查询和更新，然后将事物追加到块中并更新分类账状态。最后，将分类账更新结果作为响应返回给应用程序。

区块链系统中的智能合约不仅可以应用于民事、商事活动，还可以是执行某项计算机任务的自动化工具。智能合约不是 21 世纪的新事物，许多方面并不新颖。最早的智能合约是寻求自动化交易关系、保障交易安全的构想，它所具备的许多数字化、自动化功能早已经在电子商务中被采用。

区块链作为点对点网络、密码学、共识机制、智能合约等多种技术的集成系统，提供了一种在不可信网络中进行信息与价值传递交换的可信通道，凭借其独有的信任建立机制，与云计算、大数据、人工智能等新技术、新应用交叉创新，融合演进成为新一代网络基础设施，重构数字经济产业生态。2019 年 10 月 24 日，习近平总书记在中央政治局第十八次集体学习时强调，我们要把区块链作为核心技术自主创新的重要突破口，明确主攻方向，加大投入力度，着力攻克一批关键核心技术，加快推动区块链技术和产业创新发展。区块链是人类历史上首次构建的可信系统，其核心功能是提升各个纬度的治理能力。从 2008 年比特币问世至今，区块链的发展大体可以分为三个时期，其应用范畴已经从最初的数字币或资产扩展至现今社会经济生活的方方面面。其中 1.0 阶段以比特币等数字资产为典型代表，2.0 阶段以智能合约的应用为典型特征，3.0 阶段以可编程社会为核心特征，当前区块链仍主要以小规模局部应用为主，真正的行业级和生态级落地应用还很少。等到达 3.0 阶段，区块链将成为社会治理的工具，以基于规则的可信智能社会治理体系为典型特征，将实现社会治理模式从基于传统信息化技术辅助的阶段进入基于区块链秩序的法治阶段。

智能合约主要有如下几点与区块链相似。

（1）去中心化

由于智能合约是一组以自动运行为特征并且可以在触发了条件之后执行的程序，因此去中心化至关重要。

（2）共识机制

智能合约的前提是必须解决信任问题，即共识机制。也可以理解为相互信任，它是区块链的一个非常重要的特征，所有操作在成功之前都需要经过共识机制的验证和确认。

（3）不可篡改

一旦建立了智能合约，就无法对合约进行篡改。区块链也有不能被篡改的功能，这使去中心化和共识机制相辅相成，形成了公平透明的平台。

（4）降低成本

去中心化、共识机制和不可篡改这三个特征有利于智能合约避免违约以及降低成本，还能提高智能合约执行的效率。

尤其在区块链出现之后，分布式账本技术为智能合约提供了底层技术基础，保证其能够不被篡改、按照预定的设定执行合约的条款，为其在业界的应用开拓了广阔的发展空间。

区块链技术现在已经有了多个流派，其中以太坊和超级账本是最为广泛应用的两大平台。

以太坊智能合约。自从比特币诞生后，人们认识到比特币的底层技术区块链天生可以为智能合约提供可信的执行环境。以太坊是区块链与智能合约的完整契合。以太坊是内置有图灵完备编程语言的区块链，通过建立抽象的基础层，使得任何人都能够创建合约和去中心化应用，并在其中自由定义所有权规则、交易方式和状态转换函数。建立一个代币的主体框架只需要两行代码就可以实现，诸如货币和信誉系统等其他协议只需要不到 20 行代码就可以实现。智能合约就像能在以太坊平台上创建的包含价值而且只有满足某些条件才能打开的加密箱子，并且因为图灵完备性、价值意识、区块链意识和记录多状态等功能而强大。

超级账本智能合约。在超级账本中，智能合约指的是部署在超级账本 Fabric 网络节点上，可被调用与分布式账本进行交互的一段程序代码。在以太坊中，智能合约指的是运行在相互不信任的参与者之间的协议，由区块链的共识机制自动实施而不依赖于受信任的机构。

以太坊和超级账本的最大区别就是超级账本是为了企业间的活动而设计的。近 30 年来 IT 技术的发展，其实是一个企业内部的自动化、数字化过程。超级账本在 IT 发展史上，第一次把针对企业内部的业务及 IT 治理带到生态圈商业网络内企业间的业务及 IT 治理。

2.2.2 智能合约工作原理

2.2.2.1 智能合约架构

以太坊智能合约基本架构如图 2-27 所示，总体来说，区块链智能合约包含数据层、传输层、智能合约主体、执行层、验证层以及合约之上的应用层这 6 个要素。数据层包括链上数据和链下数据，它们是智能合约运行的必要数据源。传输层则封装了用于支持链上-链上和链上-链下进行通信数据传输的协议。智能合约主体包括协议和参数。执行层主要封装了智能合约运行环境的相关软件。验证层主要包含一些验证算法，用于保证合约代码和合约文本的一致性。应用层则是基于前 5 个要素产生的相对高级的各种应用，它主要是为智能合约与其他计算机应用程序通信服务的。

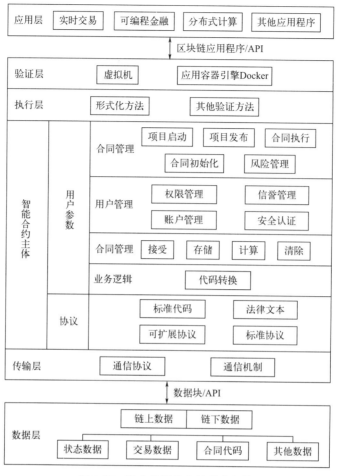

图 2-27　以太坊智能合约基本架构

2.2.2.2　智能合约运作机理及核心要素

以太坊智能合约运作机理如图 2-28 所示。

如图 2-29 所示，系统功能架构由物理层、机器学习层与区块链层组成。物理层负责数据采集，包括移动终端、各类工业传感器设备，数据上传到机器学习层。前端数据在机器学习层中对数据进行规范化处理，将其划分为训练数据集与测试数据集，它们分别用于机器学习模型的训练与性能的评估。经训练获得的训练模型参数被写入智能合约，编译后被部署到区块链中。测试数据即实际工作中需存入区块链中的数据通过智能合约置入的规则（拟合参数），进行模型预测和数据拟合，补全缺失数据。以太坊合约部署和调用流程：首先需要启动一个以太坊节点；然后，对智能合约进行编译得到二进制代码；接着，将编译好的合约部署到网络，需要注意的是，在这一步会消耗以太币，还需要使用节点的默认地址或者指定地址来给合约签名，通过发布智能合约可以获得合约的区块链地址和应用程序二进制接口（ABI）；最后，可以用 web3.js 提供的 JavaScript API 来调用合约，根据调用的类型消耗以太币。

基于区块链的智能合约包括事务处理和保存机制，以及一个完备的状态机，用于接收和处理各种智能合约；事务的保存和状态处理都在区块链上完成。事务主要有需要发送的数

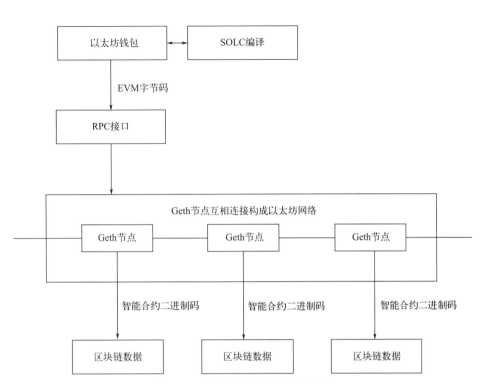

图 2-28　以太坊智能合约运作机理

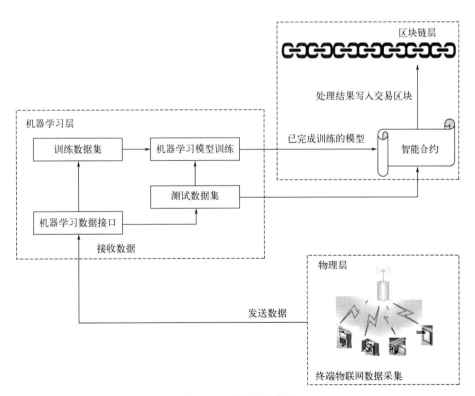

图 2-29　系统功能架构

据，事件是这些数据的描述信息。在将事务和事件信息传递到智能合约之后，会自动更新合约资源集中的资源状态。然后状态机会判断资源状态是否满足触发条件。如果满足自动状态机中的一个或多个动作的触发条件，那么状态机就依据预设信息自动执行合约内容。智能合约的工作机制如下：在双方用户制定并签署智能合约后，以程序代码形式附加到区块链数据（如比特币交易）的智能合约程序，通过 P2P 网络传播和节点验证之后，被记录在区块链的特定区块中。用户通过程序对智能合约进行设计，以预定义若干个状态和转换规则、触发合约执行的情景以及处理行动。程序将自动检查是否满足特定的触发条件进行响应。

基于区块链的智能合约构建及执行分为如下几步：

第一步：多方用户共同参与制定一份智能合约；

第二步：合约通过 P2P 网络扩散并存入区块链；

第三步：区块链构建的智能合约自动执行。

多方用户共同参与制定一份智能合约的过程，包括如下步骤：

首先，用户必须先注册成为区块链的用户，区块链返回给用户一对公钥和私钥；公钥作为用户在区块链上的账户地址，私钥作为操作该账户的唯一钥匙。

其次，两个及两个以上的用户根据需要，共同商定一份承诺，承诺中包含双方的权利和义务；这些权利和义务以电子化的方式，编程机器语言；参与者分别用各自私钥进行签名，以确保合约的有效性。

最后，签名后的智能合约，将会根据其中的承诺内容，传入区块链网络中。

合约通过 P2P 网络扩散并存入区块链的过程，包括如下步骤：

首先，合约通过 P2P 的方式在区块链全网中扩散，每个节点都会收到一份；区块链中的验证节点会将收到的合约先保存到内存中，等待新一轮的共识时间，触发对该份合约的共识和处理。

其次，共识时间到了，验证节点会把最近一段时间内保存的所有合约，一起打包成一个合约集合，并算出这个合约集合的哈希值，再将这个合约集合的哈希值组装成一个区块结构，扩散到全网；其他验证节点收到这个区块结构后，会把里面包含的合约集合的哈希值取出来，与自己保存的合约集合进行比较，同时发送一份自己认可的合约集合给其他的验证节点；通过这种多轮的发送和比较，所有的验证节点最终在规定的时间内对最新的合约集合达成一致。

最后，最新达成的合约集合会以区块的形式扩散到全网，每个区块包含以下信息：当前区块的哈希值、前一区块的哈希值、达成共识时的时间戳，以及其他描述信息；同时区块链最重要的信息是带有一组已经达成共识的合约集。收到合约集的节点，都会对每条合约进行验证，验证通过的合约才会最终被写入区块链中，验证的内容主要是合约参与者的私钥签名是否与账户匹配。

以太坊智能合约旨在实现 4 个目标：存储对其他合约或外部实体有意义的值或状态；作为具有特殊访问策略的外部账户；映射和管理多个用户之间的关系；为其他合约提供支持。基于这 4 个目标，以太坊智能合约有着广泛应用，如储蓄钱包、云计算、版权管理系统、身份和信誉系统、去中心化存储以及去中心化自治社会等。

2.2.3 智能合约开发

2.2.3.1 Solidity 简介（面向 Solidity 语言的变异测试系统设计与实现）

Solidity 是一门面向合约的高级编程语言，设计的目的是能在以太坊虚拟机（EVM）上

运行智能合约。这门语言主要受 JavaScript 语言的影响，因此语法与 JavaScript 相似。Solidity 将代码封装在 contract 中，使用 Solidity 编译器将源码转化成能够在 EVM 上执行的机器级代码。图 2-30 展示了一个 Solidity 语言编写的"Hello World"程序。其中，第 1 行表示代码使用的 Solidity 编译器版本为 0.6.0，第 2 行表示合约名为 HelloWorld，第 3～5 行是函数 HelloWorld 的具体内容。尽管 JavaScript 程序员可以轻松读懂 Solidity 代码，但还是要注意它们两者之间的差异，例如这段代码中有两个 JavaScript 中不存在的特殊关键字 external 和 pure。本书通过阅读 Solidity 文档，从变量类型、变量单位、关键字、全局变量/函数、错误处理五个方面总结了 Solidity 的语言特性，具体如下。

```
1.  pragma solidity^0.6.0;
2.  contract HelloWorld{
3.   function helloWorld() external pure returns(string memory){
4.    return "Hello, World!";
5.   }
6.  }
```

图 2-30　Solidity 语言代码示例

变量类型。与 JavaScript 不同，Solidity 是一种静态的强类型语言，因此需要在编译期间指定变量类型，并且不允许隐式类型转换。此外，为了便于处理区块链数据，Solidity 中添加了一些新的变量类型（例如账户地址 address）。

变量单位。以太坊使用其内在的货币——以太币来激励网络内的计算。Solidity 中定义了一系列以太币货币单位，Solidity 还支持一系列时间单位，包括 seconds，minutes，hours，days，weeks，years。

关键字。Solidity 中有一些特殊的关键字，将这些关键字分为函数可见性、函数状态、变量存储位置和变量左值四类，具体内容见表 2-9。

表 2-9　Solidity 中特殊关键字

类型	关键字	描述
函数可见性	public	任何用户均可调用或访问
	external	仅外部用户可调用或访问
	internal	可被本合约及子合约调用或访问
	private	仅在本合约中调用或访问
函数状态	pure	函数无法查看或修改状态变量
	view	函数无法修改状态变量
	payable	函数可以接收以太币
变量存储位置	memory	生命周期仅限于一个函数调用
	storage	长期存储于区块链上
	calldata	用于外部函数参数
变量左值	delete	为变量赋予类型初始值

全局变量/函数。Solidity 提供了一系列特有的全局变量和全局函数以便访问区块链数据或进行算术运算。本文将这些全局变量和函数进行了整理，分为区块和交易属性、ABI 编码函数以及数学和密码学函数三类，具体内容见表 2-10。

表 2-10　Solidity 中全局变量/函数

类型	全局变量/函数名	描述
区块和交易属性	block. number(uint)	当前区块号
	now(uint)	当前区块时间戳
	block. coinbase(address)	当前区块的矿工地址
	block. gaslimit(uint)	当前区块的 gas 限制
	msg. data(bytes)	交易的调用数据
	msg. value(uint)	随消息发送的 wei 数量
	msg. sender(address)	当前调用的交易发起者
	tx. origin(address)	完整调用链的交易发起者
	tx. gasprice(uint)	交易的 gas 价格
	blockhash(uint blockNumber)	指定区块的区块哈希
	gasleft() returns(uint)	剩余的 gas 数
ABI 编码函数	abi. encode(…) returns(bytes)	对给定参数进行编码
	abi. encodePacked(…) returns(bytes)	对给定参数执行紧打包编码
数学和密码学函数	addmod(uintx, uinty, uintk) returns(uint)	在任意精度下计算 $(x+y)\%k$
	keccak256(…) returns(bytes32)	计算参数的 Keccak-256 哈希
	sha256(…) returns(bytes32)	计算参数的 SHA256 哈希

错误处理。除了 assert 函数外，Solidity 还提供了另一个错误处理函数 require（condition）。当 condition 满足时，ESC 继续运行，否则停止并回退状态。函数 require 用于变量检查，assert 主要用于检测未知错误。

2.2.3.2　智能合约的编写与部署

（1）智能合约编译

如图 2-31 为 Remix 在线编译界面。智能合约编译具体说明如下。

1）可以选择手动编译和自动编译（代码修改后立即执行）。

2）下面显示当前智能合约文件中的所有智能合约，注意，每次只能编译一个智能合约。

3）在 detail 中显示该智能合约编译后的所有输出，主要包括如下内容。

① 合约元数据。

② 合约字节码。

③ ABI 格式数据。

④ 使用 web3 部署该合约的实例代码。

⑤ 汇编指令。

⑥ 本合约的编译信息，包括警告和编译错误提示。

（2）智能合约运行

1）配置选择

图 2-31 Remix 在线编译界面

在部署智能合约之前，运行项中有如下几个配置需要选择。

① 环境：有 3 个选项，代表该合约在哪个运行环境中运行，如图 2-32 所示。

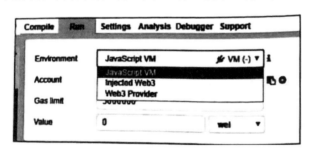

图 2-32 Remix 运行环境配置界面

JavaScript VM：浏览器内置虚拟机环境，可以执行智能合约字节码，并不是真正的区块链环境。

Injected Web3：通过浏览器插件（一般为 metamask）连接的以太坊节点运行该智能合约，一般连接到公有链或官方测试链，也可以连接到本地私有链环境。

Web3 Provider：手动设置以太坊 RPC 服务提供的 URL，一般为本地私有链环境。注意：私链节点需要开放 RPC 接口服务，并设置—rpecorsdomain "＊"，表示支持跨域访问。

② 账户：账户下拉菜单如图 2-33 示。

选定运行环境后，Remix 会自动导入该环境下连接的节点下的 keystore 中的账户。

③ gas 上限和转账金额：设置界面如图 2-34 所示。

gas 上限限制本次交易可用的 gas 数量，该值应设为比真实的 gas 花费多一些：比如一次以太币转账花费是 21000gas，那么该 gas 上限可以设置为 30000；部署一个合约 gas 花费是 30 万，那么该 gas 上限可以设置为 35 万。转账金额即本次交易转账的数量。

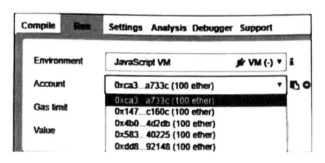

图 2-33　Remix 合约部署测试账户下拉菜单界面

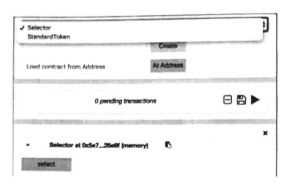

图 2-34　Remix 合约部署 gas 上限和转账金额设置界面

2）合约部署和调用

合约部署选项如图 2-35 所示。

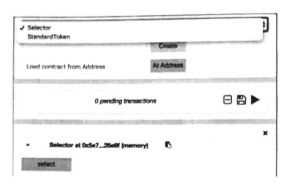

图 2-35　Remix 合约部署选项界面

首先选择需要部署的合约，点击部署按钮"Create"，如果该合约已经在链上部署过，那么可以通过该合约地址重新关联到该合约代码，下面"Al Ades"就是填写已部署的合约地址。

部署好合约或关联好合约后，在下方会显示该合约对外提供的可调用的接口，输入合适的参数以及可以执行该合约的函数，如图 2-35 所示。

图 2-36 显示的是函数调用的返回结果。

合约如果定义了构造函数，并且带有参数，那么在部署合约时需要填入参数，带参数的合约部署举例如下：

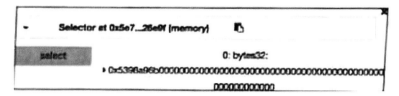

图 2-36　Remix 合约部署成功后的可用函数显示界面

```
contract Selector {
        string name;
        function Selector(string name ){
                name = name;
        }
        function select()public view returns(bytes32){
                return this. select. selector;
        }
}
```

部署如图 2-37 所示。

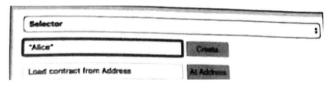

图 2-37　Remix 带参数的合约部署界面

（3）Remix 环境设置

Remix 环境设置中比较重要的选项包括 solidity 版本选择和优化选项，如图 2-38 所示。

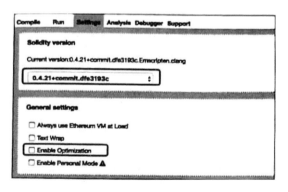

图 2-38　Remix 编译器选项界面

注意：

① 版本选择不能选低于智能合约中指定的最低版本，否则可能会出现因语法不兼容而导致编译失败的问题。

② 优化选项可以降低智能合约输出字节码的大小，减少一定的部署成本，此外，如果需要在最著名的以太坊浏览器 etherscan 上上传智能合约源码，那么在上传时也有一个优化

选项，如果 Remix 这边是以使能优化的方式编译的，那么在 etherscan 上也需要使能优化，否则会导致字节码无法匹配，上传源码失败。

2.2.3.3 智能合约的测试与执行

通过对合约账户和智能合约的介绍，可以大概整理出智能合约在结合区块链系统上的运行流程，具体如下。

① 智能合约对外以账户的形式呈现，这个账户除了可以有余额之外，还存储了智能合约代码（编译后的字节码），以及该账户拥有的状态数据。

② 部署智能合约的过程就是一个向"0"地址发送一笔带有智能合约字节码数据交易的过程。这笔特殊的交易会生成该智能合约的地址，并将字节码存储在该地址下的状态树中。

③ 执行智能合约的过程，换一个说法就是，调用智能合约函数的过程，调用智能合约函数是指向该智能合约地址发送一个交易，该交易携带被调用的智能合约函数信息及调用参数，携带的信息遵循 ABI 编码协议。

④ 智能合约地址收到这样的调用合约函数的交易，首先会解码数据，根据结果查找到对应函数的入口，再传入参数执行该函数。

⑤ 执行函数的过程是状态转换的过程，执行完成后会扣除调用者相应的 gas 花费，当然如果执行发生了异常或发送了恶意交易执行，对 gas 的处理也不同。

⑥ 状态转换的过程会全网同步并被再次执行验证，以确保执行结果一致，这样通过验证后的交易会被记录到区块中，同时更新状态数据。

⑦ 此时保存到区块链上的交易还不安全，因为 PoW 的共识机制原因，可能存在链分叉，这笔交易可能会重新被打回到交易池，后面不断增加的区块还会对前面的交易进行"投票"。当在该区块高度之后增加 12 个区块高度时，就可以认为该区块不可能被分叉，上面的交易得到最终确认，即不可能被篡改。

⑧ 智能合约分析和调试：Remix 开发环境提供了初步的合约安全审计、静态分析及 gas 消耗预估等，如图 2-39 所示。目前来说，智能合约的调试功能还不能与其他高级语言的开

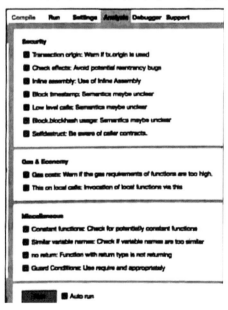

图 2-39　Remix 合约分析选项界面

发环境一样直观，还需要对智能合约内部字节码处理非常熟悉。智能合约的设计原则是逻辑应尽量简单，真正需要通过调试器定位问题的合约不多。

2.2.4 基于区块链的智能合约应用案例

2.2.4.1 智能合约在智能电网中的应用

2018 年 4 月，国家电网公司全资子公司国网电商在春季产品发布会上推出"区数据之块，链天下以信"的区块链平台等 9 大产品和技术应用成果。随着我国提出"坚强智能电网"概念，将电力流、信息流、业务流结合在一起的电力通信平台建设就尤为关键。未来智能电网需要接入大量的自动调度与调节监控运采装置，通过不可篡改的分布式记账，可以降低电力交易中的征信成本，利用全网记录在方式来保证每一笔电力交易的安全性和合法性；区块链的无中介的特性可使电力负荷侧接入网大量节点之间的数据传递的隐私安全性得到保证；区块链技术的去中心化分布式节点特性可允许智能电网云平台让分布式智能负荷参与电网调度互动并对小容量分散型可再生新能源提供差异化的服务模式。

（1）智能用电平台

如今智能用电平台通过对用户侧的信息化升级和分布式新能源发电、柔性负荷、新型电能储存手段的加入，使电网调度管理更加灵活，并增强风能、光伏发电等新能源供应的随机性。通过区块链技术的加入，可以避免能源中间服务商的介入，拉近能源供给方和能源消费方的距离，使得电能供给服务更加透明。目前苏州供电公司的智能用电平台用户侧终端接入网投运基站 17 座，接入智能终端 2235 个，接入用电采集、配网自动化、电能管理、智能家居等八大类业务共计 7316 条，终端接入网具有接入节点多、承载业务量大的特点，通过将负荷侧的用采网络、智能计量、配电的用户侧数据集成为电网的智能调度提供依据。目前用户侧业务流以电力信息承载网的方式上传业务核心网，核心化管理的安全是以核心层设备的绝对安全为前提的，一旦核心网设备出现严重故障或者被黑客攻击，将造成严重后果，而区块链具有去中心化的节点分布特性，如果能在智能用电户侧接入网引入区块链技术，可直接将分散的负荷侧用电信息与分散的电网新能源结合，通过路径划分来明确电力交易中的关键因素，利用智能合约和可编程货币来实现电力交易的自动化和全网电力资源的统筹调配和调度智能化。通过分布式记账形成负荷用电和电能供应商之间的可追溯的不可篡改的操作记录。

（2）电力交易结算

我国传统的电力交易以交易所模式为主，由交易中心对能源进行统筹规划管理，需要公证、保险、信托、融资等一系列中间环节，需要耗费大量的维护成本，用户和银行等金融机构在进行账务核对、校验时也耗费了大量的时间成本，不利用电力交易的实时进行，在交易的任何一个环节受到攻击造成数据的丢失或篡改可直接影响到交易的安全性，而且交易的中心化也使得用户的隐私得不到保障，使交易的参与者地位不对等。基于区块链技术不可篡改的分布式记账等特征的智能合约机制为电力交易结算提供了一种新型的解决方案。在区块链交易的平台下，弱中心化的交易中心只需电力出让方和受让方提供电能转让计划并提供交易平台，就可对交易账户和合约内容进行审查并进行阻塞管理，但无权对合约进行修改，这大大限制了交易中心在交易流程中的权力。当交易双方签署智能合约后，所达成的交易记录，包括交割电量、交割时间和成交价格等内容都以智能合约的形式封存并用私钥进行多重签名，对合约全网广播，由各个节点分散记录，保证任何第三方都无法对其进行篡改，而签约方必须得到合约所有相关方同意后才有权利修改合约的属性，电力交易的安全性和时效性大大提升。在智能合约中包含了触发合约的响应规则、特定场景的应对措施等内容，区块链通过对外部数据源的核查来判断是否满足合约触发条件，一旦触发合约自动执行。交易双方可通过区块链技术和智能合约来规避信任风险，从而去除交易中介，实现电力交易的分布式信任自治和高效率。

（3）涉密身份验证

随着电子商务的崛起，互联网上的身份采集验证、身份授信问题越来越突出，成为互联网商业活动的重要环节，并直接关系到电子商务的核心信任问题。目前常用的身份验证手段包括短信验证码、动态口令、生物特征识别、静态密码等。目前的身份识别技术都需要把身份信息储存到核心数据库中，极易遭到攻击和篡改，安全性难以得到保证。电网的信息通信业务系统中承载着大量的敏感业务信息和用户数据，一旦遭到恶意篡改后果不堪设想。若能将区块链技术引入电网的信息通信网系统中，利用区块链的分布式记账不易篡改的特性来构建智能电网的身份认证系统，将大大提升电网业务流的身份信任认证的效率。目前基于区块链的身份验证解决方案主要是将身份持有人的身份特征在数据脱敏后利用散列函数生成哈希值嵌入区块链来记录身份；或者将业务系统直接嫁接到特定区块链上，身份持有人在区块链业务系统上直接注册登录。未经身份持有人授权，任何个人和机构均无法获得储存在区块链中的真实身份信息，从而保障了身份信息的安全。

案例1：西门子"主动网络管理"。

智能电网能够在同一时间更好地管理不同类型的能源。西门子公司发布了一个软件包来操作网络，即主动网络管理（ANM）。ANM的原理是通过跟踪电网如何与不同能量负载相互作用，来调整其可调节的部件，从而达到提高效率的目的。虽然这之前是手动调整的，但当新的能源生产者（比如太阳能发电厂）开始工作时，或者新的能源消耗者开始接入网格时，ANM会对电网做出相应调整。因此，ANM也为电动汽车利用智能电网进行充电奠定了基础。

案例2：英国电力系统的预测模型。

2017年3月，被谷歌收购的人工智能公司DeepMind与英国国家电网联合宣布，他们计划将DeepMind的人工智能技术添加到英国的电力系统中。该项目将处理天气预报、互联网搜索等海量信息，以开发需求激增的预测模型。

案例3：Grid Edge电力管理软件服务。

英国Grid Edge公司提供基于云计算的电力管理软件服务。该公司利用人工智能技术对能源配置进行预测和优化，将控制权交还给电力使用者。具体的方法是，Grid Edge操作一个VPN，通过它来连接和分析用户所在建筑的能源消耗数据，利用这些信息，Grid Edge与连接的电网进行通信，并制定相应的调度策略。这些策略的目的是节约能源、避免超载。

案例4：美国能源部利用人工智能改善电网稳定性。

2017年9月，美国能源部向斯坦福大学的国家加速器实验室（SLAC）研究人员颁发了一项研究奖，奖励他们利用人工智能技术改善电网的稳定性。通过用过去的数据来对电力波动和电网薄弱环节进行编程，新的智能电网将自动对重大事件作出快速而准确的反应。

案例5：LO3 Energy搭建居民P2P电力交易微网。

2016年4月美国能源公司LO3 Energy与西门子数字电网以及比特币开发公司Consensus Systems合作，建立了布鲁克林微电网——基于区块链系统的可交互电网平台TransActive Grid。该项目是全球第一个基于区块链技术的能源市场。这个微网项目实现了社区间居民的点对点电力交易，允许用户通过智能电表实时获得发电量、用电量等相关数据，并通过区块链向他人购买或销售电力能源。用户可以不需要通过公共的电力公司或中央电网就能完成电力能源交易。用户通过手机应用程序在自家智能电表区块链节点上发布相应的智能合约，基于合约规则，通过西门子提供的电网设备控制相应的链路连接，实现能源交易和能源供给。为了提高整个系统的效率，该平台不仅要对生成的和存储的能量进行管理，而且还要处理消费者的灵活性选择。

案例 6：Power Ledger 构建太阳能发电余电上网交易系统。

Power Ledger 成立于澳大利亚的珀斯，由澳大利亚的区块链软件公司 Ledger Assets 创立。Power Ledger 使用基于区块链的软件构建一个 P2P 的太阳能发电余电上网交易系统。不同于比特币采用的 PoW 机制，Power Ledger 采用的是 PoS 机制，区块链由 Ledger Assets 公司开发，名为 Ecochain。该区块链技术的应用使得系统在电能产生时就能确定电能的所有者，然后通过一系列交易协议完成电能所有者和消费者之间的交易，住户可以直接将余电卖给其他住户，出售价格也高于直接出售给电力公司的价格，电能的生产者获得了更大的收益，电能的消费者也获得了更低的用电成本。

案例 7：Power Ledger 计划通过 P2P 电力交易业务模式及其软件获得营业收入。

Power Ledger 于 2017 年上半年在珀斯市区推出覆盖 80 个家庭的正式版交易系统，这是历史上首个投入使用的 P2P 电力交易系统。Power Ledger 目前已经进行了三次电力交易实验，但总体上仍处于示范阶段，交易系统的稳定性尚未得到认证。同时，未来大规模推广时可能遇到的技术问题将成倍出现，Power Ledger 的技术团队将面临极大的挑战。

案例 8：韩国电力改善能源基础设施。

2018 年 11 月，韩国电力公司宣布，他们正在利用区块链技术开发名为"未来微电网"的微电网项目。公司新的"KEPCO Open MG"框架将创建一个开放能源社区，通过将现有微电网技术的元素与区块链相结合来改善能源基础设施，特别是当地的氢能经济。该公司早期微电网主要包括小型光伏、风力涡轮机和储能系统，在提供稳定电力方面面临障碍。而KEPCO 的开放式微电网将利用额外的燃料电池作为电源，以提高能源的自立性和效率，并且不会排放温室气体。

2.2.4.2　智能合约在金融业的应用

在区块链技术的支持下，智能合约具有改变商业和金融协议的潜力，可以加快证券结算，定制新的保险产品，提出更好的合规解决方案以及实现更高的透明度。然而，要使智能合约充分发挥其潜能，还需要解决技术和法律等方面的问题。以下将探讨智能合约技术在金融领域的应用前景，以及实施智能合约技术所面临的挑战，并提出加大对区块链等技术的研究及应用、建立与技术发展相适应的法律体系、加强行业管理等建议。

（1）证券业务

采用传统的金融基础设施，金融资产转移所需的时间一般较长，而证券交易或贷款结算的长时间延迟会增加来自交易对手的风险，并带来严重的监管后果。自 2008 年金融危机以来，全球的金融机构都花费了大量资金以防范来自交易对手的风险。部署在区块上的智能合约可以将许多金融产品的结算时间从几天或几周缩短至几分钟，因此，可以有效降低风险并在此过程中释放大量资金。此外，智能合约可以自动执行商业协议，如定期向持有人支付利息等，也会大大提高金融机构的工作效率。

（2）保险业务

一方面，由于智能合约的自动执行特性，理论上各种流程都可以自动化，以节省时间和金钱。如在确认保单持有人过世后，人寿保险智能合约可以立即向所选受益人发放资金，编码合同将通过实时扫描在线死亡登记簿来确定支付时间。这个过程以及其他类似过程将有助于消除索赔过程中的时间延迟和多人交互。此外，由于智能合约一旦被部署到区块链上就不再需要昂贵的人工干预，保险公司也可以借此降低运营成本，从而为客户节省潜在成本。另一方面，保险公司还可以通过将智能合约与在线设备连接为客户定制产品。如智能保险合同可以嵌入到车辆中，并根据车主的驾驶习惯收取保险费。最后，智能合约的可编程性也有助于保险欺诈最小化。保险行业的信任程度非常低。投保人可能在投保时为了降低每月保费而谎报实情。保险公司为了应对客户瞒报的风险会相应提高保费。处理骗保和理赔纠纷时，为了证实被保人的理赔诉求真实无误，通常需要耗费大量人力。Chainlink 智能合约可以增强保险公司对客户真实情况的判断能力，并提高整个保险行业的信任水平。

① 车险 Chainlink 能够让智能合约访问智能汽车的物联网传感器数据，从而简化车险流程。盗窃、车祸以及其他事故发生后理赔都会被自动触发，因此保险客户可以放心及时地获得保险赔偿。开发者可以访问部分有价值的数据包括超速、里程、保养、刹车习惯、碰撞点和道路质量等。

② 家财险 Chainlink 可以连接冰箱、空调、炉灶和报警器等智能家居。智能家居的物联网数据可以直接触发由火灾、盗窃或财产损失造成的保险赔付。地震险等气候相关保险产品也可通过传感器自动验证和赔付，免除人工调查流程。

③ 寿险智能合约是寿险理赔过程中减少纠纷的绝佳选择。Web API 和外部数据库中储存了大量数据，足以确认个人是否身故，如死亡证明、讣告、火化记录和警方报告。Chainlink 可利用该数据进行保险赔付，并将资产分给保单中的相关各方。

④ 随着生物技术和物联网穿戴设备（如智能手表）的发展，保险公司可以开发健康险智能合约，根据患者的健康数据提供健康险折扣或触发惩罚机制。有用的数据点包括行走距离（运动）、体重和心率，在未来可能还会出现更先进的生理指标。智能合约还能检测出数据异常情况，并触发强制诊疗，以确保各身体指标保持在健康范围内。

⑤ 航空险 FlightStats 和 Aviation Edge 等 Web API 可以提供精确到分钟的航班延误和取消信息。Chainlink 可以为智能合约更新航班状态，并决定被保人是否获得赔偿。部分保险产品还涵盖晚起飞和晚到达的情况。Chainlink 已经为 OpenSky API 预编译了外部适配器。

⑥ 大型设备险和再保险。许多企业的业务运营都需要使用价格昂贵的大型设备。最重要的设备上都安装了物联网装置收集最新的设备状态数据。Chainlink 可以将数据上传至智能合约，当设备出现故障时自动赔付或安排维修。由于大型设备保单通常需要再保险，Chainlink 还可以将理赔或保费划分至各家再保险公司。

⑦ 农作物保险 Chainlink 使用 Web API、卫星图像和农业传感器，让智能合约更广泛地用于农作物保险产品，覆盖更多外部风险。

（3）物联网

当前，从电器、汽车、能源到交通基础设施，物联网包括数十亿个通过互联网共享数据的节点。通过物联网、区块链以及智能合约技术的融合应用，物联网支持的物理设备或财产，如公寓、停车场、汽车、自行车等，都可以允许人们在没有中间商的情况下出租、出售或共享。具体过程为：所有者可以设定存款金额和租赁其财产的价格，用户将通过交易向区块链支付押金，从而获得通过智能手机打开和关闭智能锁的许可。押金将被锁定在区块链中，直到用户决定向区块链发送另一个交易来返回虚拟密钥，然后合同自动执行，减去租金后的押金将被退回给用户，租金则自动发送给所有者。

（4）货币金融

货币是资产计价和交换中最常见的媒介。金融系统的核心就是最大限度地配置货币以增长财富。由于货币和金融价值重大，因此该领域的信任水平很低，人们往往会不计代价影响市场并逃避责任。智能合约可以通过建立去中心化的信任体系为金融行业带来确定性，消除现有金融体系中由于不确定因素而普遍存在的对手方风险。金融产品能够以去中心化的方式自动得到认证，避免中介从中施加影响并榨取价值。

（5）金融衍生品

金融衍生品合同基于标的物的价值，是公司对冲投资或交易风险的工具，如大宗商品或货币风险。Chainlink 可从多个来源收集价格信息，整合数据，发送至智能合约，并发送支付数据进行结算，自动执行衍生品合约。市场中的公司通常直到建仓之前都会尽量拖延付款，因此使用 Chainlink 技术的智能合约非常有助于重建交易对手方之间的信任关系。

（6）代币资产

智能合约带来了代币资产的兴起，代币资产是现实世界中的资产在区块链上的化身。一个有意思的想法是建立一种代币资产，并通过 Chainlink 预言机将市场数据发送至智能合约，以此维持资产价格。MakerDAO 已经开始使用 14 个预言机为 Maker 系统建立参考价格。可以利用预言机针对黄金、石油或类似特别提款权的货币篮子（注：特别提款权是世界货币基金组织基于五种货币的加权平均值建立的国际储备资产）等代币资产开发一系列去中心化的产品。

（7）去中心化的交易所

大多数去中心化的交易所都要求用户在交易资产时必须关联钱包。然而，Chainlink 却提供了一种新的方式，让智能合约可以访问交易双方的链下账户，即建立去中心化的交易所。在可信执行环境（TEE）中运行的预言机可以验证交易双方的身份认证，并在执行点对点交易前确定双方是否拥有合约中所约定的资产。Chainlink 的预言机可将信息传递至智能合约，并确定合约执行。

（8）支付

智能合约可以轻松使用区块链上的原生加密数字币发起付款，比如以太坊上的智能合约用以太币发起付款。然而，许多公司的资产负债表无法承担加密数字币的币值波动风险。另外，它们也不想浪费精力再将以太币兑换成法币。由于全世界存在各种支付形式，因此智能合约需要连接各种支付方案才能充分满足世界各地用户的需求。Chainlink 可以让智能合约轻松访问现有银行系统，让开发者能够开发在传统金融系统中无法实现的应用程序。智能合约开发者可以无缝整合来自全球各大银行包括消费银行账户、直接存款和其他银行流程数据在内的所有数据。开发者还能利用国际支付信息标准 SWIFT 开发跨境支付功能。在诸多受欢迎的消费型 APP 中，用户可以选择各种流行的零售支付方式。Chainlink 让智能合约可访问主流信用卡提供商和成熟支付网络的数据，为智能合约用户提供同样的便利。开发者在开发应用时可以利用国内外时下最流行的零售支付方式。Chainlink 已经为 PayPal 和 Mistertango 预编译了外部适配器。加密数字币越来越受到大家追捧，但大部分最流行的加密数字币都无法与主流智能合约平台连接。Chainlink 填补了这个空缺，让所有智能合约平台都可实现向任何分布式账簿发起付款。因此，智能合约可以实现用比特币、瑞波币、NANO 币、稳定币或任何其他类型的数字资产发起付款。

（9）其他金融交易领域

智能合约在其他涉及金融交易的领域同样有应用前景，如简化贷款和抵押过程，使用智能财产作为抵押品，人们可以更容易地借钱。如果借款人未能向贷款人支付款项，计算机程序可以自动撤销授予违约方访问抵押品的数字密钥。通过智能合约简化相关过程的操作，在违约的情况下，收回抵押品对放贷人来说会更便宜、更省时，最终可能会促进贷款量的增加。其次，智能合约技术还可用于房地产交易，在交易过程中消除抵押处理费用，可以大大降低房屋所有权交易费用，改善和升级土地登记系统，提高土地登记系统的可验证性和透明度，尤其是在法治尚不完善的地区和国家，此类技术的应用可以大大降低交易过程中的欺诈风险。

2.3 区块链安全与隐私保护

安全性是保证区块链系统稳定运行的基础，也是目前阻碍区块链应用推广的主要因素之一。各国权威机构正逐步将研究重点转向区块链的安全性。2016 年 12 月，欧盟网络与信息安全局（ENISA）发布《分布式账本技术与网络安全：加强金融领域的信息安全》，结合传统网络空间安全问题，分析了区块链面临的安全技术挑战。2018 年 1 月，NIST 发布了《区块链技术总览》，总结了区块链应用在区块链控制、恶意用户、无信任和用户身份等方面的局限性和误区。区块链的发展呈现出安全性理论研究远远落后于技术应用创新的局限。以区块链在数字币领域的应用为例，区块链正面临安全和隐私方面的严峻挑战，迫切地需要系统的安全性研究作为应用开发指南。

2.3.1 区块链的安全需求

目前对区块链安全性的研究已经成为国内外学术界与产业界最为关注的问题之一。确立区块链系统级的安全性目标是研究前提。区块链的应用项目涉及领域广泛、业务功能复杂、性能要求较高等问题，对区块链系统的安全性提出了更高的要求。根据网络系统的安全需求，结合区块链结构特点，区块链系统的基本安全需求是通过密码学和网络安全等技术手段，实现区块链系统中的数据安全、网络通信安全、共识与激励机制安全、智能合约安全和应用安全。其中，数据安全是区块链的首要安全目标。共识安全、网络通信安全、智能合约安全和应用安全等安全目标与数据安全联系紧密，是数据安全目标在区块链各层级中的细化，也是区块链设计中需要特别考虑的安全要素。

2.3.1.1 数据安全

数据安全是区块链的基本安全目标。区块链作为一种去中心化系统，需要存储包括交易用户信息、智能合约代码和执行中间状态等在内的海量数据。这些数据至关重要，是区块链安全防护的首要实体。以下采用 CIA 信息安全三元组来定义区块链的数据安全，即机密性、完整性和可用性。

（1）机密性

机密性规定了不同用户对不同数据的访问控制权限，仅有权限的用户才可以知晓数据并对数据进行相应的操作，信息不能被未授权用户知晓和使用，引申出隐私保护的性质。机密性要求区块链设置相应的认证规则、访问控制和审计机制，具体描述如下。

1）认证规则

规定了每个用户加入区块链的方式和有效的身份识别方式，是实现访问控制的基础。

2）访问控制

规定了访问控制的技术方法和每个用户的访问权限。在无中心节点的区块链中，如何安全、有效地实现访问控制尤为重要。

3）审计机制

指区块链能够提供有效的安全事件监测、追踪、分析、追责等一整套监管方案。

（2）完整性

完整性指区块链中的任何数据不能被未经过授权的用户或者以不可察觉的方式实施伪造、修改、删除等非法操作。完整性在交易等底层数据层面上往往需要数字签名、哈希函数等密码组件支持。在共识层面上，数据完整性的实现则更加依赖共识安全。完整性具体包括如下方面。

1）不可篡改性

要求任何能力受限（多项式时间）的攻击者无法篡改诚实用户发布的交易、被记录在区块链上的交易变更完整记录、诚实矿工产生的区块以及智能合约代码、执行状态、输出结果等数据。

2）不可伪造性

要求能力受限的攻击者在没有受害用户或矿工私钥的情况下，无法成功伪造可以通过矿工验证并达成共识的交易、区块、智能合约执行状态等数据信息。

3）不可抵赖性

指用户在区块链系统中一切行为均可审计，不可抵赖，如攻击者无法抵赖自己的双重支付攻击行为。

（3）可用性

数据可以在任何时间被有权限的用户访问和使用。区块链中的可用性包括入侵容忍、可信重构、无差别服务和可扩展性四个方面。

1）入侵容忍

要求区块链具备在遭受攻击的过程中仍然能够持续提供可靠服务的能力，需要依赖支持拜占庭容错的共识算法和分布式入侵容忍等技术实现。

2）可信重构

要求区块链在受到攻击导致部分功能受损的情况下，具备短时间内修复和重构的能力，需要依赖网络的可信重构等技术实现。

3）无差别服务

指区块链能够对访问控制等级相同的用户提供相同的服务。在无中心节点的区块链中，特别指新加入网络的用户依旧可以通过有效方式获取正确的区块链数据，保证新用户的数据一致性。

4）可扩展性

指区块链支持用户和交易数量扩展，要求用户的访问数据请求可以在有限时间内得到区块链网络响应，是衡量区块链性能效率的重要指标。具有强可扩展性的区块链具有高吞吐量、低响应延迟的特点，即使在网络节点规模庞大或者通信量激增的情况下，仍能提供稳定的服务。

2.3.1.2 网络通信安全

目前公认的网络攻击的 3 种原型是网络窃听、篡改和伪造以及分布式拒绝服务（DDoS）攻击等。通过安全传输机制，可以防止网络数据被窃听。通过签名验证机制，可防止数据被篡改和伪造。对于 DDoS 攻击，纯技术手段无法绝对防范，但是结合一些激励机制可以有效抵抗此类攻击。

目前，主流的区块链系统还是公有链。公有链更强调公开透明，对数据的保密性要求不高，因此，也不要求传输安全。数据的完整性、真实性、可靠性、不可抵赖性可由数据层和共识层来保证。对于联盟链，传输安全是可选的。主流开源联盟链，如超级账本的 Fabric 设计中包含有安全传输层协议（TLS）证书，并在其配置中有一个开关项，可以单独打开或关闭 TLS 功能。对于私有链，更关注数据安全隐私的场景，可以考虑引入传输安全层来提高数据的隐私性。

对于公有链区块链平台，任何节点可以自由加入区块链网络，不需要访问控制机制的保障。而对于联盟链或私有链平台，节点必须经过授权才可加入区块链网络，必须依赖访问控制机制。

第一，构建区块链的证书授权（CA）中心，基于 PKI 体系对区块链网络中的各节点提供证书和身份认证的服务。新准入节点需要在 CA 中心注册身份并申请证书，在审核通过后，该节点可以使用核发的证书接入区块链网络。

第二，基于角色进行权限控制。根据区块链网络中不同的操作节点，可以定义不同的角色。在根 CA 的基础上，构建各角色的子 CA 中心，可以按角色生成不同类型的证书。不同类型的证书除了验证节点的身份，还可以作为权限控制的依据。

大多数联盟链都引入了 PKI 体系，采用多种数字证书进行身份认证和访问授权控制。例如，在开源组织 Linux 基金会旗下超级账本的开源联盟链项目 Fabric 中，就使用了多种不同用途的数字证书，包括身份注册证书（ECert）、交易证书（TCert）和传输安全证书（TLSCert）等。

2.3.1.3 共识与激励机制安全

共识算法是区块链的核心，共识安全对区块链的数据安全起到重要的支撑作用。《比特币骨干协议》开创了对比特币 PoW 共识算法的建模和可证明安全分析，定义了一致性和活性两个安全属性来衡量和评估区块链的共识安全目标，被公认为区块链共识安全研究的基础。

（1）一致性

要求任何已经被记录在区块链上并达成共识的交易都无法被更改，即一旦网络中节点在一条区块链上达成共识，那么任意攻击者都无法通过有效手段产生一条区块链分叉使得网络中的节点抛弃原区块链，在新区块链分叉上达成共识。一致性是共识算法最重要的安全目标。根据共识算法在实施过程中是否出现短暂分叉，一致性又分为弱一致性和强一致性。弱一致性是指在网络节点达成共识的过程中有短暂分叉的出现，一些情况下，节点可能会无法立即在两个区块链分叉中作出选择，形成左右摇摆的情况。强一致性是指网络中新区块一旦生成即可判断网络节点是否对它达成共识，不会出现阶段性分叉。

（2）活性

要求由诚实节点提交的合法数据终将由全网节点达成共识并被记录在区块链上，具体指诚实节点提交的合法交易，正确执行的智能合约中间状态变量、结果等数据，避免节点遭受拒绝服务攻击而无法正常使用区块链服务，保证区块链服务的可靠性。

隐私保护是对用户身份等用户不愿公开的敏感信息的保护，是数据机密性的具体体现。在区块链中，敏感信息主要针对用户身份信息和交易信息两部分内容。因此，区块链的隐私保护可以进一步划分为身份隐私保护和交易隐私保护。

1）身份隐私保护

要求用户的身份信息、物理地址、IP 地址与区块链上的用户公钥、数字假名、账户或钱包地址等公开信息之间是不关联的。任何未经授权的节点仅依靠区块链上的公开数据无法推断出有关用户真实身份的任何信息，也不能通过网络监听、流量分析等网络技术手段对用户交易和身份进行追踪和关联。这种特性也被称为交易与身份的不可关联性。

2）交易隐私保护

要求交易本身的数据信息对非授权节点匿名。在比特币中，特指交易金额、交易的发送方公钥、交易的接收方地址以及交易的购买内容等其他交易信息。任何未授权节点无法通过有效的技术手段获取交易相关的信息。在一些需要高隐私保护强度的区块链应用中，还要求割裂交易与交易之间的关联性，即非授权节点无法有效推断两个交易是否具有前后连续性、是否属于同一用户等关联关系，也被称为交易之间的不可区分性。

2.3.1.4 智能合约安全

根据智能合约的整个生命周期运作流程，智能合约安全可以被划分为编写安全和运行安全两部分。

（1）编写安全

侧重智能合约在执行前的业务逻辑设计、代码编写等方面的安全问题，包括文本安全和代码安全两方面。

1）文本安全

文本安全是实现智能合约稳定运行的第一步。智能合约开发人员在编写智能合约之前，需要根据实际功能设计业务逻辑，形成完整的合约文本，避免由合约逻辑错误导致执行异常甚至出现死锁等情况。

2）代码安全

要求智能合约开发人员使用安全成熟的编写语言，严格按照合约文本进行编写，确保合约代码与合约文本的一致性，且代码经编译后没有漏洞。

（2）运行安全

运行安全涉及智能合约在实际运行过程中的安全保护机制，是智能合约在不可信的区块链环境中安全运行的重要目标。运行安全指智能合约在执行过程中一旦发现漏洞甚至遭受攻击的情况下，造成的不良后果不会向外蔓延，不会对运行智能合约的节点——本地系统设备造成影响，也不会使调用该合约的其他合约或程序执行异常，包括模块化和隔离运行两方面。

1）模块化

要求智能合约标准化管理，具有高内聚、低耦合的特点，可移植，可通过接口实现智能合约的安全调用。遭受攻击后的异常结果并不会通过合约调用的方式继续蔓延，保证了智能合约的可用性。

2）隔离运行

要求智能合约在虚拟机等隔离环境中运行，不能直接运行在参与区块链的节点上，防止攻击者利用智能合约漏洞对运行智能合约的本地操作系统进行攻击。

2.3.1.5　应用安全

对于区块链应用系统而言，其上层应用界面是直接面向用户的，必然涉及大量的用户信息、账户余额、交易数据等多种重要的敏感信息，因此，对其安全性要求尤其严格。与常规IT信息系统不同的是，大多数区块链应用都涉及数字资产或代币等高价值信息，因而对身份认证、密钥管理等安全性有较强的要求。由于私钥是用户操作其区块链中数字资产的唯一凭证，因此，围绕私钥的保护是重中之重。

一般而言，用户通过数字钱包来管理其私钥，并完成对区块链资产的操作。而数字钱包的私钥生成方式、私钥存储方式以及安全性增强功能，是决定数字钱包安全与否的重要依据。

2014年2月，昔日最大的比特币交易所日本的 MtGox，因为安全问题而倒闭。2014年3月，全球第三大比特币交易平台遭受两次黑客攻击后，因"冷钱包"耗光而倒闭。由此可以看出，对数字钱包的保护非常重要。

2.3.2　区块链中的安全问题

尽管区块链在各领域的应用层出不穷，但是随着研究的深入和各类安全事件频发，区块链在安全性方面的缺陷也逐渐显露。为了更好地分析区块链体系结构中提供的安全机制和存在的安全问题，本小节在区块链的数据层、网络层、共识层、激励层、合约层和应用层六层体系架构基础上，从信息安全的角度对六层体系架构中的组件重新进行诠释。根据各组件实现的功能的不同，每层可进一步细分为基础模块和安全模块两部分。

其中，基础模块是用于实现该层主要功能的基本组件。安全模块则是用于保障各层次安全性，保证本层功能安全可靠的安全组件，为上层提供安全稳定技术支持。

区块链作为一种多学科交叉的集成创新技术，在各层组织上都面临理论和实践的安全性威胁。区块链建立在密码学、分布式、网络通信等理论技术的基础上，面临密钥管理、隐私保护等传统的网络安全挑战。此外，经过多技术重组构建的区块链技术体系还面临分叉、智能合约漏洞等新的安全问题，存在潜在的安全隐患。虽然，针对区块链各层级的安全措施相继出现，但整体研究还处于初级探索阶段，尚不完善。一些安全技术甚至会引入新的问题。本小节主要对区块链各层级存在的安全问题和现有的安全措施进行整理。

2.3.2.1　交易数据攻击

数据层既规定了包括交易、区块、链式结构在内的狭义区块链的数据结构和存储形式等基本模块，也包括了关于用户身份、密钥、账户钱包地址的密钥管理机制以及区块链所需的其他密码学组件等安全模块，是实现其他五层功能的基础。数据层依赖密钥管理技术规定用户参与区块链所需要的身份、账户地址等数据的生成和运作过程，关注用户密钥的生成、存储、分配、组织、使用、更新直至销毁整个生命周期中的相关问题，降低密钥失窃的可能和丢失后给用户造成的损失。因此，密钥管理技术在比特币等基于区块链的数字币应用中备受关注。密码组件在区块链中应用广泛。数据层常使用数字签名保证交易的完整性，使用承诺方案提供交易的绑定性，使用哈希函数增加篡改区块链的难度，使用零知识证明实现用户交易的隐私保护等。综合数据层主要功能和各组件特点，数据层面临着底层密码组件安全威胁、密钥管理不当和交易关联性紧密等安全性问题。

（1）底层密码组件安全威胁

区块链数据层中的交易和区块等数据实体的生成都涉及公钥加密、数字签名、哈希函数等多种密码组件。为了满足更高的隐私保护需求，某些区块链数字币方案还引入了环签名、零知识证明等隐私保护技术。这些密码组件的安全性直接影响到区块链数据层的安全。现代密码学理论的安全性是建立在计算复杂度理论上的。短期来看，数学理论、密码分析技术和计算技术的发展不会对一些已经形成标准的密码算法构成威胁。但是随着量子计算的兴起，现有的密码算法将面临安全性降低甚至被攻破的危险。NIST 发布的后量子密码报告中给出了大规模量子计算机对一些密码算法安全性造成的影响。

尽管量子计算现阶段的研究成果还不能对区块链中的密码算法构成威胁，但是从长远看，区块链的发展势必要引入可以抵抗量子攻击的密码体系。美国 NIST 于 2018 年 4 月召开后量子密码算法标准会议，在全球范围内召集抗量子攻击的公钥加密算法。一些研究也利用基于格的后量子签名等算法替代比特币中对应的密码组件。随着量子密码的兴起，俄罗斯量子中心（RQC）正积极研究首个依赖量子加密技术实现分布式数据存储和验证的量子区块链。另外，密码组件在编译的过程中也可能存在缺陷和漏洞。例如，交易延展性攻击就是利用比特币中数字签名的延展性实施的欺诈性攻击行为。

（2）密钥管理不当

现代密码学理论的安全核心是保护密钥的安全。密钥管理一直是网络安全面临的传统挑战。区块链在金融领域应用繁多，需要进行频繁的数字资产交易。密钥管理直接关系到用户的数字资产安全。一旦密钥失窃，或因使用、存储不当导致密钥泄露和丢失，都将给金融服务用户带来不可估量的经济损失。然而，区块链应用普遍缺乏有效的密钥管理技术。例如，为了方便记忆，用户常选用有实际意义的字符串作为密钥，易遭受字典攻击；采用硬件存储密钥则容易遭受侧信道攻击。尤其是开放式区块链网络中，没有中心节点参与组织监管为密钥管理方案设计增加了难度。区块链的不可篡改性也使得密钥一旦丢失或被盗，将会给用户造成不可逆转的损失，亟需合理的密钥管理手段。

目前，对区块链中密钥管理技术的研究集中在数字币钱包技术上。数字币应用中的钱包技术主要关注用户支付密钥的存储和使用。现有的密钥管理方法和钱包技术包括本地存储、离线存储、托管钱包和门限钱包。

1）本地存储

是最简单的密钥存储方式，即将密钥直接或经过加密后存储在本地设备上，易被恶意软件读取，物理设备损坏时无法恢复。

2）离线存储

为防止恶意软件攻击，将密钥保存在离线的物理存储介质中。但是在使用密钥时仍然需要接入网络，无法完全防止恶意软件入侵。

3）托管钱包

是一种常见的利用第三方托管钱包服务器为用户提供密钥托管服务的区块链钱包技术，由第三方交易平台或钱包运营商提供服务。但是，中心化的托管钱包存在单点失效问题，破坏了区块链的去中心化特性。一旦被攻破，大量密钥失窃将会造成严重的损失。第三方托管钱包也存在监守自盗的可能，如通过设置后门恶意窃取用户密钥。

4）门限钱包

利用门限加密技术将密钥分散存储在多个设备中，使用密钥时需要多个设备参与，这是一种适用于去中心化区块链应用场景、相对安全的钱包技术。即使某个设备被攻破，攻击者仍然无法利用少量密钥分享份额恢复出完整的密钥。同时，只要用户超过门限值的密钥分享份额，就可以安全地恢复出密钥，不影响用户的使用。但是这种方案在设计上存在一定困难，算法复杂度高。密钥保护秘密分享（PPSS）是一种线上的门限钱包方案，将成为区块链实现安全密钥管理的主流研究方向。

（3）交易关联性紧密

比特币等基于区块链的数字币平台大多使用数字假名作为用户身份 ID，允许用户拥有多个假名来增强交易过程中对用户真实身份的混淆。但是这种数字假名方式仅能提供较弱的隐私保护，交易之间的关联性和交易金额等信息仍然直接公开在区块链上。一旦用户的一个地址暴露，该用户的所有公钥地址都可能被推测出来。根据交易的统计特性可以通过交易图谱分析和交易聚类分析推断出交易所有者的真实身份。

为了提高区块链中的隐私保护强度，增加攻击者利用交易之间的拓扑结构推测用户身份的难度，数据层利用环签名、零知识证明等密码技术重新定义交易的数据结构，增强交易的混淆。2013 年，Saberhagen 利用环签名和隐蔽地址技术构造了匿名电子现金协议——CryptoNote 协议，将实际交易发送方身份隐藏在一组构造环签名的公钥中，后发展成门罗币的核心协议。然而，环签名方案面临攻击者伪造环签名实施构陷等安全问题。一旦签名失效，该用户之前的环签名将全部失效。另外，环签名的扩展性差、签名长度长也影响其在区块链中的应用。2013 年，Miers 等利用零知识证明技术在比特币的基础上设计了匿名数字代币 Zerocoin，可以将比特币兑换成 Zerocoin 后进行匿名交易，进而实现对用户身份的隐私保护。但是 Zerocoin 不能隐藏交易金额，每次仅能兑换使用 1 单位 Zerocoin，支付效率低。2014 年，Ben-Sasson 等人在 Zerocoin 的基础上利用简洁非交互零知识证明（zk-SNARK）构造了匿名支付协议 Zerocash，实现了对交易双方身份和交易金额的隐私保护，是大零币的核心协议。zk-SNARK 技术具备抗量子攻击能力，备受学术界关注。但是，zk-SNARK 技术尚不成熟，存在效率瓶颈，生成证明的过程复杂，且证据占据空间过大，不适用于存储空间有限的区块链系统。

2.3.2.2 P2P 网络安全

网络层的核心是确保区块链节点的安全加入，保障节点间的有效通信，具体包括区块链的组网模式、节点之间的通信模式、不同的功能扩展网络以及必要的匿名网络通信技术等。区块链采用 P2P 联网通信方式，过程不依赖可信第三方，通过 P2P 网络的路由查询，在全球范围内的网络节点之间建立通信连接。在区块链网络中，根据节点是否存储全部数据资源，可以将节点划分为全节点和轻节点两类。全节点存储了交易集合、参与网络的节点公钥和地址、区块链账本历史数据、网络路由等全部数据，轻节点则仅存储区块哈希值等区块链账本中的部分信息，通过随机协议，与其他节点建立数据传入和传出连接。全节点和轻节点之间的通信连接构成了区块链中常见的去中心化网络拓扑结构。除主网络之外，根据功能的不同，网络中还会形成小范围的扩展网络，如比特币中小算力矿工会选择自组织联合挖矿或加入大规模矿池形成中心化矿池网络。矿工采用 Stratum 协议与矿池通信，完成矿池管理者分配的挖矿任务。另外，网络层还需要隐私保护技术提供匿名通信等安全保障。

网络层包含多种网络技术，技术本身的安全问题必然会给区块链网络层带来安全风险。

总的来说，网络层的安全问题主要包括 P2P 网络安全漏洞、网络分区以及隐私保护等问题。

（1）P2P 网络安全漏洞

P2P 网络的设计初衷是为对等网络环境中的节点提供一种分布式、自组织的连接模式，没有身份认证、数据验证等网络安全管理机制，允许节点自由接入或断开。P2P 网络也为恶意节点实施攻击创造了便利条件。攻击者可以随意发布非法内容，传播蠕虫、木马等病毒，甚至实施分布式拒绝服务攻击（DDoS）、路由攻击等。由于 P2P 网络采用不同于 C/S 网络的对等工作模式，传统的防火墙、入侵检测等技术无法进行针对性的防护。P2P 网络中的攻击行为普遍具有不易检测、传播迅速等特点，使得网络中的节点更易遭受攻击。另外，P2P 网络中节点也不是完全平等的。节点的权限会因加入网络的先后顺序而有所差异。越先加入网络的节点占据的资源越多，越有可能限制后加入节点享有的数据资源和操作权限。因此，在 P2P 网络上建立的区块链也会存在各节点享有资源和权限不均等的情况。由于轻节点仅保存区块链部分信息，当有需要时要请求访问相邻全节点的数据，容易受到全节点的限制。

（2）网络分区

区块链上共识算法的一致性建立在下层的 P2P 网络之上，目的是保证网络中的节点都能拥有或获取一份相同的区块链视图。一旦出现网络分区，不同分区的节点维护不同的区块链账本，直接破坏上层共识算法的一致性。在 P2P 网络中，轻节点依赖相邻全节点获取并更新区块链数据。这种通信传输方式很容易被攻击者利用，进而形成小范围的网络分区。节点的网络拓扑结构也会为攻击者寻找攻击目标实施攻击创造便利。攻击者可以采用主动式注入报文或者被动式监听路由间传输的数据包来监测网络拓扑结构，很容易获得目标节点的路由信息并控制其相邻节点，进而实施攻击。

日蚀攻击的攻击者可以扩大控制范围，通过控制与目标节点集合相邻的全节点将目标节点集合隔离，形成网络分区，进一步降低自私挖矿、双花支付等攻击的难度。

（3）隐私保护问题

数据层的隐私保护从交易的数据结构角度入手，使用密码组件，为区块链中用户与交易提供了基本的隐私保护，却无法避免交易以数据包的形式在网络传输过程中与用户 IP 地址之间的关联性。用户创建交易并将交易打包成 IP 数据包，经过网络路由传输至整个区块链网络。攻击者可以通过监听并追踪 IP 地址的方式推测出交易之间、交易与公钥地址之间的关系，破坏了区块链追求的隐私保护目标。

网络层的常用隐私保护技术包括匿名网络通信技术和以混淆思想为核心的混币协议。前者是传统网络技术的重要分支，适用范围更广；后者则限于基于区块链的数字币方案，主要目标是实现匿名支付。著名的洋葱网络 Tor 是比特币中应用最广泛的匿名通信技术，融合了洋葱代理、网络拓扑、加密等技术，防止攻击者通过监听、流量分析等手段追踪交易的用户身份，在一定程度上阻断了数据包与节点 IP 地址之间的关联性。混币协议是针对数字币匿名支付发展而来的匿名交易技术，具体指网络中的不同用户由中心节点组织或者自发地形成暂时的混币网络，以混淆交易的方式保证攻击者难以根据混币后的交易推测出真实交易双方的对应关系，保障用户实现匿名支付。

2.3.2.3 共识与激励机制攻击

共识层是区块链架构的核心，主要描述了区块链的共识算法，确保各节点在网络层提供的网络环境和通信模式中可以共享同一份有效的区块链视图。区块链的最大创新在于为共识层支持的共识算法提供了一种剔除可信第三方的可信数据共享机制，为上层应用提供了安全的账本支持。共识层致力于设计高安全性、高效率、低能耗的共识算法，根据采用的基础协议或技术的不同，可以划分为 5 大系列，包括 PoW、PoS、拜占庭容错协议、分片技术、可信硬件。这些基础协议既是组成区块链共识层的基本组件，也是保障共识算法一致性和活性的安全组件。

良好的共识算法和激励机制有助于提高区块链系统的性能效率、为之提供强有力的安全性保障、支持功能复杂的应用场景、促进区块链技术的拓展与延伸。区块链上的共识算法发展尚不完善，普遍存在各种攻击行为。

（1）双花攻击

双花攻击又被称为二次支付攻击或双重支付攻击。顾名思义，双花攻击是指攻击者企图重复花费自己账户所拥有的同一笔数字代币的攻击行为，是破坏共识算法一致性的典型攻击方式，也是数字币方案设计需要解决的首要安全性问题。由于不同的数字币方案中货币的表达方式不同，相应地，对双花攻击的形式化描述也不尽相同。在一般区块链中，双花攻击是指攻击者企图在区块链上记录一笔与现有区块链上的交易相违背的无效交易。常用的方法是产生一条更长的区块链分叉，使包含原交易的区块链被大多数矿工丢弃。

（2）51%攻击

在基于 PoW 的比特币中，矿工需要依赖算力竞争区块链的记账权。51%攻击则利用了比特币使用算力作为竞争条件，当攻击者拥有或控制 50%以上的算力时，可实现对比特币系统的控制。理论上比特币的安全性是基于恶意节点所占有的计算资源不超过全网 50%的假设。51%攻击打破了这一安全性假设。攻击者利用自己在算力上的绝对优势，可控制区块的产生、制造分叉，轻易地实施双花攻击、拒绝服务（Dos）攻击等恶意行为，破坏比特币的安全性和去中心化。51%攻击也指在 PoS 区块链中拥有超过 50%的权益的优势攻击者可对 PoS 区块链实施控制。

目前比特币全网哈希算力约为 29.9EH/s，难度约为 3.84T。对普通的个人矿工来说，用普通的平均算力为 12TH/s 的挖矿硬件控制比特币网络，需要购买 250 万台硬件，硬件成本在 9 亿美元以上，其中还不包括消耗的电力成本和维护费用等。因此，对个人来说，51%攻击几乎无法实现。但是对于一个国家或者全球规模的大矿池而言，并非不可能完成。根据 2018 年 3 月全球各大矿池的算力分布，排名前三的 BT 矿池、蚂蚁矿池和 Slush 矿池的算力总和是 52.3%，超过了比特币的安全性假设的算力上限。若多家矿池联合对比特币实施 51%攻击，将直接冲击比特币的安全性。

（3）女巫攻击

大规模点对点系统常面临节点失效和主动攻击的威胁，往往引入节点冗余来提升安全性。然而，在开放式网络环境中，单一的节点实体可以无限制地创建多个身份，生成多个无实际意义的抽象节点，那么这个节点实体就可以提升自己对系统的控制能力，系统的安全性将受到严重威胁。这一类通过伪造多重身份来破坏系统安全性的攻击行为被称为女巫攻击。

女巫攻击存在于传统的拜占庭容错协议中。虽然 PBFT 等拜占庭容错协议已被用于小规模服务器间的复制服务，但是要求在协议执行前预先确定参与协议的服务器分组，不支持节点自由加入。多数拜占庭容错协议要求至少 2/3 服务器是诚实的。若系统允许自由加入，攻击者可以实施女巫攻击，可创建若干身份，打破协议的容错比例上限，系统的安全性将遭到破坏。

由于 PoW 和 PoS 要求矿工消耗大量的计算代价或者占有权益来竞争维护账本，因此单纯创建无意义的钱包地址不会提高攻击者占有的算力或权益比例，不会影响系统的安全性。目前许多基于拜占庭容错协议的去中心化区块链方案都引入 PoW、PoS 等抗女巫攻击的共识算法。如 Bitcoin-NG、Elastico 等基于 PoW 的区块链方案和 Proof of Burn、Proof-oPerso-nood 等基于 PoS 的区块方案均可以防止女巫攻击。

（4）长程攻击

长程攻击是 PoS 中潜在的攻击行为，又被称为复写历史攻击，利用 PoS 中矿工生成区块需要付出的代价很低甚至零成本的特点，攻击者有可能从创世块开始产生一条完全不同的区块链分叉，并企图通过最长有效链选择策略替换原区块链，即为长程攻击。即使持续在线的节点可以清楚地分辨出合法的主链和长程攻击产生的恶意区块链分叉，长程攻击仍然可以扰乱新加入网络的节点或者长久离线的节点的区块链视图。

长程攻击、双花攻击和 51％攻击都要产生一条区块链分叉替换原主链的账本历史。不同的是，长程攻击需要从创世块开始生成区块，同时不需要攻击者具备多数算力或权益。拥有小部分权益的攻击者在实施攻击初期会需要很长的时间来生成区块。一旦攻击者产生了若干连续的区块，那么他可以通过控制自己产生的区块增加自己在后续记账权竞争时的概率，降低后续区块生成的难度，很容易产生一条完整的区块链分叉。长程攻击极大地降低了双花攻击的难度。攻击者不需要付出很高的算力成本就有可能私下生成一条很长的区块链，包含一笔将代币转移到某个地址的交易。之后，该节点在公开网络中将这笔代币转移到某个商家地址，获得相应的商品或服务。最后，该节点广播提前准备好区块链分叉，将支付过的代币赎回，成功实施双花攻击。

仅依赖账户余额作为权益的单纯 PoS 区块链系统更易受到长程攻击，且不易预防和检测。防止长程攻击的方法有设置代币锁定期和检查点两种。代币锁定期机制指参与 PoS 出块的节点必须抵押自己的代币，并且在一段时间内不能支付。检查点机制是通过半中心化的方式将某段时间内达成共识的区块的哈希值硬编码进源代码中，不可再对该节点产生分叉。

（5）日蚀攻击

日蚀攻击是指攻击者利用节点间的拓扑关系实现网络隔离，进而破坏共识一致性的典型攻击行为。攻击者通过网络拓扑控制目标节点的数据传入和传出节点，限制目标节点与外界的数据交互，甚至将目标节点与区块链主网络隔离，使目标节点仅能接收到攻击者传输的消息，导致目标节点保存的区块链视图与主网区块链视图不一致，破坏局部的一致性。

公开的网络使得攻击者有机会加入并实施日蚀攻击。比特币运行在 P2P 网络中，节点身份由 IP 地址确定。每个节点使用一个随机协议来选择 8 个节点，形成长期的传出连接，并在网络中传输和存储其他节点的地址。具有公共 IP 地址的节点接收多达 117 个来自任意 IP 地址的未经请求的传入连接。每个节点用尝试表和新表传入、传出节点记录。其中，尝试表用于记录节点已成功建立的传入、传出连接；新表记录节点尚未启动成功连接的节点，用从 DNS 种子机或从 addr 消息中学习到的信息来填充。节点通过与传入和传出节点交换区块链视图来维护本地区块链数据。在日蚀攻击中，攻击者利用网络拓扑结构垄断目标节点的所有传入与传出连接，将受害者与网络中的其他节点隔离开来。

除了破坏比特币网络、过滤目标受害者的区块链视图以外，日蚀攻击还可以作为其他攻击的基础。当网络出现阶段性区块链分叉竞赛时，攻击者利用日蚀攻击迫使目标受害者将计算资源浪费在陈旧或无效的区块链上。日蚀攻击还可以实现算力的分离，降低网络中的有效算力，降低自私挖矿攻击和双花攻击的难度。

矿工、用户客户端或钱包可以通过修改比特币的网络代码，以降低遭受网络攻击的风险。通常建议采用两种对策：①禁止新的传入连接；②设置连接白名单，选择连接特定的对等节点或已知的矿工的传出连接。这两种策略也会带来新的问题。禁止新的传入连接会使新节点无法加入网络；设置连接白名单会使算力集中，破坏去中心化。

（6）自私挖矿攻击

在理想情况下，PoW 的区块链中节点能够获得的区块奖励期望与它所拥有的计算资源成正比。而在实际比特币区块生成中，一些节点可能会在自己成功完成 PoW 产生区块后，有策略地广播自己的区块，以获得高于自己所拥有的计算资源比例的奖励收益，即实施自私挖矿攻击。自私挖矿攻击是 Eyal 等人于 2013 年提出的一种针对 PoW 激励策略的攻击行为，不易检测和预防。理论上，无中心的 PoW、PoS 区块链都可能遭到自私挖矿攻击，对共识算法的安全性和激励机制的公平性造成严重威胁。

自私挖矿包含多种挖矿策略，最典型的是当某 PoW 区块链矿工成功生成一个区块后不立即广播，而是在这个新区块后继续挖矿。当监测到网络中产生一个新区块时，自私挖矿节点才公开自己已经填充好的区块，形成区块链分叉竞赛。如果自私挖矿节点可以抢先产生两个连续的区块，不仅可以成功获得区块奖励，还能消耗掉另一个区块所包含的工作量。即使自私挖矿节点没能成功产生连续的两个区块，仍然可以形成分叉，将网络算力进行分离，降低网络中的有效算力。Eyal 等人的研究表明，当网络中的节点随机选择区块链分叉进行拓展时，拥有 1/3 比例算力的自私挖矿节点即可获得 1/2 区块奖励期望，直接破坏激励机制的公平性，对 PoW 的安全性假设造成威胁，也影响区块链的可扩展性，降低了区块链的效率。

（7）Nothing at Stake 攻击

由于 PoS 系统产生区块不依赖计算资源，成本低，因此节点很可能在多个区块链分叉后继续产生区块。Nothing at Stake 攻击是针对 PoS 激励机制的一种攻击，攻击者利用很少的计算量同时在多个区块链后面生成区块，影响共识算法的一致性。当出现区块链分叉时，为了利益最大化，矿工的最佳策略是在两个区块链分叉后均进行挖矿。这就使得发起区块链分叉的恶意攻击极容易成功，增加了区块链分叉和双重支付的概率。

由于攻击者实施 Nothing at Stake 攻击会在同一个区块链高度上产生多个区块的节点，因此，可以检测这种攻击行为。PoS 区块链系统可以通过设计惩罚机制惩罚 Nothing at Stake 攻击者，可以对在同一个区块链高度上产生多个区块的节点进行罚款，也可以对较短的或者错误分叉上的区块生成者进行罚款。另一种防止 Nothing at Stake 攻击的方法是引入 BFT 协议实现 PoS 机制。在 BFT 协议中，节点需要对支持的分叉进行签名投票，对不同分叉的签名会被视为无效。BFT 协议的引入限制了攻击者的行为，可有效防止 PoS 区块链中的 Nothing at Stake 攻击。

（8）扣块攻击

扣块攻击是一种存在于矿池之间的攻击行为，发出攻击的矿池委派部分矿工加入目标矿池，分得受害矿池的奖励，以求矿池整体获得更高的奖励。扣块攻击涉及矿池内部的奖励分配问题。大多数矿池都有一个矿池组织者，负责产生任务。矿工负责执行工作量证明完成任务。一旦矿工找到一个满足工作量证明的解，就发送给组织者，再由组织者生成区块并广播。之后，组织者根据各矿工的算力比例来分配奖励。组织者降低挖矿难度，通过统计矿工寻找的满足较低难度工作量证明部分解的数量来衡量矿工的算力。每找到一个部分解，记为一个份额。若矿工找到的部分解满足工作量证明的实际难度，就把这种类型的解标为全解，仅当某个矿工找到了全解，组织者才能打包并广播区块，矿池才能获得奖励。

扣块攻击对采用 PPS 模式、PPLNS 模式和 PROP 奖励分配方式的目标矿池的攻击效果明显。攻击者可以利用受害矿池的奖励分配策略来实施扣块攻击。加入受害矿池的矿工会诚实地执行组织者分配的任务。但是，他们仅反馈部分解，获得相应的份额，若找到一个有效的全解，则丢弃。扣块攻击的本质就是在不为受害矿池提供任何有效贡献的同时，分割受害矿池的奖励，使自己获得更高的奖励收益。

2.3.2.4 智能合约安全问题

合约层的核心是智能合约，包含智能合约代码和相关数据集，部署在区块链上，是可按照预设合约条款自动执行的计算机程序。智能合约最早由 NickSzabo 提出，后经以太坊重新定义，并建立完整的开发架构。围绕智能合约，合约层还包括智能合约的运行机制、编写语言、沙盒环境和测试网络。运行机制描述了智能合约的执行方式。编写语言包括以太坊平台提供的 Solidity、Serpent，LLL 等图灵完备编写语言和 Fabric 项目提供的 Go、Java 等高级编写语言。沙盒环境是一种新型的恶意代码检测和防治网络安全技术，为用户提供一种相对安全的虚拟运算环境。EVM 为智能合约提供沙盒环境。此外，为了保证智能合约的安全性，用户编写智能合约后还需要在测试网络上进行测试。

（1）比特币的合约层安全

比特币设计了一种简单的、基于堆栈的、从左向右处理的脚本语言作为其合约语言。一个比特币脚本本质上是附着在交易上的一组指令的列表。这些指令包括入栈操作、堆栈操作、有条件的流程控制操作、字符串接操作、二进制算术和条件、数值操作加密和散列操作、非操作（0xB0…0xB9）以及一些仅供内部使用的保留关键字等。通过这些指令，可以实现两类比特币交易的验证脚本，即锁定脚本和解锁脚本。二者的不同组合可在比特币交易中衍生出无限数量的控制条件。其中，锁定脚本是附着在交易输出值上的"障碍"，规定以后花费这笔交易输出的条件；解锁脚本则是满足被锁定脚本在一个输出上设定的花费条件的脚本，同时它将允许被消费。

举例来说，大多数比特币交易是采用接收者的公钥加密和私钥解密方法，因而其对应的 P2PKH 标准交易脚本中的锁定脚本是使用接收者的公钥实现阻止输出功能，而使用私钥对应的数字签名来加以解锁。此外，在比特币改进协议 BIP♯16 中，还定义了一种新的交易——P2SH，可以通过定制比特币脚本实现更灵活的交易控制。例如，通过规定某个时间段（如一周）作为解锁条件，可以实现延时支付；通过规定接收者和担保人必须共同私钥签名才能支配一笔比特币，可以实现担保交易；通过设计一种可根据外部信息源核查某概率事件是否发生的规则并作为解锁脚本附着在一定数量的比特币交易上，即可实现预测市场等类型的应用；通过设定 N 个私钥集合中至少提供 M 个私钥才可解锁，可实现 M-N 型多重签名，即 N 个潜在接收者中至少有 M 个同意签名才可实现支付，多重签名可广泛应用于公司决策、财务监督、中介担保甚至遗产分配等场景。

但是，这些脚本指令完全针对比特币交易的场景而设计，其功能严格受限：只有交易，没有消息和状态；没有循环；不保存任何数据；不能得到交易和区块链信息；封闭运行，运行时不能从外部获得数据作为输入；没有调用接口。由于脚本语言极其简单，比特币系统没有针对脚本的运行环境做隔离，而是让脚本模块和其他模块运行在相同的环境中。同时，比特币合约脚本本身，也作为一段数据，附着在比特币交易记录中，由整个区块链确保其可靠和可信。

综合来看，比特币脚本系统是非图灵完备的，其中不存在复杂循环和流控制，这在损失一定灵活性的同时能够极大地降低复杂性和不确定性，并能够避免因无限循环等逻辑炸弹而造成拒绝服务等类型的安全性攻击，其逻辑上更加可控，因而也更安全。

（2）以太坊的合约层安全

以太坊是第一个实现真正意义上智能合约的区块链系统。如果说比特币是利用区块链技术的专用计算器，那么以太坊就是利用区块链技术的通用计算机。以太坊设计了多种支持图灵完备的高级脚本语言，允许开发者在上面开发任意应用，实现任意智能合约。

Serpent、Solidity、Mutan 和 LLL 等几种高级语言可编译为统一的 EVM 字节码。其运行环境为以太坊虚拟机。然而，以太坊作为一个在大范围内复制、共享账本的图灵完备状态机，能让世界上任何能购买以太币的人上传代码，然后网络中的每一个参与者都必须在自己本地的机器上运行这段代码，这确实是会带来一些明显的与安全性相关的忧虑。其他的一些平台也提供类似的功能，包括 Flash 和 JavaScript 等，它们经常碰到"堆与缓冲区溢出攻击""沙盒逃逸攻击"以及大量其他的漏洞，攻击者可以做任何事情，甚至包括控制整台计算机。除此之外，还会有拒绝服务攻击强迫虚拟机去执行无限循环的代码。

由于以太坊智能合约图灵完备性而带来的系统复杂性，导致其需要面对安全性问题的挑战巨大。以太坊引入了多种安全技术来解决一系列的安全问题，实现了一个相对安全、可控的运行环境，并设计了 gas 机制来有效防范无限循环攻击。此外，以太坊针对合约脚本安全性问题，采取了多种措施：首先，引入人工审计和标准化工作来防范程序员作恶；其次，引入一种强类型要求的编程语言来防范程序员出错；最后，还将引入形式化验证技术实现自动化审计，提高安全审计效率和效果。但从"The DaO"事件以及后来因受到 DDoS 攻击而被迫多次硬分叉的情况来看，要确保以太坊合约层的安全性还任重而道远。

（3）超级账本 Fabric 的合约层安全

超级账本是 Linux 基金会旗下的开源区块链项目，而 Fabric 子项目是其中影响最大的许可型区块链的通用底层基础框架。在 Fabric 中，其智能合约被称为链码，实质是在验证节点上运行的分布式脚本程序，用以自动执行特定的业务规则，最终更新账本的状态。

Fabric 的智能合约分 3 种类型：公开合约、保密合约和访问控制合约。公开合约可供任何一个成员调用，保密合约只能由验证成员发起，访问控制合约允许某些经过批准的成员调用。

Fabric 的智能合约服务为合约代码提供安全的运行环境以及进行合约的生命周期管理。具体来说，可以采用虚拟机或容器等技术，构造安全、隔离的运行环境。目前的 Fabric 版本，主要依托 Docker 容器技术进行隔离，构造出相对安全的运行环境。

Fabric 的智能合约语言直接采用已被广泛使用、具有图灵完备性的高级编程语言，如 Go 和 Java 等，而没有重新定义新的语言，也没有采用额外的安全机制。但考虑其作为一个许可型区块链，每个合约提交者身份都是经过身份验证和互相了解的，其安全性问题较小。

2.3.2.5　应用层攻击与监管

区块链在金融、供应链、能源等多领域具有广泛的应用场景。虽然在不同的应用场景下，应用层需要反映不同的区块链的业务功能，在设计上略显差异。但是，应用层作为直接与用户交互的区块链层级，在架构设计上还具有一定的共同点。一般地，应用层需要具备 API 接口、跨链异构和监管技术。从当前区块链应用发展来看，应用层设计面临跨链操作难、监管技术缺失和应用层攻击等其他安全问题。

（1）跨链操作难

异构区块链应用数量众多，亟需跨链技术将它们连接起来，构建互联、互通、互信的区块链应用网络。去中心化的区块链无法像传统网络系统通过中心节点实现互通。如何在去中心化区块链平台间实现连接、处理异构区块链互操作、解决跨链操作的原子性问题是跨链技术面临的最大挑战。

区块链研发人员意识到跨链技术的重要性，先后提出公证机制、侧链或中继网络、哈希时间锁合约（HTLC）和分布式私钥控制等技术实现异构区块链互联。

1）公证机制

由中间节点通过资金托管的方式保证不同区块链用户之间的安全支付。2015 年，Ripple 提出 Interledger 协议，通过一个或多个第三方连接器账户进行资金托管，形成跨链交易路径，可以保证两个异构区块链之间的代币兑换。

2）侧链或中继网络

将侧链或中继区块链作为异构区块链间的中介网络，典型代表是 Cosmos 和 Polkadot 项目。Cosmos 是 Tendermint 团队开发的区块链互联网络，通过主干网上的中继器将异构区块链子网络进行互联，从而实现不同数字资产之间的兑换，是价值互联网的代表。Polkadot 利用中继区块链网络实现了以太坊与其他区块链之间的跨链通信，不仅支持代币兑换，也尝试构建通用的跨链通信技术。

3）哈希时间锁合约

要求只有在规定时间内给出正确的哈希值原像的节点才可以使用这笔被锁定的代币。在闪电网络中，若两个节点之间没有建立通道，可以通过哈希时间锁进行安全交易。

4）分布式私钥控制

通过密码学中的安全多方计算或者门限密钥共享等方式实现对账户资产的锁定和解锁。

目前，跨链技术的发展还处于初级阶段，需要大量理论研究和实验测试支撑。在跨链技术研究中还多限于金融领域的代币兑换和跨境支付，要实现异构区块链通信还有待进一步研究。

（2）监管技术缺失

比特币和以太坊先后出现的暗网交易、勒索病毒、数字资产被盗等安全事件引起了社会各界对区块链平台监管机制缺失问题的广泛讨论。监管技术的核心目标是对于非法行为的检测、追踪和追责，从而保证区块链平台的内容安全。然而，区块链去中心化、不可篡改、匿名等特点，为监管机制的设置增加了难度。

比特币作为目前最成熟、市场占有率最高的区块链数字币应用，自然而然成为监管技术研究的主要对象。部分研究提出通过政府设立专门的执法机构或者数字币交易平台等第三方，对比特币地址进行追踪，对非法交易进行定位。另一个研究方向是放弃比特币的匿名性以降低实施监管的难度，或者牺牲去中心化特点，构造多中心的替代方案，各中心具有不同的监管权限，共同实现对区块链的监管。这些监管方案或多或少都牺牲了区块链的优势特点，方案的可行性还有待评估。一些第三方企业和科研机构也专注设计区块链监管技术，为政府执法机关提供比特币网络犯罪监控支持。美国和加拿大部分公司专门从事区块链监管技术的研发。桑迪亚国家实验室也为政府监管提供基础支持，开发了比特币去匿名化工具。

虽然已经开发出一些比特币去匿名化工具，但是现有的研究成果很难从根本上对比特币上出现的违法犯罪行为进行有效的防范、分析和追责。与跨链技术研究现状相似，比特币上现有的监管技术不一定适用于其他区块链应用平台，监管技术在一段时间内将成为区块链应用发展需要突破的关键技术。

（3）其他安全问题

理想情况下，用户可以直接通过区块链应用层提供的功能接口来调用相应的区块链服务。然而，就目前区块链应用发展来看，多数应用服务还需要依赖第三方中介平台和区块链服务供应商来提供。这就为攻击者从上层应用进行攻击创造了条件。例如，用户使用比特币钱包供应商提供的密钥管理服务时，面临后门攻击和密钥泄露的风险。在应用层开发过程中同样存在代码漏洞，尤其在第三方平台介入的应用场景下，更容易出现越权漏洞风险。钓鱼攻击、中间人攻击、木马劫持等传统网络攻击手段也会对上层区块链应用构成威胁。另外，在有多方参与的区块链应用中，攻击者可以在个人权限范围内控制应用软件或硬件，实施MATE攻击，违反应用层协议规定或行业规范，恶意泄露或篡改用户信息，破坏数据的保密性与完整性。在应用层的设计上还需要充分考虑组织管理上的人员安全，增强应用层的软件保护。

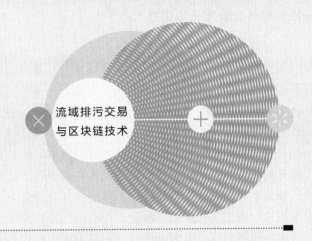

流域排污交易
与区块链技术

第**3**章

流域排污权交易研究

3.1 背景概述

3.1.1 排污权交易的意义

　　排污权交易制度最早由美国经济学家 Crocker 和 Dales 提出，其主要内涵是政府代表社会公众和环境资源的拥有者，将总量限制下的排污权有偿或无偿分配给污染者，污染者可以从政府购买该权利，也可以从拥有该权利的污染者那里购买，污染者之间可以互相出售或转让这种权利。从理论根源来看，排污权交易以外部性理论、交易成本理论和环境资源产权理论等为基础，是科学理论在生态环境保护方面的应用体现，即在交易成本为零或足够小以及交易自由的情况下，环境资源可以通过市场机制得到有效配置。

　　流域排污权交易旨在推动当地的环境保护进程，其中包括采取多种技术手段，如建立环境监测网络、预警机制、数据库、数据分析机构等，从而达到改善当地环境的目的。美国《清洁水法》于 1972 年发表，它旨在采取有效的措施来阻止和减少环境污染，其中最重要的就是采取有效的交易模式，即将废物的排放权转移给市场，同时严格执行相关的交易规范，从而高效地抑制和减小全球性的污染。尽管在立法层面存在多重障碍，但目前，大多数的源废物仍在受到严厉的监督。由于采取了有效的污染防治技术，面源污染及其他废水的排放量在不断减小，从而减小了它们给水域带来的负面影响。尽管采取的法律手段能够起到一定的作用，但仍然无法完全抑制非点源污染的发生，相比之下，采取点源污染的抑制手段所承担的费用也会大大增加，违背了边际效益递减的规律。此外，缺乏一个完善的机制，比如一个公平、公开的市场机制，从而导致水资源的管理变得过度费用化。

　　控制水污染是一项艰巨的任务，因为自然界的水体具有多种用途，从饮用到商业、住宅、工业、农业、环境、资源、能源等多个方面，都可能对水体环境造成严重的污染。因此，要控制水污染，必须采取有效的措施，以保护我们的自然环境。鉴于水污染的局部性特征和水体的多样性，确定一个能够满足所有水体需求的最佳水质标准几乎是不可能的任务。然而，以庇古税为基础的命令控制手段，只关注于维持水质的合理性，而忽略了采取更加经济可行的措施，从而导致污染治理的成本大幅提升。由于环境法规政策的执行力度不够，许多污染源仍然存在，甚至被转移到其他地区，这表明，环境污染的状况仍然存在，而且这种状况还没有得到有效的改善。

从经济学的视角来看，强制推行水质标准的命令控制手段效果并不理想，而且也没有提供经济可行的方案。目前，出现了允许对污染物排放权进行交易并遵循一定的交易规则以防止出现局部污染的情况，并由此实现总量控制的机制，特别是美国近年来各种水质交易项目的经验表明，水质交易政策能够为水污染的管制提供更为有效且经济可行的解决方案。但是，与二氧化硫领域内排污交易项目的繁荣和成功经验相比，水质交易项目的交易活跃度和治理效果并不理想。另外，水质交易项目也不能直接借鉴二氧化硫领域内排污交易项目的运作模式，因为水体与空气具有不同的特性，而且与空气污染相比，水体污染的局部性特征更为明显。在二氧化碳、二氧化硫等空气污染物减少排放的管制过程中，排污交易这种基于市场的机制被普遍接受和推广。正如各种媒体所报道的，二氧化碳、二氧化硫项目以更经济可行的方案提高了人们在减少污染排放方面的积极性，这比一刀切的命令控制手段更容易被人接受，也实现了很好的效果。水质管理领域内能否重现这样的局面，显然，还需要更多人去实践、探索和发现。

3.1.2 流域水污染概况

随着经济的高速增长，工业、农业和生活活动对地表水环境造成了影响。此外，由于产业分布不均、用水效率低下，导致水资源的浪费情况严重。个别流域水资源开发利用率高，不仅对地表水环境产生影响，也直接影响到地下水环境。

2001年，由于污染严重，全国7个主要河流的752个重要河段的Ⅰ～Ⅲ类、Ⅳ类、Ⅴ类及劣Ⅴ类水的污染比率分别达到了29.5%、17.7%、52.8%，这表明当前的水资源状况令人担忧。截至2011年，我国的地表水状况整体较好，国家检测的469个断面水体中，Ⅰ～Ⅲ类、Ⅳ类、Ⅴ类及劣Ⅴ类的比率分别达到61.0%、25.3%、13.7%，这说明我们的水资源状况已经得到显著改善，并且正在持续改善。2016年，各国家级评估断面水质中，Ⅰ类的占比为2.4%，Ⅱ类的占比为37.5%，Ⅲ类的占比为27.9%，Ⅳ类的占比为16.8%，Ⅴ类的占比为6.9%，而劣Ⅴ类的占比为8.6%。从"九五"时期起，我们的政府一直在努力改善和优化重要的河道，"十一五"时期，更是加强了对污染物的控制，并在水环境保护方面取得了显著的成果。根据《第二次全国污染源普查公报》（2020年），各种水质指标的总量显著减少，其中化学需氧量的减少量达到46%，这一结果显示出我国近年来在污染控制方面的努力和投入是显著的。在各大产业中，有44.85%产生了有害的化学物质，根据产生总量依次是农产品加工、生化原材料及产成品的生产、纺织。这3个产业在有害物质产生总量方面位列前3名。在全球范围内，有3个产业产生的氨氮总量最高，它们是化工原材料和化工成品的生产、食物的生产、纺织业。3个产业氨氮总产生量占工业源氨氮排放量的46.29%。在全球范围内，3个最重要的产业分别是化工原材料和化工成品制造业、农副食品加工业、食物制造商。这3个产业的总氮排放量达到了所有行业总氮排放量的49.52%，其中，化工原材料和化工成品制造业、农副食品加工业均达到了948.79万吨，食物制造商则达到了806.89万吨。经过统计发现，在所有的工业活动中，石油污染物的排放量最高，达到了55.61%。在这些活动中，汽车制造业的污染物排放量达到了1295.99吨，金属制品业的污染物排放量达到了731.69吨。总的来说，40.85%的工业污染物来自石油。其中，最严重的污染物是重金属，有32.17吨来自有色金属矿山开发，32.17吨来自金属制造，26.06吨来自有色金属冶炼与压延加工。总的来说，这些污染物在工业污染中所占的比例高达 46.76%。从以上数据可知，政府部门对水生态环境改善起到了积极的主导作用，但如何进一步提升水生态环境质量，提供人民宜居的生活环境，成为新时代生态文明建设的主要工作之一。

2015 年"水十条"的发布和执行，旨在于 2020 年之前，使我国的水环境质量取得显著的提升，京津冀、长三角、珠三角地区的水生态环境出现明显的变化，中国的水资源更加充沛，并且水生态系统的功能逐渐恢复。在之后的几十年中，"水十条"的目标会逐步推动，使我们的生态环境得到彻底的改善，并且能够形成健康的生态系统。这将彻底颠覆传统的依靠水污染控制来维护环境的方式，并且具备较高的科学性与可行性。因此，加快建设全国统一的流域排污权交易平台，对全面提升水生态环境，建立良好的经济和生态环境可持续发展周期尤其重要。

流域水污染主要有两种来源，即点源污染和非点源污染。点源污染是指有固定排放点的污染源，多为工业废水及城市生活污水，由排放口集中汇入江河湖泊和海洋等地表水体。非点源污染是相对点源污染而言的，指溶解的和固体的污染物从非特定的地点，在降水（或融雪）等冲刷作用下，通过径流过程而汇入受纳水体（包括河流、湖泊、水库和海湾等）并引起水体的富营养化或其他形式的污染。国内有的文献或媒体中又称非点源污染为面源污染，通常在比较正式的、学术性较强的文献中多称之为非点源污染。如农业生产施用的化肥，经雨水冲刷流入水体而造成农业非点源污染；再如城市交通中，汽车尾气排放出的颗粒物等物质，随降雨或融雪进入地面径流，再经城市排水系统进入河流，造成水体污染。非点源污染是导致水质下降的主要原因。近年来，非点源污染问题变得越来越突出，特别是生物需氧量和营养物质。调查发现，现有的水生态环境质量受到非点源污染的影响占比逐年增高。其中，造成河流、径流、湖泊和池塘水生态环境质量影响的污染源的报道中最多的是农业面源污染影响。

水污染物的存在会导致水的品质下降，污染物包括无机、有机和放射性元素，它们的含量超过水的自然平衡后，会导致水的物理性质、化学性质和水中生物结构的改变。水污染物的类型非常丰富，包括物理污染物、化学污染物和生物污染物。物理污染物可以使水体发生显著的变化，如颜色、浊度、温度、悬浮物浓度或者放射性物质的浓度；化学污染物可以对水体造成潜在的危害，如酸、碱、无机盐、多种重金属产物、氰化物、氟化物、苯酚化工产物、多环芳烃、清洗剂；生物污染物包括细胞、病毒、原始哺乳动物、寄生虫体、藻类等。在环境保护方面，我们应该重视各种因素，包括病菌、动植物的生长所产生的废物、污染的气溶胶、危险的气象条件、污染的气态元素和热量等。

从污染成因划分，污染可以分为自然污染和人为污染。自然污染是指由于特殊的地质或自然条件，一些化学元素大量富集，或天然植物腐烂过程中产生了某些有毒物质或生物病原体进入水体，从而造成的污染。人为污染是指由于人类活动（包括生产性的和生活性的）引起地表水水体污染。从污染的性质划分，污染可分为物理性污染、化学性污染和生物性污染。物理性污染是指水的浑浊度、温度和水的颜色发生改变，水面的漂浮油膜、泡沫以及水中含有的放射性物质增加等；化学性污染包括有机化合物和无机化合物的污染，如水中溶解氧减少，溶解盐类增加，水的硬度变大，酸碱度发生变化或水中含有某种有毒化学物质等；生物性污染是指水体中进入了细菌和污水微生物等。

实际上，水体的状况可能会因多种因素的共存而变得复杂多样，这些因素之间会产生复杂的交叉反应，从而导致水体中的分解、化学反应和微量元素的积累。由于政府加大了对于工业、城市和居民的环境保护措施力度，并且对于环境质量的监测和评估也更加严格，这使得环境问题变得更加严峻。《第二次全国污染源普查公报》指出，政府正在大幅度改变产业结构，并且加大了对于重点行业的投资。2007年，我国各类工业的生产总值大幅度攀升，其中包括造纸、钢铁、水泥等，分别达到61%、50%、71%，但同期，以下行业的生产总值却有所下降，其中，仅仅是造纸、钢铁、水泥三大类工业的生产总值就分别有113%、202%、170%的下降。2007年以来，各个重点产业的化学需氧量、二氧化硫、氮氧化物的排放量均有显著的改善，其中，造纸行业的化学需氧量下降了84%，二氧化硫的下降率为54%，氮氧化物的降低率则为23%。我国主要工业点源单位产品的排污量在大幅下降。2017年，农业活动对水污染的贡献率最高，达到了49.8%，其次是畜禽养殖业，最后是种植业，这几类活动的氨氮、总氮和总磷的排放量分别占到了89.7%、93.0%和92.4%。因此，未来水环境污染防治的重点将逐渐转向农业污染特别是种植业和畜禽养殖业的污染控制。

3.1.3　排污权交易意义

通过排污权交易市场化，给予市场更多的自主权，充分发挥排污权交易制度的市场化属性，使排污权这项基于市场的环境规制手段更好地实施，为排污权交易主体提供良好的市场交易平台，让市场引导交易，从而引导排污权交易制度更好地发挥政策效果，引导减污增效效应。排污权交易制度对绿色创新也有较强的激励效应，可激发企业更多的研发投入，对产值的增加、污染减排都会产生正面影响。排污权交易可提升能源利用效率，实现降低能耗和提高能源效率等可持续发展目标。其中，在污染减排方面，有学者指出排污权交易制度能够明显抑制企业污染，从而实现环境效益。尤其是在重污染行业、重污染地区更为明显。在能源利用效率方面，有学者指出排污权交易制度对省级能源利用效率具有积极作用，中国碳排放交易试点推动了碳排放强度的显著下降，试点省份的碳排放量年均下降约0.026吨每万元。因此，排污权交易制度能够减少能源大量浪费，提升能源利用效率。通过实施排污权交易制度，可以有效改善当前中国经济蓬勃发展所带来的污染问题，同时也有助于推动低碳经济蓬勃发展，进而促进可持续发展。此外，这种制度还可以有效减少单位地域内的能量消费，并且可以极大地改善绿色全要素能源的使用，以此促进可持续发展。排污权交易制度可以显著提升市场经济的效率，但它也会带来一些负面影响，比如污染物排放的总量、废物的类别、污染的程度变化等。我们必须正视这种复杂的相互影响，不能仅仅停留于一种推动或阻碍的线性模式。排污权交易制度可通过减弱对能源的过度依赖，促进经济增长。

美国早在20世纪80年代就开始了针对农业面源污染的研究，并且采取了一系列措施，以减少污染的总体成本，并鼓励农民通过排污权交易来获得更多的收益。这些措施旨在改善农业面源污染的状况，同时也有助于保护环境。始于1995年的美国加利福尼亚州的牧场牧民交易项目是第一个面源对面源类型的交易项目，位于圣华金河西侧的农业区域土壤中含有高浓度的硒，硒溶解在灌溉用水中，流入圣华金河。草原区域的农户在美国环境保护署的资金支持下，开发了允许参与区域通过交易来满足特定区域硒限制的一个交易项目。

该项目依据排放容量设定圣华金河的硒排放总量，将区域硒负荷的总量分配给项目中的各个灌溉区，通过灌溉区之间的交易控制排进圣华金河的硒总量。除 1998 年因雨水较多外，圣华金河的硒负荷每年都在稳定减少。该项目产生了 39 个交易并且达到水质目标，其成本低于支付惩罚的费用。美国长岛海峡流域的水质交易项目已被公认为一个成功的案例，它旨在解决长岛湾的水缺氧问题，并且吸引了各个来源的污染物，节省了大约 2 亿美元的治理费用。

从 2009 年起，中国长三角和辽宁大连的部分河流，如太湖、嘉兴，都采取了排污权交易的措施，以此改变环境污染现状。耿春建教授和其他学者们深入探讨，他们认为这种模式能够更好地帮助排污者，将废物的排放权转移给政府，进而更好地控制污染物的排放量，更加环保。通过合理的分布和管理，可以更好地维持和提高环境质量。沈满洪的研究显示，水污染权交易可以有效降低污染控制成本，提升污染减排、污染监控能力以及执行能力、环境管理能力。在我国的许多试点城市，排污权交易已经取得了成功的实践。

排污权交易可以帮助我们更加合理地配置水资源，从而实现水环境容量的最佳利用。它不仅可以减轻经济增长与环境污染的冲突，还可以激励企业更加努力地改善环境，降低污染排放的成本，从而提高环境质量，促进可持续的发展。

流域排污权交易建立在排污许可证制度基础之上，通过调控各方因素从而实现最小成本的减排目标。通过对流域尺度的研究，我们可以更好地了解如何通过改变相关的政策、技术、经济等因素，有效地实施治理措施，以及如何有效地实施监督与考核，以便更好地维护当地的生态平衡。行之有效的排污权交易可以促进地区经济发展，提高区域产业竞争力。可以说新增企业获取排污许可证制度的难易程度对区域经济竞争力会产生直接影响。新增企业获取排污许可证越困难，说明新增企业越受限制，更会阻碍其发展动力，势必会降低区域的经济吸引力，也不利于区域的产业持续发展。

污染控制权的实施需要考虑很多因素，例如政策、技术、市场、监管机构、环境保护目的。政策的实施需要考虑政府的政策、市场的监管机制、环境保护目的、污染控制措施的实施情况。随着排放浓度的提升和排放总量的降低，政府的监管力度也会加大，这将给我国的经济发展、产业布局和科学研究带来重大的变化。为了更好地控制污染，政府需要采用有利于环境保护的技术，以确保环境的持续改善。这些技术的选用要综合考虑其成本和效率，以确保达到最终的环境保护目的。

3.2 国内外研究进展

3.2.1 美国的水质管理政策

在美国，1969 年发生的俄亥俄州凯霍加河火灾引起人们对水质问题的广泛关注。凯霍加河火灾事实上促进了环保运动的高涨。1972 年，美国国会颁布《清洁水法》，旨在采取行动来遏制全国的水污染问题。《清洁水法》明确规定，1983 年 7 月 1 日，必须达成水体清洁、可供垂钓和游泳的状态，而 1985 年前，必须彻底清理掉任何可能影响航行安全的污染源。此后十年，美国的联邦法律与政策不断加以完善，以达成其各项环境保护目标。表 3-1 概括性地展示出美国联邦法律对于解决水污染问题的重大作用。

表 3-1　美国联邦水污染控制法

名称和颁布的时间	主要条款
垃圾法，1899	目标：保护航道； 方法：未经许可禁止向航道排放垃圾或者沉积垃圾； 联邦对应州的责任：联邦许可证和强制执行； 市政污水处理的财政支持：无
水污染控制法，1948	目标：鼓励水污染控制； 方法：联邦当局的调查和研究； 联邦对应州的责任：留给州和地方政府； 市政污水处理的财政支持：授权联邦贷款建设，但没有资金划拨
水污染控制法的修正案，1956	目标：授权各州制定水质标准； 方法：联邦发起的执法公会商谈清洁计划； 联邦对应州的责任：联邦对州际水域发起的执法公会享有自由裁量权； 市政污水处理的财政支持：授权联邦支付 55% 的建筑成本
水质法，1965	目的：需要各州建立所要达到的环境水质标准； 途径：州建立实施方案限制单个污染源的排放； 联邦对应州的责任：州要承担建立标准、发债实施方案，以及执行的责任，联邦全面监管批准和增强执行公会的程序； 市政污水处理的财政支持：无重要改变
联邦水污染控制法，1972	目的：使水可以垂钓和游泳； 方法：对单个排放者实施以技术为基础的排放标准； 联邦对应州的责任：联邦有责任根据污染源类型建立排污限制，以及发布和执行单个排放者的许可条款，州选择的承担许可和执行的责任； 市政污水处理的财政支持：联邦分享增加到 75%，全部授权实际增加（三年超过 180 亿美元）
清洁水法，1977	目的：推迟 1972 法律所建立的最后期限，增加有毒污染物的控制； 方法：没有重要的转变； 联邦对应州的责任：没有重要的转变； 市政污水处理的财政支持：没有重要的转变（联邦政府许可，超过六年授权额外的 255 亿美元）
市政废水处理减少补助修正案，1981	市政污水处理的财政支持：联邦分享减少到 55%，改变分配的优先权，在四年内每年减少授权的金额到 24 亿美元
水质法，1987	目的：进一步推迟以技术为基础的排污标准的最后期限； 市政污水处理的财政支持：由联邦批准建设转变到由州解决基金

《清洁水法》旨在采取有效措施，包括设立专门的环境保护机构，实施严格的环境管理措施，并对所有的污染源实施严格的监管，第 402 条明确要求，所有的污染源都需要经过环境保护部门的审批，才能够正式进入地表水环境。这种排放物的许可必须符合美国环境保护署统一规定的工业和市政废水处理设备的技术和环境管理规范，以及美国国家规定的最高水质标准。

《清洁水法》第 309 章旨在采取更加全面的措施，以减少地面污染，并且是一个国际性的计划，它得到美国政府的支持，并得到美国环境保护署的认可。每个州都有权利在其管辖范围内决定采取何种措施来实施其规划。许多州会采取更多的自发行动，比如推广更先进的教育、投入更多的资源来促进发展，并且给予更多的经济刺激。

"最佳管理实践"第 208 章规定，为了有效控制非点源污染，政府应当制定一套完善的废物治理管理方案，并授权联邦政府提供资金支持，以便农业部土壤保护服务部门管理，农村土地所有者也可以从 50％ 的成本中获得收益，以便更好地实施"最佳管理实践"，从而有效控制非点源污染。

《沿海法案重新授权修正案》是美国第二部专门针对非点源污染的联邦法律，旨在建立一个有效的环境保护机制，以有效控制沿海地区的污染。为此，国家海岸和大气管理局将负责监督和管理这一领域的活动，并且要求采取最佳的管理措施，以确保环境的可持续发展。《清洁水法》和《沿海法案重新授权修正案》主要关注地表水问题。《清洁水法》第 102 章旨在促进地下水的可持续利用，它建立起一个全面的规范，旨在确立有效的措施来降低碳排放，并有效地防止地下水的污染。此外，《清洁水法》还强调，每个州都应当建立一个完善的水质检验机构，确保地表水的安全性，并有效地控制地表温度。美国环境保护署需要对所有地区的水质状态进行两年的监测，以便发现哪些地区的水污染治理措施没能达到预期的效果。一旦发现问题，环境保护署会把它们纳入最严格的管理范围，并给予相关的解决办案。美国 45 个地区的监测结果显示，由于缺乏必要的资源，他们很难实际改善当地的水环境。

《清洁水法》的实施为控制点源水污染提供了有力的支持，其效果远远超过了仅仅依靠自愿的控制措施。美国通过大量的改进措施使得完全符合指定使用标准的水的比例在 47％ 至 55％ 之间，达到垂钓和游泳安全的水体数量成倍增加，为地下水污染处理设施服务的美国居民数量也成倍增加，通过改进公共污水处理设施，大幅提升了生化需氧量的负荷和去除率。

过去，人们通常采用点源污染控制的方法来解决水质问题，但这种方法的效率已经大大降低。因此，人们开始更加重视非点源污染。目前，美国的水质保护机构主要以处理来自点源污染物的能力作为衡量标准，特别是在联邦政府层面。《清洁水法》提出，实现水质目标的关键在于建立和执行基于技术的排放标准，但是，由于技术的局限性，这些标准只能针对特定的排污口，而无法满足环境水质标准或者实现经济效益的平衡。相反，非点源污染控制责任已经转移到了各州，这些州通过自愿的奖励机制来促进污染控制，并且美国环境保护署、美国农业部和其他相关部门也为此提供了大量的教育、技术、资金和研究支持，以实现最佳的污染控制和土地利用。

采取分散化的水污染控制措施，如水质交易，对于有效控制点源和非点源污染具有重要意义。例如，通过交易，可以有效地限制上游污染物的排放，减少对设施的更新，并且有效地抑制污染物的扩散，从而有效地提升水污染管理的效率。通过实施水质管理项目，可以找到一种最优的方法来控制所有对水质造成影响的污染源。此外，这些项目还能促进对点源和非点源污染的信任交易。

通过水质交易和排污交易，可以更有效地实现水质目标。这种交易模式假定，不同的污染源需要承担不同的成本，从而使得污染控制成本更高。因此，通过采取交易措施，可以让污染源购买与其自身成本相当（或者更多）的污染物减排量，从而降低整体控制成本，并且保证水质的持续改善。

为了实现排污许可证交易制度，需要仔细考虑水质目标，并制定出一个最大可容忍的负荷量。为此，需要给予每个排污者一个排污许可证，这个许可证必须符合政府部门制定的法规。随着市场的发展，排污者可以自主地调整他们的污染控制义务，并通过交易获得许可证，从而有效地减少其他水域的污染。例如，当排污者 A 和 B 的成本相当时，A 可以获得报酬，来减少他们的排放量。购买许可证可以让排污者 A 免去安装额外的污染物控制装置，从而大幅提高排污量。然而，与其他排污者相比，A 仍然需要努力将自身的排污量降至最低，以达到与 B 购买的数量相当的标准。A 和 B 都有权利利用许可证来实现减少污染的目标，但是，政府机构必须对排污者的行为进行严格的监督，以确保他们能够按照规定的标准来实施排污。

多年的水质交易，不仅带来了经济上、环境上和社会上的好处，而且还可以帮助排污者更有效地控制污染源，降低治理成本，并且可以通过多种方式来管理这些经济利益，从而实现更高的水质目标，经济增长的同时保护环境。为了实现水质的改善，应该大力推广污染控制、应用先进的技术、引导无害化的治理方式，并且让更多的人参与其中，这样才能真正实现环境的双赢。此外，这种交换还能够促进各方的共识，增强各方的责任感，为改善水质做出贡献。

1972 年，美国首次采用污染物交易制度来改善空气污染状况，并且通过采用排污权交易制度，尤其是 SO$_2$ 排污量交易制度，不仅能够有效地减少污染，还能够有效地实现污染排放，从而获得较好的经济和社会效益。Ellerman 的科学研究成果表明，采用基于市场的方式，不仅能够带来更高的效率，而且还能够改善当前的社会状况。因此，Schmalcnsee-etal. 已经完成了一次系统的研究，并且从中汲取到许多宝贵的经验教训，用于改善当前的情况。Ellerman 从多个不同的层面深入分析，获取了有价值的见解。

随着酸雨项目的成功，美国环境保护署开始关注水资源的可持续利用，并在 1996 年提出了一项框架性的计划，旨在推动建立在水资源可持续利用的前提下的排放权交换机制，从而实现与大气资源可持续利用双赢的局面。2003 年，美国环境保护署通过一系列实证性的研究，制定出一套完善的水资源交易规则，旨在建立一个以水资源为核心的可持续的经济管理体系。这一规则不仅规定了相关的法律法规，而且还对各个州及其周边国家的相关机构进行了详细的规划与管理。

至今，美国已经推出多个水资源保护计划，但仍未能实现全面的、可持续的水资源保护。1981 年，福克斯河的水资源保护计划首次实施，但却未能取得预期的成果。1995 年，一个重大的水资源交换案例取得了圆满的结果。目前，水资源交换的主要类型是从点源处获取和从非点源处获取。从农业处获取比从其他一般来源处获取边际效益要高得多。通过比较不同来源的商品，可以获得更高的利润。然而，这种方式的商品交换仍然存在一些潜在的风险，需要谨慎对待。

3.2.2　水污染物排污权交易市场的形成与运行机制

近年来，越来越多的学者致力于探索非完全竞争的市场，他们的研究重点放在了两种主流的商品和服务之间的贸易中，即双边交易，它能够更好地反映出商品的价值。

对于美国的水污染物排放权交易而言，其核心问题就是如何选择合适的交易模型。根据美国的实践，目前的水污染物排放权交易模型有多种，如交易所、双边交易、交换中心等。其中，交易所模型更像是证券公司的场外交易，参与者能够收集和发布自身情况，并根据自身情况作出相应的决策。尽管该模型的交易费用相对较低，但由于缺乏有效的监督机制，它的运作效率和效果仍有待提升。采取双边交易模式的大气污染物处理，虽然需要双方之间的深入讨论和协商，使得整个处理流程的费用比单一的模式略有增加，但是，它的优势在于能够有效地减小对环境的影响，特别是在处理水污染物的情况上。通过采用交换中心的模式，第三方机构被设置，使得交易主体能够通过合理的价格获得剩余的排污权，排污权也能通过拍卖或其他形式重新进入市场，从而大大减少了交易的费用，这种模式虽然不能完全替代传统的双边交易，但仍然能够满足特殊的环境需求。研究表明，多种交易方法都有其独特的优点。

从微观的角度来看，无论采取何种交易模式，现实的排污交易市场运行始终是动态的过程，市场内的交易企业根据管理机构确定的交易模式进行决策和交易。因此，一些研究者逐渐开始关注企业这一微观主体在排污交易市场中的决策机制以及这些决策对市场的影响。在交易市场内，企业决策的过程不仅按照交易模式所确定的规则进行，往往还受到单位处理成本、交易成本等因素的影响，并且主体间的相互作用机制也不尽相同，实际运行中的交易市场是一个复杂的动态系统。加上参与企业在多次交易过程中具有适应性和学习机制，使得现实排污交易市场中，企业的行为和相互作用是非常复杂的，而且往往可能是非理性的。

3.2.3 水污染物排污权交易市场对流域水质的影响

为了实现水污染物的有序流动，需要制定一个合理的排污权分配机制。这个机制包括采取拍卖、免费等形式，并结合一些实际的操作规范。这种机制不仅能够降低运营的费用，而且还能够为社会带来实实在在的收益。

自 20 世纪初期起，一些研究人员就发现，当环境受到充分竞争，而无需担心交易费用、管理费用，并保持环境污染物排放量及其相应处置费用不变时，环境保护主体就能够利用多期交换来实现环境保护费用的有效分摊，从而实现减小环境负担的目标。美国环境保护署分析显示，非点源-点源污染控制技术的应用，能够大大降低污染物的生产成本，并且大多数研究都证实，这种技术的应用能够为污染源提供一个公开的、公正的环境管理体系，让污染源拥有一个公开的、公正的环境权衡和一个合理的投资回报，并且环境保护主体能够根据污染源的特性，合理地调整污染源的权重，实现污染源的合理配置。

在具备成本效益的同时，不可忽视的是排污权交易市场同样会对流域水环境产生重要的影响。在单一的排污许可证分配体系下，每一个排污者将获得被允许的最大排污量，而排污者要在自身当前排污水平的基础上，基于最大排污量进行污染物削减。这种单一的排污权分配看似公平，但是往往缺乏对排污主体异质性的考虑，并不具备成本有效性。可交易的排污许可证可以被看作流域管理者在以水环境质量目标为基础对污染物排放总量进行核算并分配后，考虑污染物削减的成本效益原则对排污许可证政策进行的进一步拓展和延伸。从这个角度看，排污权初始分配后且未交易时，流域内排污量的分布是确定的，流域内不同区域既定的水环境目标理论上可以实现。而排污权交易后，有可能会存在排污企业提高排污水平、新排污者进入、排污权使用与交易时限等不确定性因素，此时流域排污量的最终分布将由排污企业的自身决策与排污权交易市场决定，很显然不同区域的水环境质量将受到交易市场的影响。Ng 和 Eheart（2005）通过案例分析研究了排污权交易实施对流域水环境以及对实现既定水环境目标的影响，研究表明排污权交易对于不同的水系水质目标的实现既有促进作用，也可能存在反作用。Ning 和 Chang（2007）深入探讨了美国最大日负荷总量（TMDL）交易的复杂机制，发现了其随着季节的推移而发生的价值波动，以及其所带来的比例调整。他们的结论是，为了确保有效控制 COD 的排放，需要综合考虑交易市场的效果，以及它们如何有助于保护和改善当地的水资源。

近几十年来，许多学者开始利用水质模型和计算机模拟来研究各种因素对水质的影响。其中，Streeter-Phelps 模型尤为突出，它能够有效地模拟不同地区污染物排放的空间差异，从而更好地理解环境污染的影响。随着环境因素的变化，水污染物的迁移和转化变得越来越复杂，从而导致污染物的时空分布变得不可预测。因此，研究者们正在从确定性的研究转向更加灵活的不确定性水质模拟，以更好地反映水体的变化规律。随着技术的进步，Streeter-Phelps、QUAL、WASP、BASINS、OTIS、MIKE 等多种水质模型已经被广泛地采纳，为科研人员带来了更加准确、更可靠的数据。随着技术的发展，越来越多的学者把排污权交易的概念和水质模型联系起来，以更好地预测和控制排放物的使用，从而改善当地的水环境。Brill Jr 等（1984）以美国的特拉华河和威拉米特河为实验地点，进行了一项案例研究，以30 个不同的分段，来评估排放物的使用量，以及它们在改善当地的水质方面的作用。如果放任排放物自流，没有任何约束，这种行为将会使得污染物的分布更为均匀，从而严重影响河流的生态平衡。因此，Brill Jr 等学者建议，应该采取适当的措施来管控这种行为，从而实现水资源的持续利用和优良的生态状态。然而，Ng 和 Eheart（2005）的研究表明，尽管存在一些极端的情况，但实际上，排污交易对水体的影响主要体现为水体的流动和流量的改变，而非其他因素。为此，他们采取了一系列的措施，包括使用均值一次二阶矩法（MFOSM）来评估排污权交易对水体流动的不确定性影响。通过在美国威拉米特河与加拿大阿萨巴斯卡河进行排污权交易发现，前者能够更好地控制河道的水质，从而达到既定的目标，后者则完全不同。Niksokhan 和其他研究人员（2009）通过使用非多层次的算子分析算法（NSGA-Ⅱ），并将其应用于水质模拟，发现在控制污染物的总量和降低水质标准之间存在一种不确定的风险。他们还提出了一种新的排污交换政策，既能够保护决策人员的利益，又能够保护所有参与其中的人。通过对伊朗 Zarjub River 八家排污企业的案例研究发现，采用这种方法能够有效地缓解政策制定者和利益相关方之间因成本削减和水质改善的矛盾。

近年来，海内外学者纷纷探索水污染物排放权的有效性，并且着重于探讨其如何改善流域的环境。为此，他们采取了多种措施，包括利用随机数值模拟和水质模型，并且借助实证数据，来探讨如何有效地抑制和改善环境中的污染。近年来，科学家们不断探索更先进的方法来改善水体的状况，其中包括利用计算机科学来分析、建立水质数据库以及开发更加精准的监测系统。尽管目前尚未出现针对水污染物排放交易对水体环境质量的实际影响的专门的理论研究，但已经取得一定的成果。

3.2.4 影响排污权交易市场水质的主要政策要素

根据不同的政策设置，排污权交易的结果会有所变化，从而给水环境带来潜在的影响。因此，为了有效地抑制和缓解潜在的风险，应当采取有效的措施，比如，建立有效的监督体系，实施有效的监督检查，及时发现和纠正违法违规活动，确保排污权交易的合法性和有效性，从而有效地改善和保护水资源的状况。通过实施严格的地方政策，来阻止跨地域的交易，并且通过后续的环境监测和评价，有效地控制环境风险。尽管采用了上述措施，它们仍有可能给环境保护带来潜在的风险，比如使得未来的环境保护政策变得更为复杂，从而提高环境保护的成本。

3.2.4.1 初始污权分配

O'Neil（1980）提出，为了防止排污权交易对水环境质量造成不良影响，应当采取一系列措施，包括：流域管理机构的严格审查和监督，以及优化排污权的初始分配，并利用水质模型对所有可能导致负面影响的交易进行限制。尽管采用拍卖的方式来分配排污权可能会带来一定的好处，但是也存在两个显著的问题：第一，由于缺乏有效的监督和约束，参与拍卖的企业可能会遭受不必要的损失；第二，过度的限制可能会破坏排污权交易的公平性，影响参与者的信心，从而降低排污权交易市场的效率，并且增加管理机构的管理成本。

Brill Jr（1984）基于特拉华河的实证，采取了有力的措施来控制不同的河流流域的总体排放量，他们的研究发现，尽管有一定的控制措施，但是在这种环境下，排放物的流动性依旧不能够得到有效的控制。因此，在考虑到环境影响的前提下，应该加强对新入境的排放物的管控，并且实施有力的控制措施。为了保护我们的水资源，必须遵守一些规定，比如说，必须考虑到所有参与活动的企业的利益，并且不能忽视他们带来的潜在的负面影响。

3.2.4.2 跨区交易限制

Brill Jr 等（1984）的研究中，将特拉华河进行分区和分段的主要目的是提高交易的成本效率，并不是从调节交易市场水质影响的角度出发。Thomann（1972）在其较早的研究中提出了跨区域交易限制的概念。Kshirsager 和 Eheart（1982）在针对上莫霍克盆地的相关研究中讨论了分区交易的情况。这些研究中的分区主要是将流域内的每个区域看作一定数量排污者的集合。

为了对流域内水体的水质进行管理，国际上比较通行的管理方式是按照水体的使用功能将流域划分为若干个功能区，并为不同的功能区制定不同的水质标准，即水环境功能区划。一个水环境功能区可以被看作污染物离散特征与单位污染物水环境影响较为接近的区域，在水环境功能区划分后，可以通过水质模型将水质标准转换成功能区所对应执行的区域总量控制标准。在此基础上，可以进一步对功能区内排污者的排放权进行分配，并以保障功能区的水环境质量为目标，对相邻或不相邻区域间的排污权交易进行限制。

考虑到上述因素，Brill Jr 等（1984）在对河道分段的基础上，将水体与陆域相结合进一步进行了分区，不同的分区内又包括了数量不等的河段与排污者数量，每个分区总量控制要求是分区内所有排污者排污配额之和，并假设排污者仅在自身所处分区内进行交易。研究结果表明，限制排污者在功能区交易可以在保证成本效率的同时，降低排污交易对水环境影响的不确定性，但分区越多，成本效益越低。Hung 和 Shaw（2005）也在研究中对跨区交易限制进行了讨论，并认为对跨区交易进行限制可以控制一定区域内水环境质量遭到的破坏和受到的影响。Cao 等（2005）的研究指出，对流域进行分区并将交易限制在各分区内而不允许跨区交易，虽然可以避免部分区域的水质恶化，但由于各分区内参与交易的企业较少，将严重影响交易量，阻碍流域交易市场的形成。同时，由于限制跨区交易降低了可参与交易企业的数量，严重削弱了交易机制的成本效益优势。

3.2.4.3 交易比率约束

由于污染源的空间位置和排放类型在排放交易中对水环境的影响是最明显的，因此也影响排放交易项目的执行效果，基于此有人提出了利用污染源空间位置的交易比率来调控排放交易市场中水环境受到的影响的思路。污染源空间位置对交易比率的影响主要表现为传输比率，即处于不同空间位置的污染源，在污染物输移和转化过程的作用下，交易双方买入和卖出排放权的比值。由于流域内某一排污者的排放浓度经过沿程输送、衰减后对其下游的影响浓度会产生变化，因此，传输比率等于不同空间位置污染源（点源）污染物单位排放量相对于下游同一断面的水质影响浓度的比值。

Brill Jr 等（1984）的研究表明交易比率的应用可以减小由于污染物排放位置变化给水环境带来的负面影响，同时保障交易市场的成本效率。Farrow 等（2005）主要从社会成本最优化的角度研究了交易比率在水污染物排污交易市场中的积极作用，研究结果也表明，交易比率在保证交易市场成本效率的同时，对流域水质的改善有促进作用。Farrow 等（2005）对交易比率的研究针对的是排污企业个体之间的交易比率，并提出建立流域各点源、非点源相互之间的交易比率矩阵的设想，这存在很大的复杂性与难度。Hung 和 Shaw（2005）提出通过建立不同水功能区间的交易比率体系来调节污染物随水体在上下游迁移转化造成的环境影响。该体系在对水体进行分区的基础上，设定不同分区之间的交易比率，排污者按照这一交易比率进行跨区交易，不仅可以保障各功能区的水质达标，还可以避免过高的交易成本、搭便车行为以及空间"热点"（某一区域由于污染物集中排放而导致水质恶化）问题，这一方法相对简化且更易操作。

国外的一些学者对排污权交易的水环境质量影响进行了多维度的探究，相关总结如下：

① 双边交易模式是当前水污染物交易中常用的模式。排污权交易市场具有动态性和复杂性，特定交易模式下排污主体的决策过程构成了排污交易市场的运行机制。

② 排污交易对流域水质存在正面或负面的潜在影响，但负面影响可以通过限制交易区域、设定交易比率等政策条件进行调节。由于具体流域的自然本底、排污者的分布情况不尽相同，尽管政策设计一致，但流域存在的差异会造成不同的影响。因此，在进行流域水环境质量影响探究的时候开展排污权交易非常重要，需要针对具体流域进行具体分析。

③ 通过设定交易比率，可以在保证成本效率的基础上，利用降低排污交易控制流域水环境质量，以此降低不确定性的影响，是具有可操作性的有效方式。不加限制和约束的排污权交易市场往往会影响流域内不同河段水质目标的实现，而在满足经济最优条件的情况下，通过设定交易比率，可以有效地调节排污权交易对流域水质产生的影响。

当前的研究取得了一定进展，但在一些方面仍然需要拓展：

① 受到计算机技术的限制，早期的研究主要局限于理论模型的讨论。随着计算机技术的发展，一些学者结合水质模型，采用随机模拟等方法对排污权交易市场的水环境影响进行了模拟和仿真。但这些研究存在几个主要问题：首先是研究多通过随机模拟的手段模拟排污权交易对水质影响的不确定性，未能将水质模型与排污权交易市场紧密结合；其次是排污权交易市场是由多主体决策形成的动态过程，多主体目标决策和相互作用造成了污染物空间分布的变化，因此，要观察市场对水质的影响，要对多主体目标决策进行研究和模拟，但这类研究相对较少；最后是一些学者的研究虽然考虑了排污者的空间因素，但未能与具体排污者的地理信息相结合，相关研究假设与模型构建也未能体现不同排污者的异质性；

② 通过水体使用功能要求以及自净能力，控制污染源排放的污染物总量的管理方法被称为总量控制。在进行总量控制的过程中，要对水质进行区域性规划，计算污染源排入水体的允许排污总量。理论上来说，基于总量控制进行排污许可分配可以实现水质目标，而排污权交易政策只是为了实现许可资源的优化分配，以市场手段实现社会最优成本的手段。我国以行政区划为基础的目标总量分配方式，以及基于这种方式的排污交易政策，能否产生较好的环境效果，有待进一步研究。

3.3 流域排污权交易机制及管理

3.3.1 流域控制单元划分

流域控制单元区划的目的是对水质进行规划和管理，综合考虑水体的生态环境功能、集水区范围、控制断面和行政区划，划定水环境空间控制单元。

控制单元的概念最早出现在美国的水质规划中，它将大流域划分为许多较小的汇水单元，控制措施由排入单元的污染物浓度和总量提供，最终实现改善流域水质的目标。在国内，控制单元的概念最早在"六五""七五"时期开展水环境容量与总量控制技术研究期间提出，并在《淮河流域水污染防治规划及"九五"计划》的编制中首先得以应用，它提出了规划区、控制区、控制单元三级分区管理概念，建立了以控制单元为最小单元的流域水污染分区防治的管理方法。

目前流域规划"流域-控制区-控制单元"三级分区管理体系中，整个分区过程是由国家和地方协作完成的，其中，一级区域"流域"负责编制国家流域层面的水污染防治规划，明确水污染防治的目标和方向，协调流域上下游左右岸的防治措施；二级分区"控制区"明确治污责任、区域层面水生态保护体系覆盖范围，明确各分区主要生态功能和保护需求；三级区"控制单元"是重点流域水污染防治规划编制和实施的基本单元，重点落实负责水污染防治和减排目标、目的和措施、项目和总体控制范围、环境评估和许可、废水排放和贸易许可以及其他环境管理措施。国家负责界定流域范围、构建控制区及划分国家级控制单元；地方负责向下细化省级控制单元和区县级控制单元，依次调整各级分区范围。

控制单元是一种嵌套型分区，一般一级控制单元从大尺度一级干流入手，划分规则也依据干流划分成一级控制单元；二级控制单元的划分要依据一级控制单元，采用控制单元划分方法进一步细分，一直分解到需要改善的污染河段及重点管控水质目标断面。《重点流域水生态环境保护"十四五"规划编制技术大纲》中提出建立的全国-流域-水功能区-控制单元-行政区域五个层级、覆盖全国的流域空间管控体系其实也是控制单元划分的上下延伸。

根据不同的管理方法和单位，主要有三种类型的控制单元，即：以行政区域为基础的控制单元、以水文单元为基础的控制单元和以水生态区域为基础的控制单元。基于行政区域的控制单元以国家和各级地方政府水质管理所采用的行政单位为基础。水文单元通常代表在控制区汇聚的地表水和地下水径流，径流情况决定了水体的特征；例如，点源污染和非点源污染进入水体的移动与径流有关，因此适合研究水体的水源保护情况。水生态区则是通过水生生态分区，结合水体的区域生态承载能力，为不同的水生态区制定水体保护目标。目前，最常用的管理单元是行政区、水文节点和水生态区相结合的单元。《重点流域水污染防治规划（2011—2015年）》中控制单元以区县为最小行政单位，而"十三五"时期以乡镇为最小行政单位，控制单元的数量也大幅增加。

3.3.1.1 划分意义

① 控制单元划分旨在确定监测点水质影响的空间范围，明确分析污染物排放等人为活动影响与监测点水质之间关系的空间边界，从而将流域内复杂的水环境问题细分为不同的监测点，便于发现主要的水污染问题。

② 它是通过科学和行政手段支持环境污染综合防治的空间单元，是污染水相关部门职

能管理体系中最基本、最重要的组成部分。它可以在污染源和控制单元的水质之间建立输入响应关系，并考虑内部和外部污染物的总体汇总。

③ 便于开展科学性的综合污染防治及行政管理，提出相关区域污染物浓度和排放总量控制措施，制定差别化管理，实行总量控制、环评审批、废水排放审批、交易等环境管理措施。

④ 划分控制单元时结合流域管理、行政管理、水功能区管理、水环境功能区管理及考核断面，使流域污染防治体现以上水环境质量管理需求。

⑤ 可将治污责任逐级落实，治污责任应逐级落实到控制单元和行政区，实现空间上的责任分担。

3.3.1.2　划分原则

控制单元划分应遵循汇水区边界隔离原则、行政管理隔离原则、水体类型隔离原则、多功能需求叠加原则、互不重合全覆盖原则。

汇水区边界分隔原则。流域或集水区的边界被用作管理单元之间的分界线。这就避免了人为活动（如管理单元内的污染物排放）与其他管理单元之间的相互作用，受纳水体中的所有污染物都源自该管理单元。在铺设集水和处理管道或对集水区进行人为改造时，必须根据集水区的实际特点对管理单元进行细分。

行政管理隔离原则。在划分管理单元时，应尽量少划分管理区域，明确管理主体的管理职责，使同一行政管理单元能够处理好分工协作、工程建设、监测监控、污染源核算、社会经济数据统计分析、水资源统计等工作。

水体类型隔离原则。根据流域水功能分区和水环境功能分区等区域分区的特点，确定水体功能和水质保护目标较高的河段。应将河流-湖泊、河流-水库、河流-河口的交界断面作为不同控制单元的边界。

多功能需求叠加原则。应结合流域所在研究区域水功能区划、水环境功能区划等现有功能分区管理单元。

互不重合全覆盖原则。控制单元划分时必须保证区划区域的完整性，最终控制单元应该覆盖全部规划区域，且各控制单元之间不重合。

充分考虑现有断面原则。为确保河流流入断面和流出断面的污染传输相对封闭，充分利用现有的国家、省、区、市、县管理断面，管理断面上游干流主要支流、行政边界断面等，充分利用管理分区，管理分区上游干流主要支流、行政边界分区等，促进针对性水质管理的具体实施和运行。

3.3.1.3　划分依据

《中华人民共和国环境保护法》；
《中华人民共和国水污染防治法》；
《中华人民共和国水法》；
《生态文明体制改革总体方案》；
《中共中央 国务院关于全面加强生态环境保护 坚决打好污染防治攻坚战的意见》；
《水污染防治行动计划》；
《全国重要江河湖泊水功能区划（2011—2030 年）》；
《地表水环境质量标准》（GB 3838—2002）；

《水体达标方案编制技术指南（试行）》；

《重点流域水污染防治"十三五"规划编制技术大纲》。

3.3.1.4 划分程序

控制单元划分的主要步骤为数据收集处理、水系概化、汇水区识别、控制断面设置、划分及校正、控制单元命名。

（1）数据收集处理

收集能覆盖流域范围的数字高程模型（DEM）数据，遥感影像、水系分布、行政边界、流域水（环境）功能区划、常规监测断面及水文站分布等矢量数据等，如部分资料没有矢量数据，必要时可采用人工数字化等手段将部分信息进行矢量化处理。

常用的数字高程模型（DEM）数据可从地理空间数据云下载，一般下载分辨率90m或者30m的DEM数据。所需收集的数据基本要求如表3-2所示。

表 3-2　收集数据基本要求

类别		信息要素	信息内容
水系	河流、渠道	线状、面状	河流代码、河流名称、河流等级、河流长度等
	湖泊、近海水域	面状	湖泊代码、湖泊名称、湖泊面积、近海海域代码、名称、面积等
行政区划边界（省、区、市、县、乡镇）		面状	行政区划代码、名称、面积等
各级行政中心（省、区、市、县、乡镇）		点状	行政区划代码、名称、经度、纬度等
水资源分区		面状	Ⅰ级、Ⅱ级、Ⅲ级分区名称、代码、面积等
各级水质监测断面（国控、省控、市控、县控）		点状	所属流域片、省份、测站名称、测站代码、所在河流（湖泊）名称、河流（湖泊）代码、断面名称、断面代码、断面所在地（乡镇）、经度、纬度、汇入水体、断面属性、断面控制级、是否为跨界断面、跨界标识、水质监测数据等
DEM		栅格	数据精度及有效性检验
地形图		栅格	扫描并纠正
遥感影像		栅格	数据经度
排污口		点状	排污口名称、类别、经度、纬度、排水去向
水（环境）功能区		线状	水（环境）功能区名称、起始点坐标、终止点坐标、功能区长度、目标等

（2）水系概化

应用ArcGIS中的ArcHydro水文模块或者SWAT模型在ArcSWAT模块识别确定山脊和洼地，提取水道和集水区，并根据道路、路径和行政边界确定平坦区域。根据"地表径流在流域空间内从地势高处向地势低处流动，最后经流域的水流出口排出流域"的原理确定水流方向。根据主要支流、水库和湖泊绘制的河系图包括在内。用于河系概括的信息包括河流流向、河流干流和支流、河流连接状况以及河流水位。河系概括为确定流域方向以及随后的城市污水排放方向和管理单元划分提供了重要的支持和依据。

（3）汇水区识别

主要工作是基础地图的配置以及水系的概化，根据水系确定出相应的陆域汇水范围，主要确定陆域主导排污去向，并按照"流域中地势较高的区域可能为流域的分水岭"的原则进行确定。对于辖区内只有一条河道的乡镇，河道的流向就是该乡镇的流向，该乡镇的行政区是控制单位；对于辖区内有两条或两条以上河流的乡镇，以横断面为节点，综合考虑流域特点、城市规划、工业规划和农业规划等因素，确定该乡镇的主要流向，并以此为依据将该乡镇划入特定的控制单元。

（4）控制断面设置

考虑到城市下游水体在支流汇入主河道之前对主河道的敏感性，在跨界（国家、地区和城市边界）水体、重要功能水体、河流源头区、湖泊（水库）主要泄水口、城市建成区下游和入海河流（入海口）处均考虑设置控制断面，并从已有的国家、省、区、市、县现有控制断面中选择，其中部分控制断面是根据流域内水体下游部分设立的。

① 当根据不同原则选取的控制断面临近时，需要对各代表断面的水质、敏感性和重要性进行评估，最终得到控制断面。

② 根据生态需求合理配置控制断面，如在污染较重的区域可进行加密设置，在人类活动较少、水质较好的区域可减少控制断面数量。

③ 如果区域内没有确定的控制断面，除了新断面外，也可观察上游断面与增设断面之间的区域是否有影响水质的重大污染源。若没有，也可用上游断面替代。

（5）划分及校正

结合关键控制节点和汇水区内汇水特征，将行政区-水文响应单元有机融合，建立"关键控制断面-控制河段-对应陆域"的水陆响应关系。

① 如果一个行政区域内有多个汇水去向，应考虑主要去向和行政中心的位置，并将该区域作为一个整体划入控制单元。

② 在有大量人工干预的行政区域内，如果收集和排放废水，应优先考虑自然汇水区的特征，然后根据实际径流方向确定其所属单位。

③ 对于入海的行政区域，如果在地理上是毗连的，可以将其划分为一个控制单元；如果在地理上被集水区或其他水道分割成两个或两个以上部分，则必须将其划分为多个控制单元。

④ 流域内的流域区应结合水环境特点和环境保护要求，划分为一个或多个控制单元。

⑤ 对于水系复杂、湖泊众多、河道水流方向复杂多变且人为干扰较大的湖泊河网区域（如太湖流域），可在维护自然水系基础上，以县级行政区划分控制单元。

控制单元划分一般是从大尺度向小尺度逐级进行划分，重点流域规划中，以流域为单位，生态环境保护部门与水利部门会共同开展控制单元与水功能区边界、目标等属性的对接工作，初步确定流域控制单元划定。各地可直接使用国家层面的成果，也可以根据以上方法，在国家划定的控制单元基础上进一步细化，科学确定控制断面。

如为了开展某个区域的水污染防治工作，也可以改区域边界，利用以上方法，重新划定流域控制单元。

（6）控制单元命名

控制单元命名一般采用"××流域＋××河流或河段＋××市控制单元"的形式；若控制单元涉及多个地市，可采用"××流域＋××河流＋××市-××市控制单元"的形式。

3.3.1.5　成果表达

流域水环境规划控制单元成果包括文本表格、图件两项，其中图件采用计算机制图软件编制，需要覆盖的信息包括：控制单元边界、主要水体及名称、控制断面标识及名称、省级行政中心、地级行政中心、县级行政中心。

3.3.1.6　案例分析

以天津市流域控制单元划分为案例进行分析。区域概况如下：

天津市地处华北平原北部，东临渤海，北依燕山，位于海河下游，地跨海河两岸，是北京通往东北、华东地区铁路的交通"咽喉"和远洋航运的港口，有"河海要冲"和"畿辅门户"之称。南北长 189km，东西宽 117km，陆界长 1137km，海岸线长 153km。对内腹地辽阔，辐射华北、东北、西北 13 个省区市，对外面向东北亚，是中国北方最大的沿海开放城市。

天津地处亚欧大陆东岸中纬度北温带，以季风环流为主，东亚季风占主导地位，形成温暖、半湿润的季风气候。天津海洋性气候的影响在渤海湾附近更为明显。天津主要气候特征是四季分明，春季多风，干旱少雨；夏季炎热，雨水集中；秋季气爽，冷暖适中；冬季寒冷，干燥少雪。冬半年多西北风，气温较低，降水也少；夏半年太平洋副热带暖高压加强，以偏南风为主，气温高，降水多。天津年平均气温 12.6℃，7 月最热，月平均气温 28℃，历史最高气温是 41.6℃；1 月最冷，月平均气温 −2℃，历史最低气温是 −17.8℃。平均年降水量在 360～970mm 之间，平均年降水量 534.4mm。

天津海河是中国华北地区最大的河流。上游长度超过 10km，支流约 300 多条，附近的北运河、永定河、大清河、子牙河和南运河 5 条河流在天津三岔河河口附近汇合，由靠近大海的大沽口入海。主要河流长 72km，平均宽度 100m，水深 3～5m，历史上该河流可由 3000 吨的船只通航。

天津位于海河下游，河流网络密集，包括海河 7 条河流的许多湖泊和流域。流经天津市的以行洪为主的一级河道有 19 条，总长度为 1095.1km，以排涝为主的二级河道有 79 条，总长 1363.4km，分属海河流域的北三河水系、永定河水系、大清河水系、漳卫南运河水系、海河干流水系和黑龙港运东水系。滦河位于海河流域东北部，为单独入海河流。

引滦入津输水工程是 20 世纪 80 年代天津兴修的大型水利工程，把水引到天津，每年向天津输水 $1 \times 10^9 \, m^3$。天津地下水蕴藏量丰富，山区多岩溶裂隙水，水质好，矿化度低，泉水流量一般在 7.2～14.6t/h，雨季最大可达 720～800t/h。全天津市有大型水库 3 座，总库容量 $3.4 \times 10^8 \, m^3$。

天津市国控和市控断面汇水区分布如下。

天津河网受人工控制程度高，情况比较复杂，单纯采用 DEM 无法准确识别出汇水区域。在充分考虑《水污染防治行动计划》（简称"水十条"）达标方案相关成果的基础上，对天津市国控和市控断面对应的汇水区进行核定，得到天津市国控断面对应汇水区 20 个，塘汉公路桥断面汇水区面积最大，为 $3358.84km^2$，包括 73 个乡镇；井冈山桥断面汇水区面积最小，为 $9.39km^2$，包括 4 个乡镇街道，为邵公庄街道、芥园道街道、铃铛阁街道、向阳路街道。天津市市控断面对应汇水区 72 个，西安子桥断面汇水区面积最大，为 $932.82km^2$，包括 16 个乡镇；郭辛庄桥断面汇水区面积最小，为 $4.10km^2$，包括 3 个乡镇街道，分别为佳荣里街道、集贤里街道、果园新村街道。

控制单元划分是水污染控制和水环境管理的基础单元，包括水域和陆域两个部分。天津污染控制单元划分以水生态功能区及其水质保护目标为依据，综合考虑流域汇水特征、行政区划、监测数据完整状况以及计划制定成本等因素，并结合"水十条"达标方案相关成果，对天津市 20 个国控断面和 72 个市控断面对应的汇水区进行核定。天津市可划分为 261 个污染控制单元，覆盖天津市全域，包括宝坻区、北辰区、滨海新区、东丽区、和平区、河北区、河东区、河西区、红桥区、蓟州区、津南区、静海区、南开区、宁河区、武清区、西青区，所有控制单元划分的平均面积为 45.63km²。其中面积最大的污染控制单元为天津北大港湿地自然保护区，面积为 237.24km²，该保护区主要位于滨海新区，处于马棚口防潮闸国控断面及北大港水库出口市控断面上。该保护区主要河流为平原排水渠入海部分，区域内沿海滩涂广布，河水受海水上泛影响，电导率高，无水生大型植物。面积最小的污染控制单元为大胡同街道，面积为 0.46km²，该区域主要位于红桥区，处于海河三岔口国控断面及井冈山桥市控断面上，该区域主要河流为海河干流，流经天津市区，特点为水面宽，水量大，河岸硬化，河道硬化。

基于流域水生态功能四级区成果，结合天津市控制单元划分成果，得到天津市污染控制单元，在此基础上将水生态功能、生态服务功能与污染防治功能融合为一体，将天津市划分为 261 个在乡镇基础上的水生态功能区。

为便于在行政管理方面提出更为细致的管控方法，以"地理位置＋污染类型＋蜿蜒度＋河流风险类型＋生态类型区"来命名。其中地理位置包括海河下游、海河北部下游、海河中游、潮白河下游、滦河中游、滦河中游、蓟运河下游 7 类；污染类型包括城市污染、农业污染、水量胁迫 3 类；蜿蜒度包括高蜿蜒度、中蜿蜒度、低蜿蜒度 3 类；河流风险类型包括缓流中风险断流、缓流低风险断流 2 类；生态类型分为生境破坏管理区、生境干扰管理区、生境保育管理区 3 类。所有水生态环境管理单元的平均面积为 45.63km²。其中面积最大的水生态环境管理单元为天津北大港湿地自然保护区，面积最小的水生态环境管理单元为大胡同街道。

3.3.2　流域排污权交易机制

在实践中，可交易的排污权，即排放污染物的合法权利，通常以排污许可证的形式表现出来。除了满足公众对环境质量的需求外，价格机制还用于将经济生产中非常有限的环境容量资源分配给效率更高、污染更少的部门和企业。

排污权交易利用经济杠杆，调动废水企业的积极性，实现污染物的整体减排。目前我国水环境资源的公有制和政府供给制可能存在环境资源管理效率较低的问题，由于环境资源利用的外部性，交易市场的特殊性，交易的复杂性，市场经济的特殊性，为了使市场更有秩序，明确发展方向，要制订排污权管理的合理范围。

3.3.2.1　交易原则

流域是兼具生态价值和经济价值的特殊空间，它不仅涉及水量还涉及水质，流域内不同河段处于不同的功能区，水的用途不尽相同，从而执行的水质标准也不同，要实现流域范围内水污染物排污权交易，需在流域与区域管理相结合的前提下，遵循以下基本的交易原则。

（1）坚持流域统一管理的原则

为避免水污染物排污权交易过程中集中排污以及跨区域交易带来的区域间的矛盾，应坚持流域统一管理的原则，由流域管理机构统筹协调水污染物排污权交易相关事项，包括水功能区划编制、流域限制排污总量确定、交易规则的制定、交易过程及排放情况的监控等，交易限定在流域范围内进行。

（2）流域环境质量不恶化原则

控制保护和改善流域和区域环境质量是排污权交易的最终目标，除了排污权交易政策的成本效益，也应该考虑到排污权交易对区域和流域环境质量的潜在影响，按照流域环境质量不恶化的原则，交易必须要充分考虑环境质量要素，才可持续地通过排污权交易达到区域、流域环境质量改善的目标。

（3）流域排放总量控制原则

从理论上讲，污染物排放总量应根据生态容量确定，但受各种不确定的社会、经济和物理因素影响，很难确定一个准确的数字。从实际出发，结合固定污染源排污许可证数据，在污染减排目标的基础上确定污染物排放总量是合理的。有必要采取有效措施，控制水污染物排放交易，把流域内的水污染物总量控制在一定数量范围内，只有对一定条件下水污染物排放总量进行有效控制，才能发挥排污权交易市场的作用。

（4）交易标的达标排放原则

参与排污权交易的排污企业，须按照国家及地方标准、规范、文件要求，采取减排措施，在保证达标排放的前提下开展交易，否则易造成污染转移，引起流域内不同区域间污染纠纷，更不利于排污权交易目的的实现。

3.3.2.2 交易框架

建立排污权交易制度的一般过程是，政府机构制定一个地区的环境质量目标，并根据这些目标评估该地区的总体管理目标，即确定污染物的最大允许排放量，并将最大允许排放量划分为具体的排放水平，即排放配额的数量。政府可以授权以不同方式分配这些配额，如公开认购和拍卖，采取有偿方式进行排放配额的定价和销售，或采用传统的免费配额方法，也可以通过建立排放配额交易市场授权合法买卖这些配额。

流域排污权交易制度框架基本包括总量控制、排污指标管理、市场交易、监督管理等四项内容。其中，总量控制与排污指标核定管理是市场交易的基本前提，是流域排污权交易制度中最重要也是较难制订的环节，市场交易是排污权交易政策实施的核心，监督管理是排污权交易政策实施的保障组成部分。

（1）总量控制

总量控制是将某一控制区域或行业作为一个完整的系统，根据区域环境质量目标或行业的污染控制目标，确定流域、区域内污染源或行业污染源在一定时间内允许排放污染物的总量，并采取措施将污染物排放控制在允许排放的总量范围之内。

"十三五"时期，我国实施多年的污染控制措施与环境质量挂钩、质量控制与总量控制并行的新形势逐渐形成，此后一段时期是进一步巩固和提升环境质量、改善成果的关键时期，需要进一步转变思路，推进环境质量导向的总量控制。

（2）排污指标管理

在排污交易计划框架内，必须明确排污权的所有权，并通过市场机制实现环境容量资源的优化分配，因此首先要解决的一个重要理论和实践问题就是排污权的初始分配。在初始排污权核定中，需要关注排污许可量与初始排污权的关系。排污许可量是根据排放标准、总量控制要求等确定的最高允许排污量，是不可超过的法律红线，用排污许可证进行记载，相对静态。初始排污权是根据产能，按照公平原则分配给企业的生产要素，是一种资产，且随着交易所持有的排污权动态变化。

（3）市场交易

流域水污染物排污权交易可以通过建立交易市场、设定交易条件、制定交易制度来实现。为实现资源的优化配置和保障在经济持续发展条件下落实总量控制目标，合法的排污权交易市场是前提，排污权作为商品进行交易，污染物的排放可以得到有效控制。流域污染物传输有其特殊性，需着重关注交易的要素、地域限制和时间限制等条件。

（4）监督管理

排污权交易实施中，不仅需要对市场交易行为进行监管，同时也要对企业的排污行为进行监管。由于排污权被赋予了价值属性，企业基于自利动机，一方面会主动削减排污，另一方面，可能会钻制度空子获取超额利润，增加市场无序的可能性。这在经济调整结构转型的情况下风险更为凸显，因此需要加强政府环境监督执法的力度。同时，还需要通过监督排放的合规性，确保排污企业达标排放。

3.3.2.3　交易要点

（1）交易范围

流域排污权交易的地理范围是由排污权交易所要解决的环境问题决定的，同时要确保界定的范围内参与交易的排污单位足够多且存在边际污染削减费用的差异，除了成本因素之外，还有必要在交易政策实施过程中，对交易区域的范围进行设定和限制，避免因排污指标交易后污染物转移排放而可能导致的水环境质量恶化问题。

由于水污染物的特殊性，可以进行交易的只是某一特定区域的污染物排放权，因而，水排污权交易的市场范围也应有区域的限制。在以流域为单元开展排污权交易时，可以流域的集水范围为界线开展交易；或者按照一条河流的不同河段划分，河段的划分可以参考水功能区划；为满足水质控制目标的要求，排污权交易的范围也可以按行政区域进行划分，甚至可以跨行政区域设立。

随着环境质量的改善和环境管理制度的完善，小流域间的排污权交易可逐步向流域范围更大的范围扩展。

（2）交易标的物

交易标的物应与总量控制、有偿使用的污染物保持一致。排污权交易为企业扣减使用量后的排污权结余量，可以是实施关停并转、治理工程后而结余的排污权，也可以是由于减产、停产等其他原因而结余的排污权。

在排污许可证制度的背景下，排污权交易的主要对象为排污许可证规定的污染物。对于环境保护行政管理部门来说，当其决定在某一流域开展水排污权交易时，选取适宜进行交易的污染物非常关键。在管理成本方面，有资格进行交易的污染物必须对污染物排放有明显影响，易于监测，并有可靠的数据；在交易市场方面，有资格进行交易的污染物必须是普遍的，即污染物排放量必须很大，必须有足够数量的污染源参与交易；从管理角度看，排污权交易对象应是对环境危害大的国家重点控制的主要污染物，且被列入总量控制计划。目前，COD与氨氮是我国在"十二五"与"十三五"期间实施总量控制的主要水污染物，具备了适宜开展交易的污染物的基本特征，其中，COD已经成为我国大多数试点地区开展水污染物排放交易所选择的目标污染物。

（3）交易主体

参与排污权交易的主体是市场运作的动力源泉，交易主体可分为出让方和受让方，最主要的参与单位应该是污染源企业。原则上来说，在确定实施交易的地理区域范围内，涉及的区域重点控制污染源单位均可参加，但需要注意既要能使某一流域或地区的污染负荷得到有效控制，切实改善区域环境质量，又使参加者数量控制在一个有限的范围内，避免大量地增加管理费用和交易费用。

（4）交易限制条件

排污权的交易不是无条件进行的，除了参与交易的排污权需通过合法途径取得以外，还需要考虑地域、时间、指标限制等条件。

地域限制条件：流域排污权交易的地域限制是由水资源的地域性和环境容量的自然特性决定的。水资源的流域特征决定了进行跨流域水污染物排污权交易是不科学的。排污权交易具有很强的地域限制，通常应在一个流域内进行，不建议进行跨流域或下游排污权向上游交易的行为。

时间限制条件：通常扩散条件越好、污染物在一定区域内的停留时间越长，时间因素的影响就越小。但对于水污染物则有很大的不同，水是流动的，环境容量资源也是动态变化的，在进行水污染物排污权交易时，需要考虑污染物的排放强度随时间变化的情况。

指标限制条件：对于排污权出让方而言，其提供交易的标的物须是"富余"的污染物排放指标，即排污权者在其污染物排放权限之内未曾使用的排污指标。其具有以下性质：它不是现行环境立法中定义的污染物减排，也不是全球区域法规中定义的污染物减排，而是允许的污染物排放量的减少，这与允许的污染物排放量和实际排放量之间的差额有关。

3.3.2.4 交易程序

流域排污权交易首先需要交易双方提出交易申请，通过交易平台或第三方机构确定买卖双方，由买卖双方协商交易内容，主管部门对商定的交易内容进行审核，审核通过后买卖双方签订合同开展交易，并对排污权进行变更登记，由主管部门进行证后监管。具体交易流程见图 3-1。

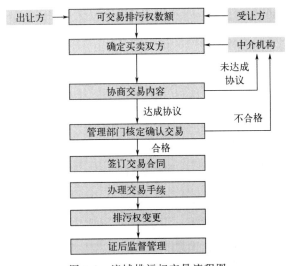

图 3-1　流域排污权交易流程图

排污权交易市场与其他的市场不同，生态环境主管部门需要对排污权市场的进入进行必要的审核，这包括对市场主体和市场客体的审核。排污权交易的市场运行包括以下环节：

① 排污权需求方（受让方）提出所需排污权数额的申请，并对交易必要性及可行性加以说明。

② 通过中介机构寻找排污权的供给方（出让方）。

③ 排污权供求双方就排污权交易的污染物种类、数量、价格、交割时间等具体内容进行协商，未达成协议的重新返回第②步。

④ 流域内负责排污权交易的部门要核实市场参与者的资格和权利，批准供需双方排污权交易的具体数量，并确认是否接受排污权交易的实施。监测部门还必须确保排放指标不会过度集中，当地环境质量状况不会突然恶化。如果验证失败，则回到第②步，重新寻找符合要求的供需商，如果成功，则进入下一步。

⑤ 签订交易合同。合同书内容包括双方单位名称、法定代表人、排污权交易所涉及的水污染物的种类、数量，交易的价格、总费用，交割时间等。

⑥ 办理交易手续，根据排放交易协议的内容，供需双方必须办理资本和配额交付的具体手续。在这一阶段，排污权的需求方和供应方会收到和失去其在交易排放中的份额。

⑦ 需求方向主管部门交纳交易税。

⑧ 供需双方到环保部门办理排污权变更手续。

⑨ 变更交易双方的排污许可证中排污指标相关载明事项，记录交易过程。

⑩ 主管单位应建立配额跟踪系统，根据修订后的配额对供需情况进行监测和管理，并在出现违规情况时对超过排放限额的企业处以罚款。

3.3.2.5 交易保障

（1）制订完善排污权交易的办法、规则和制度

在排污权初始配置的拍卖和市场交易过程中，都需要按照一定的规则进行，才能确保交易秩序。

政府要根据排污权拍卖市场的运行机制和排污权交易的市场机制分别制订合理的规则。如对交易程序的规定：想转让排污权的单位，应向某级政府排污许可证管理部门提出申请，经调查监测，确认其具备了超额削减污染物的能力，方可发放证书或签协议确认等。对成交后违反交易合同的，政府应制订相应的惩罚制度等。

（2）制定和完善有关法规和标准

排污权交易是指利用市场机制控制污染，通过环境控制机构控制质量达标，在进行污染控制的过程中，使花费最少。这同时要求政府在法律要求的基础上制定相应的政策法规，本着促进经济效益的精神推动废水交换。例如，制定高于总成本的废水处理价格，必须大大高于相应的污染物减排费用，以弥补高价格的平均成本，如废水处理厂为了自身的经济效益，寻找更廉价的污染物减排方式。

（3）完善信息系统

排污权交易的目的是将资源从一个污染者转移到另一个边际成本不同的污染者，从而合理分配资源。因此，排污权交易需要大量有关价格、供需和供求单位的信息。信息的可获得性直接影响交易成本和交易的成败。信息不足会导致交易成本提高，成功率降低。

因此，排污权交易计划应设立信息发布部门，及时发布信息，减少信息不对称。信息披露主要包括两个系统：专业信息披露平台和媒体。专业信息披露平台应及时、准确地披露排污权交易的所有信息，包括配额所有者或申请者、排放水平、配额供需比、交易成本等关键信息。媒体应定期发布排放申报等应为公众所知并接受公众监督的信息。在

信息不对称的情况下，完善的信息披露制度可以增加市场透明度，降低交易成本，保障公众知情权，使环保工作接受社会监督，提高公众环保意识。如果公众对披露的信息有异议，可以通过信息平台向相关业务部门进行投诉和举报，进一步提高排污权交易市场的公平性。

（4）政府监督

在排污权交易的整个过程中必须有政府的监督行为，政府要利用各种自动的、连续的监测手段对污染源实行技术监测。如排污单位提出排污权出售申请，则政府就要通过对其排污源的技术监测核实该单位削减额外污染物的能力，在确认后才能批准其出售申请。交易成交后，政府监督则可促使排污权交易双方完成其承诺的污染责任，保证排放的污染物数量不超过其分配或购买的排放量，以督促交易双方履行交易合同的保证。除了在排污量上需要政府把关外，排污权交易在空间和时间的分布上也需要政府监督。可以想象，离开政府监督的排污权交易是无法达到环境控制目的的。

3.3.3 流域排污权交易管理

3.3.3.1 交易管理的意义

排污权交易的理论基础是科斯定理，目的是充分利用市场机制和经济政策手段，鼓励污染者积极改进技术，减少排放，从而有效预防和控制污染，优化自然资源配置，实现经济效益与环境、社会效益的平衡。

（1）有利于降低污染治理费用

排污权交易可以降低总的治理污染的费用，有利于污染治理技术的进步。美国环境保护署在排污权交易实施之前预测，要达到控制排放的目标，不实施交易政策条件下每年的等额投资费用是 50 亿美元，实施交易政策每年只需 40 亿美元。而排污权交易实施后的事实表明，每年只需要 20 亿美元。对一个企业来说，如果它治理污染的成本比市场上的排污权价格要高，很显然它会选择买进排污权以降低成本。如果它的污染治理成本比市场上的排污权价格低，那么它必然致力于对污染的治理，以期将自己富余的排污权在市场上出售来获得利润。排污权交易的实质就是使治理污染的任务自动分配到治理成本低的企业中，这样必然可以降低整体的污染治理费用。同时，排污权交易也使企业治理污染变得有利可图，经济刺激促使企业竞相采用先进的治理技术，增大了对先进治理技术的需求，这就为技术开发商提供了动力。

（2）有助于实施总量控制，实现环境质量目标

通过排污权交易，可以在总体控制目标的框架内合理组织净化措施，即通过排污权交易市场，净化措施自动适用于边际净化成本最低的污染源。就排污权交易而言，通过排污权交易，国家可以及时应对环境状况出现的问题，通过排污权交易市场的许可、审批、拍卖和监管，控制污染物排放总量，使整个功能区的环境状况符合相关标准。

排污权交易制度可以有效解决其他污染问题，避免制度的先天不足和有害的外部性和公共水资源的偷排问题，提供经济激励和引导机制，实现有效防治水污染的目标。

（3）有助于提高企业技术水平

排污权交易制度使得企业拥有了自主控制权，既能选择努力提高自身技术水平，减少排污量，也可以选择额外购买排污权，企业处在一个相对来说较主动的地位，可促进企业积极参与环境管理。如果企业发现新技术的投入使用会降低企业的排污量，从而无需再购买排污

权，同时新技术的成本低于购买排污权的成本，则企业会积极地运用新技术，研发新技术的企业也会受到需求的刺激，相关企业的技术水平都将可能有所提高，从而淘汰过去依靠透支环境红利发展的产业和企业，实现环境资源的优化配置。

（4）有助于协调环境保护与经济发展的关系

命令-控制型环境规制手段一般会提前规定排放污染物的相关标准及企业的污染总量，如果企业或者产品不能满足要求则不予以通过，同时还有复杂的行政程序，这大大限制了企业的发展。排污权交易制度的出现使得排放量超标的企业可以通过交易获得所需的排污权，同时排污权交易基于市场，能够促进企业为减少购买成本自发控制污染总量，从源头上减少污染物的排放，从而在促进区域经济发展的同时，有效改善生态环境质量，促进环境保护与经济协调发展。

（5）有利于公众参与污染防治

实施排污权交易扩大了污染防治的参与范围，有利于公众参与环境保护。如果环境保护组织或个人希望改善环境状况，可以进入市场购买排污权，然后将其控制在自己手中，不再卖出。因为排污权总量是受到控制且不断降低的，所以通过这种囤积的方法可以改善当地环境质量。这是传统的环境管理模式无法实现的效果。

3.3.3.2　控制单元内交易

流域排放交易应以改善水环境质量、水质不退化为前提，控制单元内的交易。对于水质达标的控制单元，可以从上游向下游交易也可以从下游向上游交易；对于不达标的控制单元，若从上游向下游交易，会增加距离控制断面更近的地方污染物排放入河量从而导致水质更加恶化，而从下游向上游交易，则会延长污染物在水体中的迁移净化距离。在控制单元污染物排放总量不变的前提下，从下游向上游交易可改善水环境质量。因此控制单元内的排放交易，对于水质达标的控制单元，可以从上游向下游交易也可以从下游向上游交易；对于不达标的控制单元，可以从下游向上游交易但应禁止从上游向下游交易。

3.3.3.3　跨控制单元交易

对于跨控制单元的排放交易，不达标的控制单元仅可出让排污指标不能购入排污指标，若不达标控制单元买入排污指标会进一步增加控制单元内的污染物排放总量导致水质进一步恶化；对于达标的控制单元既可出让排污指标也可购入排污指标，但应对买入排污指标的数量和污染物排放的位置进行限制，防止造成控制单元内污染物排放总量超标或局部污染物排放集中。

跨控制单元排放交易需要考虑省内跨控制单元排放交易和跨省的跨控制单元排放交易两种情况，跨控制单元的排放交易程序如下（图3-2）：

① 申请：需求方（受让方）申请所需数量的许可，说明交易的必要性和可行性，并通过许可证交易平台或中介机构寻找供应方（出让方）。

② 协商：排污权的买卖双方就交易的标的物、交易数量、成交价格、交易时间等详细内容依照排污权交易管理部门的相关规定展开协商，未达成协议的返回第①步。

③ 审核：排污权交易主管部门对交易双方的资格、排污权限进行审核，核定供求双方的具体排污权交易数额，并确认是否同意这宗排污权交易的实施。对于省内的跨控制单元排放交易，由省级排污权交易主管部门统筹考虑跨控制单元排放交易对受让方所在控制单元水质的影响，核定受让排污权数额和受让污染物排放位置是否满足流域水质目标要求；对于跨

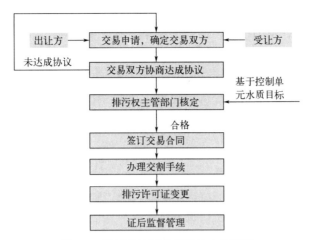

图 3-2　流域跨控制单元排放交易程序

省的跨控制单元排放交易，由流域排污权交易主管部门统筹考虑受让排污权数额和受让污染物排放位置对控制单元水质的影响，核定交易是否可行。

④ 交易：交易双方签订交易合同、办理交易手续，供求双方办理具体的资金与排污权的交割手续。

⑤ 变更登记：交易双方的资金与排污权交割在经排污权交易主管部门确认之后，即可办理变更排污许可证的登记手续，并且将交易合同备案存档以备监管之用。

⑥ 排污权交易跟踪：当完成排污权交割之后，生态环境主管部门要进行交易后续的监督，对超过排污权权限排放的企业采取处罚措施。

3.3.3.4　交易管理的趋势

流域排污权交易可在一定范围内实现环境资源的优化配置，改善水生态环境质量，但由于流域排污权交易机制尚不健全，相应的国家层面指导性法律、政策文件尚缺乏，在面向环境质量持续改善、生态环境质量总体上到 2035 年根本好转的需求下，排污权交易机制的建立和管理还需不断地丰富和完善。未来排污权交易管理重点应围绕流域水环境质量改善，把握好排污权交易与排污许可等相关制度衔接，建立完善的市场交易机制，推进排污权交易稳步、持续地开展。

（1）完善基于水质达标的流域排污权分配技术

以流域水环境质量改善为核心，考虑基于水质达标的流域污染物允许排放量的确定，将总量控制目标与水环境质量相衔接。在流域控制单元污染源详细调查的基础上，基于污染源与断面水质的响应关系，多要素、统筹考虑点源、面源污染负荷的分配及削减，完善基于水质达标的流域排污权分配技术，逐步扩大排污权可交易范围，更有效地通过污染源的控制促进流域环境质量的改善。

（2）加强排污权与排污许可等相关制度的衔接

排污权交易机制的建立和实施与总量控制、环评审批、排污许可证管理等多项政策均密切相关。将许可排放量与排污单位初始排污权相衔接，保证区域处于水质改善的总量控制目标约束下，同时将排污权落实于排污许可证实施，逐步完善以排污许可为核心的污染源管理制度。最终实现以总量控制为约束，以环境质量改善为目标，以排污许可为交易凭证的排污权交易管理制度。

（3）基于流域管理建立排污权交易中心

在市场经济条件下，单纯依靠市场进行资源配置，排污权交易市场的失灵问题就无法避免。因此在排污权交易市场建立初期，政府向竞标者提供交易规则，在交易制度逐步实施后，政府应在产权保护机制明晰、污染监测机制完善、区域间协调机制健全的客观条件下，积极发展污水交易市场。政府可基于流域管理的方式，在流域范围内，以流域管理为基础建立排污权交易中心，将其作为排污权中介机构，建立相关的信息系统，为交易各方提供信息，提高交易的透明度，降低排污权交易的费用。

3.3.4 流域排污权交易调控

流域排污权交易是运用市场机制解决水生态环境污染问题的一种综合方法，其具备市场化特点，又具备环境管理的特性，所以流域排污权与其他商品的交易有着本质区别。鉴于排污权交易的特殊性，政府部门应采取必要措施规范排污权交易行为，以达到优化环境资源配置、保护生态和生活环境、实现绿色发展的目的。

3.3.4.1 调控管理概况

排污权交易的目的是以符合成本效益的方法控制污染物的排放，而排放交易是污染者之间利用市场机制进行的交易。因此，为了规范这种交易行为，有必要对排污权交易进行适当的行政指导和协调，加强对污染者行为的检测和监督，以避免高昂的成本。排污权交易旨在结合环境效益和经济效益，鼓励污染者在环保部门的指导和监督下，按照适用的法律法规，通过市场机制，以公平、自愿、有偿的方式转让超额排放指标，减少污染物排放，达到总体控制水平，是保护和改善环境质量的一种民事行为。

排污权交易的调控管理是在国家实施低碳发展、绿色发展下，政府主管部门对环境资源实施统一监督管理的具体表现，属于环境监督管理的一项重要内容。通过对排污权交易的调控管理，可实现国家对环境资源优化配置的宏观调控和对环境资源使用过程的监督。

（1）调控管理的内容

排污权交易调控管理的内容涉及范围广泛，贯穿了排污权交易的全过程。主要包括水污染物排放总量的控制目标也就是排污权的确定、排污权的分配、排污权的核定发放、排污权交易机制及排污权的监督管理。

政府主管部门协调各有关部门制定合理的水污染物排放总量控制指标及分配方法。重点污染物排放总量的控制指标由国务院下达，再由省、自治区、直辖市人民政府分解落实到企事业排污单位，企业事业单位在执行国家和地方污染物排放标准的同时，应当受到总量控制指标的约束。

主管部门根据指导方案，确定管辖区域内统一的分配方案，根据国务院下达的控制指标要求，结合管辖区域内流域生态环境质量，落实排污许可证制度，将污染物排放指标科学核定逐级分解，通过排污许可证制度确认分配指标。经过确认的污染物排放权以排污许可证的形式核定发放给排污单位。因此，污染物排放总量控制的主动权在政府手里，企事业单位如果不通过申请排污许可证的方式无法进行排污行为，方便了政府部门对排污交易的监管。

排污权交易制度是污染物排放总量控制借助市场机制进行合理再分配排污权的手段，通过排污权交易制度为部分排污企业不断增加的排污需求给予一定程度的保障，可以缓解企业经济发展的需求和环境保护的管理之间的紧张关系，进一步在排污许可证制度的基础上调动企业参与污染物排放总量控制的积极性。政府部门对排污权交易市场的监督机制，保证了排污权主体之间交换环境权利并不会反向加剧环境污染。在政府部门的引导和监督下，排污主体进行彼此之间指标的竞争，充分的竞争既有利于激发排污主体自身控制污染的积极性，又有助于合理分配的实现。企业是环境污染的实际主体，本身最了解排污的实际情况，充分调动企业之间对于排污权指标的竞争，同时将对环境质量改善的贡献纳入到指标分配的考虑因素中，有利于推动企业主动改革生产工艺、减少环境污染。

（2）调控管理的方法

排污权交易的规范和管理影响到经济、社会和环境的诸多方面，其管理必然涉及多种相互支持、相互补充的手段，必须综合运用，才能实现优化环境资源配置、保护生态和生活环境、促进经济和社会可持续稳定发展的目标。排污权交易调控管理的方面包括：法律方面、行政方面、经济方面和技术方面等。

法律方面：依据法律法规对排污权交易进行管理是基础。不仅要根据环境保护法律法规和标准，对排污权确定、交易、使用的全过程进行监督管理，还要符合规范经济活动的法律法规的要求，维护参与排污权交易的各方的合法权益。

行政方面：排污权交易涉及地方政府、机构、污染企业、公众等多方利益，需要公共权力部门制定具有约束力的规定来协调各方关系，而利用行政手段对排污权交易进行规范和管理，也是政府对环境质量负责的体现。

经济方面：排污权交易本身就是利用经济手段进行环境治理的一种方式，对排污权交易的监管也需要经济手段作为履约的保障。要利用市场机制实现排放配额的供需匹配，按照客观经济规律确定排污权交易的成本，利用经济杠杆限制污染物排放，体现环境风险补偿。

技术方面：排污权交易与污染物监测、计量以及环境承载能力等关系紧密，排污权交易的调控管理需要借助环境科学及其他学科的理论和技术方法才可能实现。

在实际的排污权交易调控管理中，往往通过上述几种措施的综合运用，充分发挥各种方式的优点，从而提高整体效率，实现对排污交易的调控管理。

3.3.4.2 支撑体系

排污权交易的调控管理具有三大支撑系统，即污染物排放总量控制指标体系、控制污染物排放许可制度体系和污染源排放监测监管体系。

（1）污染物排放总量控制指标体系

污染物排放总量控制作为我国环境保护的一项重大举措，已在环境法律法规和政策中得到了充分体现和确认。1996年，国务院发布《国务院关于环境保护若干问题的决定》，并提出要实施污染物排放总量控制，抓紧建立全国主要污染物排放总量指标体系和定期公布的制度；到2000年，各省、自治区、直辖市的主要污染物排放总量控制在国家规定的排放总量指标内。1996年5月，第八届全国人民代表大会常务委员会第十九次会议修改通过了《中华人民共和国水污染防治法》（2008年已再次修订），其中第十六条规定："省级以上人民政府对实现水污染达标排放仍不能达到国家规定的水环境质量标准的水体，可以实施重点污染物排放的总量控制制度，并对有排污量削减任务的企业实施该重点污染物排放量的核定制度"。各地的地方性法律法规及一些流域法规中，也比较全面地规定了水污染物排放总量控制的要求。

污染物排放总量控制制度是针对我国曾经很长一段时间内污染物大量且集中式地排放，采取单一指标无法控制环境质量不断恶化的情况，建立的以控制一定时段内部分区域的污染物排放总量为核心的环境管理制度。污染物排放总量控制制度主要包括三方面的内容：其一是污染物排放总量控制目标的确定；其二是污染物排放总量控制指标的分配，包括国家第一次的行政分配和市场主体之间进行的二次分配，即排污权交易制度；其三是国家对于各种污染源的实际排放情况进行总量的核算与监管。确定一个合理的污染物排放总量控制目标对于制度的有效实施至关重要，而污染物排放总量控制目标的初次分配、二次分配的合理性对于制度的有效运行也非常重要。

对污染物排放总量控制的监管，分为两个层面。第一层是行政主管部门通过自身的技术收集排污信息，通过行政主管部门自身的管理行为避免污染物排放总量控制制度的失效。第二层是通过社会团体、民间组织和公民个体多方进行监管。目前我们国家已经初步建立了全国排污许可证管理信息平台，借助数据平台对污染物排放监测数据进行整理和适当有效的公布，引导社会各界主体对于污染物排放总量控制进行监督，是保障排污许可证制度和排污权交易体系顺畅运行的必然要求。

污染物排放总量控制是开展水污染物排放权交易的基础。水污染物排放总量控制不仅为确定区域水污染物排放权总量提供了依据。而且，相关的法规、健全的制度、整套的管理模式等都为实现水污染物排放权交易的调控管理奠定了基础。

（2）控制污染物排放许可制度体系

控制污染物排放许可制（简称排污许可制）是依法规范企事业单位排污行为的基础性环境管理制度，环境保护部门通过对企事业单位发放排污许可证并依证监管实施排污许可制。2016 年 11 月，为进一步推动环境治理基础制度改革，改善环境质量，国务院根据《中华人民共和国环境保护法》和《生态文明体制改革总体方案》等，制定并发布了《控制污染物排放许可制实施方案》，作为中国实施排污许可制的纲领性文件。

1）法规支撑

2015 年施行的《中华人民共和国环境保护法》中明确规定"国家依照法律规定实行排污许可管理制度。实行排污许可管理的企业事业单位和其他生产经营者应当按照排污许可证的要求排放污染物；未取得排污许可证的，不得排放污染物。"在 2008 年施行的《中华人民共和国水污染防治法》及 2018 年修订的《中华人民共和国大气污染防治法》中也均有相关的条款规定。2013 年 11 月《中共中央关于全面深化改革若干重大问题的决定》明确改革生态环境保护管理体制，并明确指出"完善污染物排放许可制，实行企事业单位污染物排放总量控制制度"。随着排污许可制度的不断实施，我国加快了制度创新，推进了治理体系和治理能力的现代化建设。

目前已建立覆盖所有固定污染源的企业排放许可制度。以改善环境质量、防范环境风险为目标，将污染物排放种类、浓度、总量、排放去向等纳入许可证管理范围，企业按排污许可证规定生产、排污。截至 2020 年，全国基本完成排污许可管理名录规定的行业企业的许可证核发。

排污许可证已成为排污单位生产运营期排放行为的唯一行政许可。2019 年 12 月，生态环境部公布了《固定污染源排污许可分类管理名录（2019 年版）》（后简称《名录》），分批分步骤推进排污许可证管理。排污单位应当在《名录》规定的时限内持证排污，禁止无证排污或不按证排污。2020 年应完成所有行业排污许可证核发和排污信息登记工作，实现固定污染源排污许可全覆盖。

《名录》规定，根据污染物产生量、排放量和环境风险程度的不同，对不同行业或同一行业不同类型的废水排放单位可实行差别化的废水排放许可管理。废水排放许可简化管理适用于污染物产生量和排放量较少、环境风险水平较低的废水排放单位。简化管理的内容包括申请材料、信息公开、自查、台账记录和具体报告要求等。该制度规定，对废水管理单位各类水污染物排放和大气污染物排放实施综合许可管理。废水治理单位申请并取得统一的废水治理许可证；隶属于同一法人或其他组织、位于不同地点的废水治理单位分别申请并取得废水治理许可证；隶属于不同法人或其他组织的废水治理单位分别申请并取得废水治理许可证。已经公布实施的《排污许可证管理办法》明确了排污许可证的基本概念，确定了排污许可证申请、审查、核发和管理程序的规范要求。

2）制度支撑

企业环境管理内控制度是其日常运营、安全生产和清洁生产的重要保障；优秀的内控制度能促进合理利用资源、节约成本和能源、减少生产和排放。内控管理制度不仅是制度管理，也包括相关人员管理制度。企业还应结合企业特点补充完善内控制度体系，通过不断对企业环境管理内控制度进行完善与优化，提高环境管理水平及质量。

企业的自我监测系统以实施自我监测计划为基础。通过自我监测，企业可以对污染物的排放进行量化，比较污染物排放标准并批准其应用，或者在根据环境管理指标量化管理计算出排放量进行实际测量后，自行执行环境管理任务。

建立环境管理台账制度，是企业落实环境管理法律法规、制度规范的档案体现，是企业进行环境管理追溯的依据。台账管理要结合排污许可制度要求，对电子账、纸质账实施同步管理模式，安排专人负责，并且根据《排污许可管理条例》对台账保存 5 年以上。

关于收集系统许可证执行情况的报告制度，包括年度和季度执行情况报告，公司执行情况报告的周期由申请和发放收集系统许可证的技术规范要求决定。执行报告的编写主要包括信息的收集和分类、编写、质量控制和提交。在收集和分类信息时，必须注意确保信息的完整性；在编制实施报告时，必须对信息进行汇总，按照具体程序填写数据，分析自行监测数据，计算污染物排放值等；企业必须在规定期限内提交实施报告，并在信息平台上发布，再签字盖章后形成报告的印刷版本。企业必须确保执行报告真实可靠。

污染物排放信息公开制度。企业必须公布污染物排放的详细信息，便于公众监督。企业应依法严格执行《企业环境信息依法披露管理办法》的规定和生态环境行政主管部门的具体要求。

企业排污许可证发放以后，会涉及到期、延续、重申、变更问题。在《排污许可管理条例》中明确提到排污许可证有效期限是 5 年，届满以后企业要延续申请。若企业单位名称、法人代表等信息发生变化，要及时对排污许可证进行变更。如果污染物总量、排放标准变动，要由职能部门进行审批后方可变更。

《排污许可管理条例》执行阶段对重新申请提出了明确要求。在污染物排放项目需要进行新建、改建、扩建，或者涉及排放口位置和排放方法等重大变更时，需要重新提交申请。排放污染物许可证制度是开展水污染物排放权交易的载体。通过实施水污染物排放许可证制度，不仅可以把水环境质量目标与水污染物排放量联系在一起，更重要的是以排污许可证的形式确认了排污者所具有的水污染物排放权，利用排污许可证的管理依据和管理模式对水污染物排放权的使用进行监督管理，保证排污权交易的顺利实施，实现水污染物排放总量的有效控制，以促进水环境质量的改善。

（3）污染源排放监测监管体系

污染源治理也是我国环境保护的一项管理制度，多年实践表明，污染源的治理对于加快工业污染的治理、遏制点源污染物的排放起到了很好的效果。早在1989年，《中华人民共和国环境保护法》（2014年修订）就有相关规定，即"对造成环境严重污染的企业事业单位，限期治理。"污染源治理和达标排放是开展水污染物排放许可活动的前提。污染源治理是开发排污权交易的充分条件，只有加强污染源治理，排污单位才产生富余的排放权，才可以进行排污权交易，从而引导企业治理水平提升，大大削减水污染物的排放量，改善水生态环境质量，这是对排污权交易进行调控管理的有力措施。排放污染物许可证制度与污染源治理工作，为推行排污权交易政策提供了相应的法律法规和技术等方面的支持，满足对水污染物排放权交易进行调控管理的需要。

3.3.4.3 管理措施

对水污染物排放权交易的调控管理，需要根据不同的管理内容而采取不同的管理措施。针对水污染物排放权交易的管理措施，从如下几个方面进行说明。

（1）交易审核措施

交易审核是指政府管理部门对水污染物排放权交易主体和客体进行的相关审核，包括审核排污权交易双方的资格、排污权的交易数量。

排污权交易双方的资格审核，一是要看参与交易双方的合法性，交易双方应符合国家相关产业政策和环境保护法律、政策的要求；二是要看参与交易的双方在其生产经营活动中的环境行为是否符合相应的环保法规，废水的排放是否满足相关要求，即是否达到国家或地方规定的水污染物排放标准；三是要看交易是否属于限额交易，限额交易的目的在于确保所交易的排污权指标真实可行，以确保水污染物排放权的交易能够满足水环境质量的要求，防止造成新的水环境问题的出现。交易的排污权需满足管理、经济、技术方面的可行性。

（2）指标监管措施

指标监管措施包括水污染物指标因子和水污染物指标总量。主要是指参与二级交易市场的双方取得的水污染物排放权，应具有与所排放的水污染物相对应的排污权指标，方可从事生产或经营活动。水污染物排放权是排污单位从事生产经营必不可少的前提要素，排污单位只有取得相对应的水污染物排放权指标，才可投入试生产或试运行。而对应的出让方只有减少水污染物实际排放量，才能获得富余的排放权进入二级市场进行交易。该措施可严格控制受纳水体水生态环境质量，避免由于新增污染源增加污染物排放量，有效平衡区域的水污染物排放权供求。

（3）排污权储备措施

排污权储备措施以区域或流域水环境质量现状和水环境容量为基础，科学计算水环境承载力，将该承载力可消纳的水污染物排放量分为分配量和储备量，分配量用于一级市场进行分配管理，储备量暂不投放交易市场，根据水生态环境质量改善情况及社会经济发展需要等分批采用不同方式，投入交易市场。排污权指标储备量可以有效调控排污权交易过程中的各种投机现象，引导排污权交易市场的健康运行，体现了政府对排污权交易的宏观调控，保证涉及国计民生的重大项目的顺利建设。

排放权总量调控是指标监管措施和排污权储备措施的基础依据，是指政府部门根据当地流域水生态环境质量状况以及国民经济和社会发展的要求，对水污染物排放权总量指标进行相应的修订，包括对所在行政区域水污染物排放权总量的调整、流域或河段排污权指标的调整等。该调整只是对区域水污染物排放权总量的重新分配，并不增加水污染物的排放总量。其最终目的是满足水污染物排放总量控制和改善水环境质量的要求，优化区域资源配置，促进国民经济和社会的协调发展。

（4）全过程监督措施

全过程监督措施是指政府主管部门对排污权交易全过程实施监督管理，对排污权的变更进行跟踪管理，对排污权的使用情况进行监督。通过对排污权跟踪管理，记录排污权的分配、交易、拍卖等情况，可及时了解和掌握排污权指标的流向以及有关排放单位的真实排放情况。通过对排污权使用情况的监督，可对排放单位各类水污染物的排放进行准确监督，核定排放单位水污染物的真实排放量，从而掌握其污染治理设施的运行情况和污染物达标排放情况，有效实现政府物联网＋N 的监管措施。通过在线监测系统等措施，可全面了解排污权交易的动态变化，实际上展现了政府对环境质量的责任和对环境资源管理的真正承诺，保证了减污增效绿色发展措施的实施。

（5）第三方评估措施

第三方评估措施是通过对水污染物排放权交易的执行情况作出客观、科学的评估过程。第三方评估不仅评估流域水污染物排放权使用情况，还要对流域水生态环境质量进行调查评估。将评估结果向政府主管部门定期提交，以便政府主管部门进行决策。通过对评估结果的分析，政府主管部门应及时汇总区域水污染物排放总量、变更情况、流域水生态环境质量变化趋势，对实施排污权交易后流域水生态环境效益进行评价，并根据评价的结果适时调整监督管理措施。

（6）奖惩措施

奖惩措施是指政府根据相关法律法规，对有效削减水污染物排放量和违反排污权交易规定的行为，分别给予相应的奖励和惩罚的行政管理手段。

排污方实际污染物排放量低于其排放配额时，其剩余指标可以在市场上进行交易。这样的做法旨在促使排污者探索和应用更为经济高效的污染控制技术，同时也可以防止排污单位滥用或积存排污权指标。对于未获得排污许可证或者超出排放配额的排污单位，政府主管部门会对其实施处罚，并通过采取整改措施来加以纠正。这种措施的实施有助于引导企业遵循排放规定，同时也提供了一个奖励和惩罚的机制，以维护水环境的质量和可持续性。对情节严重的，可依据相应法律法规要求对企业及相关人员进行违法惩处。奖惩措施的目的在于规范排污单位的环境行为，保证排污权交易的顺利实施。

3.4 流域排污权交易制度体系

3.4.1 水环境质量现状调查

环境污染总量控制是一种综合性的环境管理方法，不仅仅限于控制各个污染源的排放量，还可以通过改善生态环境，增加环境容量，扩大允许排放总量等方式来实现。这种方法的目的是提高生态环境的质量，从而实现全流域水生态环境的稳定。通过开展流域水生态环境调查，掌握水质变化特征，科学计算出流域环境容量和污染源的允许污染负荷量，可实现对流域水生态环境质量的有效控制。

3.4.1.1 水环境质量调查

水环境污染对人类及其他动物的生存和福祉均造成了严重的威胁，国内外已经研发出多种类型的评价体系，例如基于理化指标的评估体系、基于栖息地质量的评估体系、基于水文情况的评价体系，以及基于生物的评价体系。生物评价体系凭借其快速的环境响应能力，日益受到青睐。目前已经广泛使用的生物类型包括鱼类、大型水生植物、浮游动物、底栖动物，以及微生物等。以天津市滨海流域的河流水生态为研究对象，评估天津市河流的水生态环境质量状况。

调查近年来天津市流域国控点的水质实测数据，采用《地表水环境质量标准》基本项目指标对河流水质状况进行评价分析可知：天津市 27 个河流断面中，有两个河流断面从 2016 年到 2019 年一直没有出现超标情况，分别是位于南运河的井冈山桥断面和位于尔王庄水库的尔王庄水库断面。这两个断面的水质目标标准分别是Ⅴ和Ⅲ，监测数据均常年达标。所有断面中超标次数最多的断面是翟庄子断面和万家码头断面，两个断面监测数据常年达标的指标有 15 个，分别为溶解氧、铜、锌、硒、砷、汞、镉、铬（六价）、铅、氰化物、挥发酚、阴离子表面活性剂、类大肠菌群、石油类和硫化物。其余 6 项指标，如高锰酸盐指数、化学需氧量（COD）、总磷（TP）、氟化物、氨氮和五日生化需氧量均有超标现象出现。所有断面中水质呈改善趋势的分别是北排水河防潮闸断面、翟庄子断面、沧浪渠出境断面、曹庄子泵站断面、大红桥断面、大套桥断面、海河大闸断面、尔王庄水库断面、井冈山桥断面、黄白桥断面、淋河桥断面、马棚口防潮闸断面、生产圈闸断面、塘汉公路桥断面、土门楼断面、西屯桥断面、北洋桥断面、三岔口断面、蓟运河防潮闸断面、团瓢桥断面及青静黄防潮闸断面。所有断面中水质虽有改善但仍存在超标现象的断面分别为沙河桥断面、于桥水库中心断面、大套桥断面、黎河桥断面、果河桥断面、万家码头断面、海河大闸断面、马棚口防潮闸断面、团瓢桥断面、北排水河防潮闸断面、翟庄子断面及沧浪渠出境断面。

3.4.1.2　污染源排放调查

（1）污染物排放情况

根据《第一次全国污染源普查城镇生活源产排污系数手册》，天津属于一区，所有市辖区属于一区 1 类城市，城镇居民生活污水排放系数选用化粪池排放系数。一区 1 类城市居民生活污水排放系数：化学需氧量化粪池系数为 61g/（人·d），氨氮化粪池系数为 9.2g/（人·d），总氮（TN）化粪池系数为 11.5g/（人·d），总磷化粪池系数为 0.81g/（人·d）。取城镇生活污水的污水处理厂收集率为 80%，且进入污水处理厂后的去除率为 70%。通过计算城镇生活污水排放负荷，统计出 2017 年天津市城镇生活污水 COD、氨氮、TN、TP 的入河排放量分别为 67395.82t、10164.62t、12705.77t、894.93t。

根据《生活源产排污系数及使用说明》，采用天津市辖县生活源污水污染物居民生活人均产生系数：COD 系数为 59g/（人·d），氨氮系数为 8.56g/（人·d），TN 系数为 10.98g/（人·d），NP 系数为 0.81g/（人·d）。取农村生活污水的污水处理厂收集率为 70%，且进入污水处理厂后的去除率为 80%。通过计算各县乡生活污水排放负荷，统计出 2017 年天津市辖县生活污水 COD、氨氮、TN、TP 的入河排放量分别为 34140.25t、4953.23t、6353.56t、468.71t。

根据天津市工业企业污染排放及处理利用情况，企业排水去向可分为进入城市污水处理厂或工业废水集中处理厂及其他排放方式两大类。其中进入城市污水处理厂或工业废水集中处理厂的 COD、氨氮、TN、TP 去除率分别取 90%、50%、25%、25%；其他排放方式的 COD、氨氮、TN、TP 去除率分别取 70%、40%、20%、20%。2014 年天津市工业企业化学需氧量、氨氮、TN 和 TP 的排放量分别为 23308.89t、2065.97t、3502.840t 和 384.83t。

采用农田径流废水源强系数法对农田面源污染物产生量进行测算，COD、氨氮系数参考《第一次全国污染源普查——农业污染源肥料流失系数手册》中标准农田污染物源强系数，TN、TP 系数参考《基于输出系数模型的北京地区农业面源污染负荷估算》：化学需氧量 10kg/(亩❶·a)，氨氮 2kg/(亩·a)，TN 1.35kg/(亩·a)，TP 0.14kg/(亩·a)。经计算，2017 年天津市农业种植化学需氧量、氨氮、TN 和 TP 的排放量分别为 57563.03t、11512.61t、7771.01t 和 805.88t。

规模化畜禽养殖采用《"十二五"主要污染物总量减排核算细则》中猪、奶牛、肉牛、蛋鸡、肉鸡产污系数，对已采取粪污治理措施的规模化养殖场主要污染物产生量进行计算，COD、氨氮、TP 的污染物去除率分别取 80%、40%、60%。经计算，2017 年天津市畜禽养殖化学需氧量、氨氮、TN 和 TP 的排放量分别为 42090.99t、2121.46t、0.00t 和 1029.63t。规模化水产养殖污染排放量根据《"十二五"主要污染物总量减排核算细则》中的相关产污系数计算，经过计算，2017 年水产养殖的化学需氧量排放量为 9288.75t，氨氮排放量为 0.00t，TN 排放量为 881.90t，TP 排放量为 171.46t。

（2）污染负荷结构分析

2017 年天津各类污染源 COD、氨氮、TN 和 TP 的排放量分别为 2.338×10^5 t、3.08×10^4 t、3.12×10^4 t、0.38×10^4 t，污染负荷按各类污染源来源统计，结果见表3-3。

表 3-3　不同类型污染源排放负荷汇总表

污染源	COD 排放量/10^4t	占比/%	氨氮排放量/10^4t	占比/%	TN 排放量/10^4t	占比/%	TP 排放量/10^4t	占比/%
工业	2.33	10.00	0.21	6.70	0.35	11.20	0.04	10.20
城镇生活	6.74	28.80	1.02	33.00	1.27	40.70	0.09	23.80
农村生活	3.41	14.60	0.50	16.10	0.64	20.40	0.05	12.50
畜禽养殖	4.21	18.00	0.21	6.80	0.00	0.00	0.10	27.40
水产养殖	0.93	4.00	0.00	0.00	0.09	2.80	0.02	4.60
农田种植	5.76	24.60	1.15	37.40	0.78	24.90	0.08	21.50
总计	23.38	100.00	3.09	100.00	3.13	100.00	0.38	100.00

根据统计，天津市城镇生活、农村生活、工业、农田种植、畜禽养殖、水产养殖等各来源污染负荷占比如图3-3所示。从图中可以看出，污染物主要来源为城镇生活与农田种植。COD 主要来自城镇生活，占比28.8%，其次是农田种植，占比24.6%，畜禽养殖占比18.0%，农村生活占比14.6%，工业占比10.0%，累计占比96.0%。氨氮主要来自农田种植，占比37.4%，其次是城镇生活，占比33.0%，农村生活占比16.1%，累计占比86.5%。TN 主要来自城镇生活，占比40.7%，其次是农田种植，占比24.9%，农村生活占比20.4%，累计占比86.0%。TP 的主要来源为畜禽养殖，占比为27.4%，其次为城镇生活，占比为23.8%，农田种植占比21.5%，农村生活占比12.5%，累计占比85.2%。

❶ 1 亩 ≈ 666.67m²。

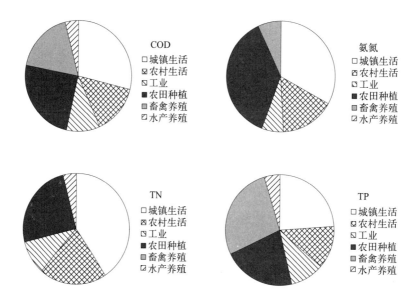

图 3-3　天津市污染负荷（COD、氨氮、TN 和 TP）来源占比图

3.4.2　水环境容量及排污权初始分配

3.4.2.1　流域水环境控制单元水质目标

"十二五"以来，我国已经初步建立了"流域-水生态环境功能分区-控制单元"的三级水环境管理体系，以控制单元作为水环境管理的基础单元，每一个控制单元确定若干控制断面，并明确控制单元的水质目标。目前，全国共有 1784 个控制单元和 1940 个控制断面，其空间尺度仍然较大。地方政府为了实现控制单元水质达标，一般情况下仍需在已经划定的控制单元基础上，根据水系特征和源汇关系进一步细化，划分次级控制单元，在子流域或次级流域范围为空间单元中，明确流域中污染源分布及其与受纳水体的空间对应关系，从而可以更加精细和准确地进行流域污染控制，最终确保通过流域污染控制保障控制断面水质达标。

这一过程中，将流域根据汇水特征，分解形成多个子流域或次级流域，以此为空间单元，进行污染负荷调查分析，明确污染源和受纳水体的空间拓扑关系。在此基础上，以流域整体为单位，或以子流域为单位，建立流域 TMDL 方案，并根据污染负荷分配方案，得到子流域范围内点源负荷允许排放量和面源负荷允许排放量，并将总量分配得到的运行排放量转换为点源和面源的许可排放量。与针对行业固定污染源许可排放量的不同之处在于，其考虑了多种污染源和压力的影响，如在流域点源许可限值确定的时候需要考虑面源的贡献。

（1）天津市水生态环境管理单元划分

经过实地调研，初步收集控制单元划分的相关资料，主要资料情况如下：河网资料、地形资料、水环境功能区、行政区（乡镇级）、控制断面等资料。天津市水生态功能四级分区最终得到 70 个水生态功能分区。水生态功能分区按地理位置划分包括海河北部下游、海河下游、蓟运河下游 3 类；蜿蜒度包括高、中、低 3 类；污染类型包括城镇复合污染、工业污染、天津城市污染 3 种等，最终以"地理位置＋污染类型＋蜿蜒度＋市控名"来命名。其中海河下游天津城市高蜿蜒度缓流低风西安子桥分区面积最大，为 932.82km²，该分区主要位于武清区，包括 16 个乡镇，分别为白古屯镇、曹子里镇、城关镇、崔黄口镇、大黄堡镇、大碱厂镇、大良镇、大孟庄镇、大王古庄镇、东马圈镇、东蒲洼街道、高村镇、河西务镇、南蔡村镇、泗村店镇、下伍旗镇；该区域内耕地面积所占比例高，要注意减少农业面源污染对河流水质的影响。海河下游天津城市高蜿蜒度缓流低风郭辛庄桥分区面积最小，为 4.10km²，该分区主要位于北辰区，主要涉及 3 个乡镇，分别为佳荣里街道、集贤里街道、果园新村街道；该分区主要位于永定新河上，涉及河流为海河干流，流经天津市区，特点为水面宽，水量大，河岸硬化，河道硬化。

（2）天津市水生态环境功能区管控目标设置

天津市的水环境功能区划是基于海河流域天津市水功能区划成果所进行的。该区划涵盖了天津市行政管理范围内的重要地表水体，包括海河流域在天津市内七大水系的 35 条主要河流（段）、6 座大中型水库以及中心市区的 9 条二级景观河道，共计划分为 76 个一级分区，其中有：保护区 3 个，开发利用区 50 个，缓冲区 23 个，无保留区。结合天津市的实际情况，在 50 个开发利用区内又划分出 58 个二级区。每个水功能区均明确了起止点、长度、水体功能、水质目标等。

3.4.2.2 河流水质压力响应关系分析

（1）排污口-水质响应关系研究技术框架

根据水生态环境管理单元划分成果，研究分析区域发展业态分布特征、行业布局特征和污染物排放特征，核算每个单元的污染排放量和污染源结构，梳理单元与河流水质的空间产-汇关系，利用数学模型建立各单元污染排放与对应水质断面之间的压力-响应关系，为精准制定污染控制方案提供依据。

针对主要河流特点，对天津市范围内的 4 条主要水系进行模型构建，分别为蓟运河水系、潮白河水系、永定新河水系、海河和独流减河水系。根据模拟河流水系特点，沿河将河流划分为若干河段，用于模型的模拟计算。根据天津市 4 条重点河流的水质模型的构建情况，结合水生态环境管理单元分布情况和污染排放情况，将水生态环境管理单元概化成一个排口，该排口对应重点河流干流其中一个断面，即每个水生态环境管理单元排口从一个特定的断面排入河流，汇入河流后影响下游断面。

（2）水质模型介绍

MIKE 模型是针对独流减河的具体情况，特别是下游闸控出水入海的特性，建立的为水质管理服务的通用模型。它包括河流的点源和非点源的输入，模拟的主要水质指标是 BOD、COD、氨氮和 TP。通常选择较先进的通用水质模型 MIKE11 模拟独流减河的水动力水质变化情况。

该模型的主要优点如下：

① 广泛适用性。它已经在世界范围内很多成功应用中得到验证，成为许多国家（如澳大利亚、英国、孟加拉国等）的标准。经过多个国家政府机构和应用机构的验证，这个模型具有广泛适用性。

② 模型可扩充性。在模型中，水动力、水质等多个模块可以根据需要相互选择，这使得该模型适用于不同类型的水体系统，如渠道、河网、溪流等。

③ 参数确定有效性。这个模型的大多数计算模块都配备了参数自动确定、不确定性分

析和灵敏度分析的功能。

④ 软件界面友好性。模型设计结构及工作流程合理，易于学习使用及结果演示。

MIKE11 按照软件系统工程的思想进行设计，每个模型子系统都包括多个子模块。这些模块可以独立运行，处理特定的问题，也可以相互关联、自动耦合，提供条件和反馈，解决复杂的问题。其中，对流扩散（AD）模块用于模拟在水流和浓度梯度的影响下，溶解或悬浮物质如盐分、沙土、溶氧、无机物、有机物等在时间和空间上的传输扩散过程。该模块可以模拟这些物质在水流和浓度梯度作用下的传输过程中随时间的变化。水质（WQ）模块则用于评估污染源对水环境的影响，需要与 AD 模块耦合运行。通过求解描述与细菌生存有关的物理、化学、生物过程的微分方程组，该模块模拟了工农业和生活污水排放与河流水体相互作用以及对生态环境的影响过程。它确定了不同空间位置上水质状态变量（如温度、BOD、COD、DO、NH_3-N 等）随时间的变化。水质模型分为六个级别，从简单的 BOD-DO 关系模型，到包括硝化、反硝化、水底生物生长、泥沙沉积与再悬浮、底泥耗氧以及各种化学和生物过程滞后等复杂过程。

考虑到点源输入及偷排、漏排现象的影响是不确定性的主要来源，而非是模型参数和模型结构的影响，认为通过 Qual2K 模型可以较好地模拟某一特定时期稳态的河段水质的变化。

Qual2K 模型适用于模拟符合一维稳态的河流，它能够预测多种污染物在河流中的迁移和衰减过程。在使用这个模型进行模拟之前，首先需要将要模拟的河道划分为一系列恒定非均匀流的河段，然后将每个河段进一步划分为若干个计算单元。模型假设同一河段具有相同的水力、水质特性和参数。Qual2K 模型的基本方程式是一个随流弥散迁移方程，方程包括随流项、弥散项以及源和漏项，能描述水质变量随时间和空间变化的情况。模型主要输入指标包括河段的地理特征、气候特征、水力学特征、水体的理化及生物特征参数、点源和非点源汇水水质、初始条件、水质监测数据。模型以 excel 为基础开发，操作较为简便，能模拟13 种常规污染物，但只能进行稳态的模拟。

3.4.2.3　区域容量总量分配方案分析

流域水环境容量是指在特定的水域范围、水质目标、水文条件以及排污口位置和排放方式的前提下，该水域所能容纳某种特定污染物的总量，也可以称之为允许纳污量，考虑排污口排放约束情况下的水环境容量则指可以控制和分配的污染物总量。所有污染源所能排放的某种污染物的总量，即允许排放量，其主体不是受纳水体，而是单个污染源或多个污染源的总和，数值上小于允许纳污量。

（1）情景分析方法

建立水环境模型对水体的水质过程进行模拟，是流域允许纳污量计算的基础和依据。当前，水环境质量模型和相关的计算技术都有了长足发展，多种应用广泛和成熟的模型都可用于湖库允许纳污量计算。根据模型的原理不同，其可分为简单水环境容量模型和水动力-水质耦合模型。

根据采用模型的不同和计算思路的差异，可将流域允许纳污量计算方法分为稳态算法、动态算法和复合算法三类。通过情景方案的设计，可直接利用模型工具进行允许纳污量的计算。

1）稳态算法

稳态算法是指我国水环境质量管理中，基于简单水环境容量模型的允许纳污量的传统计算方法。该方法通常将某段水体视为零维水体，采用零维模型，河流常采用解析解模型或一维稳态模型，不考虑水质的时间差异。

稳态计算法虽然存在计算结果不确定性较大的问题，但是其简单快捷，适用于水文水质时空差异小、基础数据比较缺乏的湖库和河流。

2）动态算法

动态算法通过对河流或湖库水体的水文水质过程进行动态模拟，计算不同输入情景下的水文水质状况，建立负荷-水质相应关系，进而根据控制目标计算允许纳污量。

3）复合算法

根据流域水体控制单元的水文水质特征与控制目标，设定或选取典型时期的水文、气象、污染源数据，组成允许纳污量计算的基础情景。模拟基础情景下湖库水质时空变化过程。

采用试错法，在现状污染负荷或设计污染负荷的基础上，逐次增加或减少负荷，分析记录相应的控制目标具体指标值，形成量化的负荷-水质响应关系。根据控制目标具体指标的限值，找到在所有控制目标均得以满足的条件下，该水体能够接纳的最大污染负荷，即其允许纳污量。

大气沉降和内源释放不纳入分配，并且属于控制单元水环境模型的重要边界条件。因此在计算湖库型控制单元的负荷-水质响应关系之前，应当确定大气沉降和内源释放的污染负荷时空分布，作为模型输入，但不对其进行增减。

结合对污染物在水体中短期或局部效应、长期和综合效应的分析，水体控制单元的允许纳污量计算应当考虑这两个方面的影响。因此计算允许纳污量时，应当分别从长、短两个时间尺度对污染源排放强度进行限制。具体时间尺度可根据控制单元的实际情况和污染物的特征进行分析确定。

复合算法综合了稳态算法和动态算法的优点，首先采用稳态算法估算目标水体的环境容量，并据此得出初步负荷分配方案，再用动态算法对相应的水动力和水质过程进行模拟分析，根据控制目标，确定准确的允许纳污量。

采用正反算法相结合的技术，对流域水环境容量的计算与负荷分配方案的制定进行耦合，使得污染源与水体水质直接建立关系。水质目标确定后，直接将管理要求落实到污染源，便于实际治污工作的开展。

反算法过程估算总体流域水环境容量：反算法即在确定水质目标的情况下，通过较简单的零维或一维水环境容量模型计算水环境容量，再通过排放方式概化与简单的负荷分配假定，计算排污口的允许排放量。反算法因为考虑因素较少，概化尺度较大，计算结果相对粗略，可用于估算总体流域水环境容量。

优化负荷分配方案：基于反算法的结果，以及科学性、可行性、公平性、经济性四大原则，优化负荷分配方案，制定优化后的排污情景，作为正算法的输入条件。

正算法校核负荷分配情景下目标区域达标情况：在已知污染源位置、污染源排放方式、研究水体的水文条件等情况下，通过复杂水环境模型，计算研究水体各空间点、时间点上的水质指标。模型考虑多种边界条件，考虑多指标之间的相互作用，最终计算出精度较高的模拟结果。分析模拟结果是否达到水质目标的要求，如果能够达到水质要求，即将此分配方案存入可行方案库；如果不能达到水质要求，则依据分配原则，再次修改方案，并应用模型进行试算。

优选可行方案：对于优化分配方式后仍能达到水质目标的方案，依据不同的控制目标，例如经济最优、水质最优、技术最简等，进行方案的优选，得到适用于湖库实际情况的最终污染分配方案。

（2）规划分析方法

1）规划模型的分类

按约束条件类型：无约束最优化、约束最优化。

按目标函数和约束条件数学形式：线性规划、非线性规划。

按决策变量、目标函数形式和要求：整数规划、动态规划、网络规划、随机规划、几何规划、多目标规划。

按决策变量是否连续：函数最优、组合最优。

2）规划模型的求解

传统基于导数的优化方法有以下几种。

无约束规划：梯度法、共轭梯度法、拟牛顿法。

约束规划：序列二次规划法、罚函数法。

线性规划：单纯形法等。

现代智能优化方法有遗传算法、模拟退火算法、蚁群算法、粒子群算法、神经网络算法、禁忌搜索算法等。

3）常用的规划模型

常规污染物流域水环境容量计算一般最常用的规划方法主要是简单的约束线性规划。其他如多源混合区容量规划、多源功能区容量规划等，可参见相关研究报告的内容。以下介绍常见规划模型。

约束线性规划：

目标函数：

$$\max \sum_{j=1}^{m} X_j \quad j=1,2,\cdots,m \tag{3-1}$$

约束方程：

$$\sum_{j=1}^{m} a_{ij} X_j \leqslant C_i - C_{0i} \quad i=1,2,\cdots,n \tag{3-2}$$

$$X_j \geqslant 0 \tag{3-3}$$

式中，决策变量 X_j 为第 j 个污染源的排放量；a_{ij} 为第 j 个污染源对第 i 功能区的响应系数（即单位排放量的浓度增量）；C_i 为第 i 功能区的水质控制浓度；C_{0i} 为所有不作为可分配容量计算的背景负荷对第 i 功能区的浓度贡献。假设所有污染源的流量维持不变，目标函数为某一保守污染物的最大允许排放总量，这是一类最简单的线性规划问题。利用线性规划可得到流域内的水环境容量。

上述环境优化问题非常简单，但是可能不实用，优化的结果往往不可行，较难被各方面接受，如公平问题、经济问题、效率问题。要使得到的解有实用性，增加约束一般是较好的方法。如污染源的特性不同，使用技术的效率不同，可利用已有信息（如现状排放点位置、现状排放量、预测排放量、处理工艺的效率等）建立分配原则，进而提出该分配原则下的可分配总量的最优解。

约束非线性规划-目标函数非线性：

当污染物排放量与水质的响应关系呈线性，但目标函数本身却是非线性的情况时，可以考虑使用广度优先搜索（BFS）或深度优先搜索（DFS）等搜索技术来寻找最优解。

目标函数：

$$\max(\min)f(X_j)\ j=1,2,\cdots,m \tag{3-4}$$

浓度约束方程：

$$\sum_{j=1}^{m}a_{ij}X_j\leqslant C_i\ i=1,2,\cdots,n \tag{3-5}$$

决策变量的上下限约束：

$$X_{j\max}\geqslant X_j\geqslant X_{j\min} \tag{3-6}$$

其他约束：

$$Y(x)_{j\max}\geqslant Y(x)_j\geqslant Y(x)_{j\min} \tag{3-7}$$

约束非线性规划-约束条件非线性：

当污染物排放量变化与污水量变化有关，线性响应关系不存在时，可将零维水质计算作为规划方法的一个子程序，通过广度及深度搜索技术，寻找最优解。这种方法仅使用简单的有解析解的水质模型。

目标函数：

$$\max\sum_{j=1}^{n}X_j\quad j=1,2,\cdots,m \tag{3-8}$$

浓度约束方程：

$$\sum_{j=1}^{m}f(X_j)\leqslant C_i \tag{3-9}$$

决策变量的上下限约束：

$$X_{j\max}\geqslant X_j\geqslant X_{j\min} \tag{3-10}$$

其他约束：

$$Y(x)_{j\max}\geqslant Y(x)_j\geqslant Y(x)_{j\min} \tag{3-11}$$

4）规划模型选择原则

规划模型受目标函数和约束条件的函数类型、变量数值的影响，在求解过程中往往也会出现迭代失败、终止计算的问题，在模型选择时，也应该选择稳定成熟的模型。规划模型的构建一般针对性更强，根据实际问题，选择合适的模型，能够有效地提高计算效率。在选择模型时，应优先选择操作简单、使用方便的模型。目前有很多已经软件化的规划模型，很大程度上提高了模型的实用性，应优先选择使用。

规划模型的目标函数和所有约束条件均为线性时，宜首先选择线性规划模型。

规划模型的目标函数和约束条件随时间动态变化时，宜选用动态规划模型。

规划模型中每个变量的取值都确定时，宜选择确定性规划模型。

5）污染物总量分配方法

污染负荷分配是基于流域水环境容量分配原则的合理性分析，从负荷分配的科学性（满足标准、强调可持续发展）、公平性（强调合理、机会的平等）、效率性（强调可行、易管理）和经济性（强调治理经费利用率及来源）出发，给出多种分配原则，分析各分配原则的内涵。针对各类典型湖库控制单元，在总量分配的公平性、效率性、科学性、经济性之间进行平衡和协调，得出不同的分配方案。

科学性：科学性原则是指为了使分配结果满足可持续发展的要求以及符合绝大多数人的利益，污染负荷分配过程必须具有充分的科学依据。

水体纳污负荷分配作为污染物总量控制的一个重要环节，也是保护水环境质量、实现流域可持续发展的重要途径。因此，科学地分配污染负荷对于流域控制单元管理来说是十分重要的。分配方法的科学性是在科学地计算流域水环境容量的基础上，量化污染源与负荷间的响应关系，量化计算可用于分配的负荷量，并结合污染源的实际情况，综合考虑技术可行性、经济因素、环境效益、利益相关者意见等因素，制定有理有据的分配方案。

公平性：公平性原则是指在某方面均等对待所有参与者。污染负荷分配的公平性原则，是指各个污染源针对不同的考虑因素具有相对平等的分配权利，分配的结果有助于激发各排污点防治污染的积极性和整个区域发展的平衡。

环境容量是一种公共资源。在分配过程中，剩余环境容量较大、供给充足时，分配是否公平并不引人注意；但当环境容量成为紧缺资源时，公平分配就显得至关重要。通常公平性是针对某一量化指标而言的。对于污染负荷分配，这一指标可以是负荷贡献率、产污面积等。换言之，公平是一个相对的概念，从不同的角度有不同的衡量标准与解决方法。公平性原则需要在考虑区域人口、经济、环境承载力、现状环境状况等条件下，尽可能地减少因分配问题而导致的纠纷。

效率性：效率性原则是指在可行的前提下，以最小的投入或损耗换取最大的效益。环境容量属于稀缺性资源，对于环境资源的利用效率成为社会最关心的问题之一。在传统的生产资源分配中，人们总是倾向于将资源更多地分配给经济效益较高的生产者，以获取全社会的最大效益。在水污染防治规划中也存在类似的问题，那些生产效率低下、对社会财富增值贡献很低的企业占据大量的水环境容量，这是对资源的浪费。

从保护和改善水环境质量的角度出发，将水环境改善程度视为效率性原则所追求的效益，将负荷削减程度视为投入或损耗，优先控制负荷大、对水环境质量影响显著的污染源。

经济性：经济性是在确保污染负荷分配方案科学可行、公平、有效之后，追求在控制单元范围内以最少的经济投资获取最大的环境效益。经济最优原则在污染负荷分配方法中主要体现成本的最小化上，所以处理费用最小化方法和边际净效益最大化方法在实现经济优先原则上有着重要的作用。

（3）控制单元-河道断面压力响应关系分析

根据天津市 5 条重点河流的水质模型构建情况，结合乡镇或街道分布情况和污染排放情况，将每个乡镇或街道概化成一个排口，该排口对应重点河流干流其中一个断面，即每个乡镇或街道排口从一个特定的断面排入河流，汇入河流后影响下游断面。

流域水环境容量是一定排放条件下保证河流达标的全流域允许纳污量的最大值和上限值，仅受自然背景、来水条件、排放位置、水质标准的影响，可以作为流域水污染防治的参考标准。基于分区的污染物排放量与水质压力响应关系，在实现河流全断面水质达标的条件下，可进行水环境容量计算。

根据水质模型计算结果，估算重点河流 COD 通量为 32250t，氨氮通量为 1121t，TP 通量为 264.8t；优化得到河道允许纳污量，COD 为 20570t，氨氮为 1427t，TP 为 261t。为了将总量管理落实到每个管理单元，根据水生态分区成果，结合分区与河流水质断面的产汇关系，基于流域控制单元水质响应关系，建立基于分区的污染物排放量与水质压力响应关系，基于一定的分配准则，实现区域容量总量优化分配。

（4）区域容量总量优化分配

区域容量总量分配受流域环境容量影响，同时受发展状况影响，也必须遵循科学性、公平性、效率、经济性的原则，保证总量分配方案合理、可行。天津市水环境容量总量分配基于乡镇尺度，建立乡镇污染排放与河流水质的影响关系，利用水环境目标制定乡镇的排污约束。本次容量总量分配优先考虑总量控制和污染控制措施的可行性，制定分配原则。

乡镇排污量不大于现状排污量：

我国实施污染总量控制政策和制度，无论是重点流域污染控制规划还是地区的污染减排规划，均要求地区排污量在规划期内稳定下降，遵循这一要求，确定乡镇分配排污量不大于现状排污量。

乡镇排污量不小于现状排污量的10%：

利用优化模型进行总量分配时，常常会出现在影响较小的区域分配很大的排污量，而在敏感区域分配较小的排污量。这是一种科学的决策结果，但是在实际过程中不易实现，或者说不可能实现。为了避免这一结果出现，考虑区域污染治理中污染物最大削减率为90%左右，确定乡镇分配排污量不小于现状排污量的10%。

流域排污效率最大：

在限制乡镇的最大和最小排污量的基础上，利用线性规划模型进行优化计算，计算基于全流域断面达标的最大排污量，确保流域纳污效率最高。

1）乡镇或街道排放量统计

根据污染源分析成果，统计各乡镇或街道污染物排放量现状，作为总量分配的上限值，乡镇或街道 COD 排放量为 242792t/a，氨氮排放量为 31682t/a，TN 排放量为 47254t/a，TP 排放量为 3919t/a。

2）区域总量分配方案

按照以上原则，利用线性规划模型，制定天津市重点流域乡镇的总量分配方案。考虑区域排放量约束条件下各河流最大纳污量，结合流域排放量与河道通量之间的比例，得到流域最大允许排放量，作为流域允许排放总量方案。

蓟运河流域内共有 48 个乡镇，COD 排放量为 52522.5t，氨氮排放量为 6716.6t，TP排放量为 769.7t；基于蓟运河水质模型，估算蓟运河 COD 通量为 5176.8t，氨氮通量为317.8t，TP 通量为 60.6t；估算流域平均入河系数，COD 入河系数为 0.099，氨氮入河系数为 0.047，TP 入河系数为 0.079。按照线性规划模型，优化得到河道允许纳污量，COD为 4583.9t，氨氮为 278.8t，TP 为 56.1t。结合流域入河系数，计算流域允许排放量，COD为 46506.9t，氨氮为 5892.8t，TP 为 712.1t。蓟运河总量分配结果与容量差别不大，说明蓟运河流域内污染源强相对比较平衡。

海河流域内共有 93 个乡镇，COD 排放量为 66838.5t，氨氮排放量为 9720.9t，TP 排放量为 1029.8t；基于海河水质模型，估算海河 COD 通量为 19519.9t，氨氮通量为 417.0t，TP 通量为 128.3t；估算流域平均入河系数，COD 入河系数为 0.292，氨氮入河系数为0.043，TP 入河系数为 0.125。按照线性规划模型，优化得到河道允许纳污量，COD 为8102.5t，氨氮为 336.3t，TP 为 91.0t。结合流域入河系数，计算流域允许排放量，COD 为27743.8t，氨氮为 7838.4t，TP 为 730.7t。海河氨氮总量分配结果与容量差别较大，说明流域内氨氮污染源强存在排放不平衡的问题。

独流减河流域内共有 31 个乡镇，COD 排放量为 40542.3t，氨氮排放量为 4666.5t，TP

排放量为 632.2t；基于独流减河水质模型，估算独流减河 COD 通量为 2353.0t，氨氮通量为 35.1t，TP 通量为 6.9t；估算流域平均入河系数，COD 入河系数为 0.058，氨氮入河系数为 0.008，TP 入河系数为 0.011。按照线性规划模型，优化得到河道允许纳污量，COD 为 1383.0t，氨氮为 72.0t，TP 为 15.5t。结合流域入河系数，计算流域允许排放量，COD 为 23829.6t，氨氮为 9587.9t，TP 为 1413.2t。独流减河总量分配结果与容量差别不大，说明流域内污染源强相对比较平衡。

3.4.2.4 流域污染物排放总量治理

根据总量分配方案，结合现状排污量，确定不同河流的污染物削减方案。充分考虑流域内污染源结构和河流污染物输送特征，判别流域主要需要控制的污染源类型，给出控制思路。

（1）河流污染特征分析

根据水质模型计算结果，可以得到河流河道内年污染物存量和通量，其中蓟运河、永定新河、潮白河、海河 4 条河流的通量远大于河道存量，存量大约占到通量的 20%，反映 4 条河具有较大的交换能力，水更新快，独流减河的存量远远大于河道通量，独流减河交换能力不强，水更新慢。因此，蓟运河、永定新河潮白河、海河 4 条河流可重点考虑点源的影响，独流减河则需要全部源统筹考虑。

（2）流域污染源排放结构分析

按照流域对污染源排放量进行统计，蓟运河点源 COD、氨氮、TP 分别占到 49%、41% 和 30%；永定新河和潮白河点源 COD、氨氮、TP 分别占到 30%、35% 和 32%；海河 COD、氨氮、TP 均占到 90% 左右；独流减河点源 COD、氨氮、TP 分别占到 40%、44% 和 46%。

（3）流域污染源削减策略

从污染源结构分析来看，蓟运河点源 COD、氨氮、TP 分别占到 49%、41% 和 30%，提高处理率后，能够满足削减目标；永定新河和潮白河点源 COD、氨氮、TP 分别占到 30%、35% 和 32%，全部处理后也无法达到削减目标，因此应该进一步强化种植业污染物控制；海河 COD、氨氮、TP 均占到 90% 左右，通过点源控制基本可达削减目标；独流减河点源 COD、氨氮、TP 分别占到 40%、44% 和 46%，其中氨氮和 TP 基本不用削减，COD 进行点源处理外，还应该对种植业加以控制，方可达到削减要求。

3.4.2.5 其他流域的排放总量分配方案分析

（1）太湖流域南湖区排污权初始分配机制

1）正确选择排污权初始分配的核定标准

选择合理准确的初始分配标准，排污许可证核发中可供选择的核定标准一般有三种，一是近年来的环境统计数，二是经当地环保部门审批的环评基数，三是推行初始分配权有偿分配时重新核定的基数。南湖区采用第二种方法，并允许和引导企业根据目前的实际需要量自愿放弃部分多余指标。选择这一标准的客观依据充足，企业认可。全区 440 家购买初始排污权的企业中约 50 家企业的购买量小于环评基数，自愿放弃化学需氧量 284.9t。放弃部分排污权的企业多是环评基数较大的企业，近年来企业实际排放量大都小于环评基数。

2）采用灵活机制允许企业选择多种认购方式

在推行初始排污权有偿使用的过程中，采用灵活机制，允许企业选择多种认购方式，可以选择一次性买断排污权，可以采取分期分批购买排污权的方式，也可以购买临时排污权，并设计了体现公平、有所区别的购买价格和权益。这一政策加快了全区排污权有偿使用的进程。

3）针对新老排污单位实行差别管理

推行初始排污权交易可能的阻力主要来自老排污单位，因此，南湖区在制度设计中对新老排污单位实行差别化政策，老排污单位的排污权价格按初始指导价的 60% 实行。此外，还可以引入排污权的回购制度。当排污单位因转产、破产、关停等原因导致排污减少或停止时，其持有的排污权可以在排污权市场上出售，或者由区域交易中心进行回购。回购的价格一般会按照初始指导价的 75% 进行计算。排污单位须在取得排污权一年后才可由交易中心回购。

4）排污权交易两级市场的衔接比较得当

通过把一级、二级市场有机地结合起来，在排污权有偿分配初步完成后，立即开展了排污权二级市场拍卖会。

（2）主要成效

南湖区实行的初始排污权有偿分配和交易的制度创新与其他县（市、区）实行的以超额减排量进行交易的模式相比，呈现出三方面成效。

较大程度上解决了"存量排污权无偿占有、增量排污权有偿使用"的环境资源分配不公平问题。尽管老排污单位享受 60% 的价格优惠，但毕竟走上了有偿使用环境资源的新路，这对排污企业树立生态文明理念和培养社会责任意识具有不可低估的长效作用。

新制度把主要污染物总量控制指标下达到每一个污染源，较好地减少了目前其他县（市、区）普遍存在的减排任务压在重点企业身上的不公平现象，在此基础上，只要进一步完善制度设计，就有望营造出每个排污企业投身减排工作、排污权交易市场供需平衡发展的良好局面。

集中力量建设一些公共环保设施，进一步改善水质和大气环境。采用初始排污权有偿分配制度并回收了 3095 万元的资金，为环保专项资金注入了强大动力，这为推进生态南湖建设带来积极影响。这些资金的使用计划包括扩建生活污水处理设施和畜牧业粪尿资源综合利用设施。

3.4.3 排污权市场交易机制

3.4.3.1 交易机制设计

在排污权交易体系中，核心要素之一是具体的排污权交易机制设计。传统的产业组织理论通常更关注市场结构及其对市场绩效的影响，而较容易忽视不同市场交易制度对市场绩效的影响。通过实验经济学研究方法，越来越多的国外研究成果表明，在排污权交易市场中，不同的交易制度会导致巨大的市场运行效率差异。道格拉斯·诺斯的研究强调了产权制度在社会发展中的重要性。他的观点强调了产权制度与社会经济发展之间的密切关系，不论是在东方还是西方的社会历史中，产权制度的安排与变迁都对经济增长和发展产生了深远的影响。因为"一个提供适当有效的个人刺激的制度是促使经济增长的决定性因素。"而产权之所以可以刺激经济的原因就是产权是交易的产权，产权就是为交易而生的权利，而产权交易多是产权效率低的原因。

效率高，简而言之，就是用最小的努力获得最大的效果。在经济学中，产权仅在当它们激励国家财富最大化时才是有效的。自发的交换通常会将资源从评价较低者处转移到评价较高者处。因此，通过保护和促进自发交换，产权实现了财富的最大化。效率推动着产权流向价值最大化的方向，流向最有利于实现其价值的方向。产权经济学认为，如果能明确定义产权并有效保障交易，市场可以通过交易本身解决追求利益最大化所带来的负面影响，例如通过市场手段解决环境污染问题，如排污权交易。通过市场和排污权交易，可以实现对环境容量这一有限资源的最佳分配，控制污染总量，从而达到减少和治理污染的目的。在初始的环境容量分配中，将排污权分配给排污者相对于分配给受污染者来说成本更低，因此效率更高。然而，产权并非静止的，而是用于交易的。明确定义产权并不是终极目标，其预期目标是使交易成为调节资源最佳配置的实际手段。明确产权的分配只是实现产权交易的前提。排污者排放污染物是其生产经营过程中必要的一部分，因此产生了购买排污权的需求。排污者也可以通过自行治理污染来节省购买排污权的费用。这需要排污者在购买排污权和自行治理污染之间做出选择。有两种可能性：第一种，如果用于治理污染的边际成本低于排污权价格，他们将选择自行治理污染；第二种，如果用于治理污染的边际成本高于排污权价格，它们将选择在市场上或从政府手中购买排污权。换句话说，企业选择治理污染还是购买排污权取决于边际成本和排污权价格的博弈。然而，要注意环境容量是有限的，环境的承载能力是固定的。面对经济增长、社会进步和工业发展的压力，稀缺的排污权价格必然会上升。购买排污权意味着排污者的生产成本将大幅增加。排污者会通过博弈比较市场交易中形成的排污权价格与治理污染的边际成本，从而决定是通过治理污染减少排污权需求，还是进行市场交易。由于理性的经济人追求利益最大化和最高效率，排污企业自然会在各种选择中寻求交易成本最低的方法。稀缺的环境承载能力和不断上升的排污权价格推动排污者最终选择通过治理污染来降低生产成本。这种减排促进了环境污染的控制，并推动环境污染治理技术的进步。

交易是产权的核心，产权通过市场交易的方式实现了资源的最优配置。排污权交易制度通过明确的产权和市场交易机制，解决了企业外部性问题，从而在经济上更加高效。"产权可以通过谈判实现资源的配置效率，以内部化的方式实现生产上的效率。"用考特的这句话来理解排污权交易，通过明晰产权和排污者在市场上对排污权交易做出的博弈，将环境污染的负外部性内部化，来避免无节制地使用有限的环境容量。

3.4.3.2 法律体系构建

确认排污权归属是排污权交易的前提。鉴于我国自然资源归国家和集体所有，环境容量是国家所有，排污权是行政机关依据《行政许可法》赋予排污者使用环境的权利。该权利一旦赋予，排污权应归属于排污者，属于排污者的使用权，任何人不得侵犯该权利。

（1）排污权的取得

政府环境保护部门为减少或消除排放污染物对公众健康、财产和环境质量的危害，对排污者的环境容量申请进行法定审查和登记。一旦审查通过，政府会发放排污许可证，这是一份书面凭证，明确了排污者可以依法进行的排放行为。排污许可证是获得排污权的合法证明文件。根据现行的中国环境保护方面的规定，排污权依法申请，经过政府主管部门批准后，方可取得排污权。2020年《排污许可管理条例》（中华人民共和国国务院令 第736号）明确规定了，"依照法律规定实行排污许可管理的企业事业单位和其他生产经营者（以下称排污单位），应当依照本条例规定申请取得排污许可证；未取得排污许可证的，不得排放污染物。根据污染物产生量、排放量、对环境的影响程度等因素，对排污单位实行排污许可分类管理"。

《排污许可管理办法（试行）》规定，"在固定污染源排污许可分类管理名录规定的时限前已经建成并实际排污的排污单位，应当在名录规定时限申请排污许可证；在名录规定的时限后建成的排污单位，应当在启动生产设施或者在实际排污之前申请排污许可证。"

确立排污权的登记制度，是行政机关对排污权人进行监管的需要，目前依照中国的环境保护方面的法律，该登记制度仅仅限于对所排放污染物的登记，政府应将登记制度作为排污权是否取得的排他性依据，以规范排污权交易行为。排污者通过在一级市场直接从行政机关取得排污权或者在二级市场通过他人受让取得排污权后，都需要在有管辖权的环保机关进行申报登记后，才能够取得排污权。

排污单位应当在全国排污许可证管理信息平台上填报并提交排污许可证申请，同时向核发环保部门提交通过全国排污许可证管理信息平台印制的书面申请材料。实行重点管理的排污单位在提交排污许可申请材料前，应当将承诺书、基本信息以及拟申请的许可事项向社会公开。公开途径应当选择包括全国排污许可证管理信息平台等便于公众知晓的方式，公开时间不得少于五个工作日。

核发环保部门应当在全国排污许可证管理信息平台上作出受理或者不予受理排污许可证申请的决定，同时向排污单位出具加盖本行政机关专用印章和注明日期的受理单或者不予受理告知单。核发环保部门应当对排污单位的申请材料进行审核，对满足条件的排污单位核发排污许可证。核发环保部门作出准予许可决定的，须向全国排污许可证管理信息平台提交审核结果，获取全国统一的排污许可证编码，同时还应当将排污许可证正本以及副本中基本信息、许可事项及承诺书在全国排污许可证管理信息平台上公告。核发环保部门作出不予许可决定的，应当制作不予许可决定书，书面告知排污单位不予许可的理由，以及依法申请行政复议或者提起行政诉讼的权利，并在全国排污许可证管理信息平台上公告。

（2）排污权的变更

在排污许可证有效期内，下列与排污单位有关的事项发生变化的，排污单位应当在规定时间内向核发环保部门提出变更排污许可证的申请：

① 排污单位名称、地址、法定代表人或者主要负责人等正本中载明的基本信息发生变更之日起三十个工作日内；

② 因排污单位原因许可事项发生变更之日前三十个工作日内；

③ 排污单位在原场址内实施新建、改建、扩建项目应当开展环境影响评价的，在取得环境影响评价审批意见后，排污行为发生变更之日前三十个工作日内；

④ 新制修订的国家和地方污染物排放标准实施前三十个工作日内；

⑤ 依法分解落实的重点污染物排放总量控制指标发生变化后三十个工作日内；

⑥ 地方人民政府依法制定的限期达标规划实施前三十个工作日内；

⑦ 地方人民政府依法制定的重污染天气应急预案实施后三十个工作日内；

⑧ 法律法规规定需要进行变更的其他情形。

发生第①条第三项规定情形，且通过污染物排放等量或者减量替代削减获得重点污染物排放总量控制指标的，在排污单位提交变更排污许可申请前，出让重点污染物排放总量控制指标的排污单位应当完成排污许可证变更。

申请变更排污许可证的，应当提交下列申请材料：

① 变更排污许可证申请；

② 由排污单位法定代表人或者主要负责人签字或者盖章的承诺书；

③ 排污许可证正本复印件；

④ 与变更排污许可事项有关的其他材料。

核发环保部门应当对变更申请材料进行审查，作出变更决定的，在排污许可证副本中载明变更内容并加盖本行政机关印章，同时在全国排污许可证管理信息平台上公告；排污单位名称发生变更的，还应当换发排污许可证正本。

属于以上事项变化第①条规定情形的，排污许可证期限仍自原证书核发之日起计算；属于以上事项变化第②条情形的，变更后排污许可证期限自变更之日起计算。

属于以上事项变化第①条第一项情形的，核发环保部门应当自受理变更申请之日起十个工作日内作出变更决定；属于以上事项变化第①条规定的其他情形的，应当自受理变更申请之日起二十个工作日内作出变更许可决定。

排污单位需要延续依法取得的排污许可证的有效期的，应当在排污许可证届满三十个工作日前向原核发环保部门提出申请。

申请延续排污许可证的，应当提交下列材料：

① 延续排污许可证申请；

② 由排污单位法定代表人或者主要负责人签字或者盖章的承诺书；

③ 排污许可证正本复印件；

④ 与延续排污许可事项有关的其他材料。

核发环保部门应当按照《排污许可管理办法（试行）》第二十九条规定对延续申请材料进行审查，并自受理延续申请之日起二十个工作日内作出延续或者不予延续许可决定。

作出延续许可决定的，向排污单位发放加盖本行政机关印章的排污许可证，收回原排污许可证正本，同时在全国排污许可证管理信息平台上公告。

（3）排污权的注销

有下列情形之一的，核发环保部门或者其上级行政机关，可以撤销排污许可证并在全国排污许可证管理信息平台上公告：

① 超越法定职权核发排污许可证的；

② 违反法定程序核发排污许可证的；

③ 核发环保部门工作人员滥用职权、玩忽职守核发排污许可证的；

④ 对不具备申请资格或者不符合法定条件的申请人准予行政许可的；

⑤ 依法可以撤销排污许可证的其他情形。

有下列情形之一的，核发环保部门应当依法办理排污许可证的注销手续，并在全国排污许可证管理信息平台上公告：

⑥ 排污许可证有效期届满，未延续的；

⑦ 排污单位被依法终止的；

⑧ 应当注销的其他情形。

排污许可证发生遗失、损毁的，排污单位应当在三十个工作日内向核发环保部门申请补领排污许可证；遗失排污许可证的，在申请补领前应当在全国排污许可证管理信息平台上发布遗失声明；损毁排污许可证的，应当同时交回被损毁的排污许可证。

核发环保部门应当在收到补领申请后十个工作日内补发排污许可证，并在全国排污许可证管理信息平台上公告。

3.4.3.3 具体措施

（1）明确对排污权的产权界定

一般而言，增加生产与减少污染存在两难冲突，如果实施了排污权交易，那么排污权就构成企业事实上的生产要素之一，如果企业不重视对污染物的控制又无足够的排污权份额，企业就不能生产。基于企业是"理性经济人"的假设，企业就必须在自行治理与购买排污权二者的费用上进行权衡比较。为了在竞争中掌握主导权，提升竞争力，企业必须加大对环境治理的投入而不依赖与竞争对手在排污权份额上的争夺。可见，排污权交易的核心是从法律层面保障排污权的产权归属，解决排污权交易中的制度瓶颈。

（2）完善交易规则、防范"租值耗散"

排污权交易市场要能真正良好运行必须建立全国统一的排污权交易市场体系，包括完善的交易规则、排污权在一级市场上的初始定价和在二级市场上的交易价格的规范以及购买排污权的信息搜集方便程度。就目前的现实来看，由于污染物的种类众多，科学合理地确定排污权交易品种和某地区的排污总量，是解决了排污权的法律障碍后面临的另外一个重要课题。与此同时，政府以何种方式分配初始排污权也必须被重视，防止"租值耗散"（所谓"租值耗散"，是指由于制度安排的不合理所导致的社会资源的耗费。例如，在排污权交易市场上，政府为每份排污权的发行价定价是 10000 元，但一上市交易，其市场价格就达到 15000 元，这中间的 5000 元，政府未得到，购买排污权的企业也未得到，于是产生"租值耗散"，所以在排污权初次发行定价时，必须结合稀缺程度，考虑市场化手段，合理定价）问题在排污权交易市场上再现；防止政府主管部门在初始分配中"设租-寻租"行为的出现。随着排污权交易的出现，统一完善的市场体系和规则变得更加重要，它可以帮助企业持续改善污染状况。然而，这也意味着，交易的合法性需要得到更好的保障，以避免某些企业滥用其在污染治理方面的优势，破坏环境的稳定性。

（3）建立公开透明的交易信息平台

通过建立排污权交易的信息平台，可以更加准确地收录交易双方的相关资料，从而大大降低排污权交易信息搜集的费用。包括了解谁拥有或需要排污权、排污水平、排污权的供给与需求关系等基础性信息和为达成排污权交易与各厂商讨价还价的信息磋商成本。既然排污权是一种有价证券，就可以借鉴资本市场成功的经验，通过交易所或店头交易的方式完成交易。

（4）加强环境监测

通过一套完善的环保监督机制，加强对违反规定的企业的处罚，采用最新的技术、最高的质量、最低的成本、最低的费用，构筑一个完善的、全面的、公平的、可持续的、可控的环保秩序，实现从源头到终点的绿色发展。

3.4.4 基于排污权交易的跨界流域污染控制策略

水体因为其流动性使流域水污染有一个显著的特点——跨界性。全世界许多河流和湖泊曾遭受严重的跨越边界的环境污染，此外，日常生产生活中时时发生的跨界水污染问题也不容忽视。

近年来，跨界污染纠纷呈增加态势，这会直接影响到和谐发展，解决流域跨界污染问题刻不容缓。由于流域同一水域各地区之间，以及流域上下游地区之间利益不一致，各地区往往从自身利益出发来对待流域污染问题，缺乏合作与协调，从而引发流域治理碎片化。而跨界污染的治理，交织着多重利益博弈关系，国内外已经有很多学者应用博弈论方法研究了跨界污染问题。

3.4.4.1　跨界流域排污权的交易模式

根据国情，从现有交易模式的比较分析中可知总量控制模式更适合我国跨界流域污染控制的需要。首先，跨界流域特殊的区域性决定了跨界流域的污染是一种从上游到下游的单向污染，产生可传递的负外部性，加之其至少跨越两个行政区划，地方行政的利益冲突使得流域难以统一管理，利用总量交易模式，可从流域整体的角度配置环境资源，提高环境资源的利用效率；同时，流域上下游之间的交易可以降低污染治理成本，提高污染治理效率。其次，排放权交易模式以及在其基础上产生的非连续性减排模式都是在浓度控制交易模式的基础上，通过进一步减少排放量来获得排放标准下的信用，而我国目前的污染控制政策已经从浓度控制转向总量控制，采用总量交易模式更适合我国的污染控制国情。最后，自 20 世纪 80 年代以来，我国也开展了排污权交易的相关实践探索，如较早在黄浦江上游水源保护区实施排污权交易等。这些实践积累了流域排污权交易的经验，为跨界流域排污权的应用提供了必要的借鉴。当下，我国的总量控制发展还尚不成熟，我国跨界流域排污权交易宜先采取目标总量控制。在制定目标总量时要以环境容量为依据，兼顾到容量总量。排放总量的确定要符合流域的环境容量、区域经济发展状况、政府控污目标的需要，在目标总量控制实践成熟之后再逐步过渡到容量总量控制方式。

3.4.4.2　跨界流域排污权的初始分配

结合我国跨界流域的特征和我国排污权交易的实践，现阶段我国跨界流域排污权交易的初始分配模式应该选取无偿分配和拍卖相结合的方式。如果将排污权一次性全部无偿发放给污染企业，那么现有的企业会获得免费的排污权，而该制度实施之后的新建企业却要全部有偿取得排污权，这会破坏社会主义市场经济的公平性；同时，跨界流域具有公共资源性，流域水资源应属全体公众所有，排污权全部无偿分配给较少排污或不排污的企业也是不公平的。

那么具体的初始分配构建方法可以为无偿分配和拍卖按比例进行。跨界流域的环境管理部门可以参考排污企业对增加就业的贡献和创造 GDP 的贡献来制定排污权总量分配中无偿分配的比例，公式（3-12）表示为：

$$a = \frac{l}{L} \times \mu + \frac{\text{gdp}}{\text{GDP}} \times \varepsilon \quad (\mu + \varepsilon = 1) \tag{3-12}$$

式中，a 就是排污权初始分配中无偿分配的比例；l 表示向跨界流域中排污的企业创造的就业量；L 表示该跨界流域所属区域内的就业总量；μ 代表就业因子变量；gdp 表示排污企业创造的净生产增加值；GDP 表示跨界流域所属区域内的生产总值；ε 代表经济因子变量。

在无偿分配比例确定之后，向所有排污企业无偿发放的排污权总量就可通过式（3-13）计算得出：

$$\text{跨界流域排污权无偿分配总量} = \text{该流域目标总量} \times a \tag{3-13}$$

在流域无偿分配的排污权总量确定之后，就要将其具体分配给排污企业投入使用、组织生产。这时除了要考虑企业创造的就业和对 GDP 所作的贡献，还要将分配是否有效考虑进来。用 q 来表示某单个排污企业无偿分配的排污权数量，则有：

$$q = \gamma \times 排污企业产量 \times 企业单位产量排污权$$

$$\gamma = \frac{跨界流域排污权无偿分配总量}{\sum(排污企业产量 \times 企业单位产量排污权)} \tag{3-14}$$

式中，γ 是修正系数，修正排污企业产量同单位产量排污权的乘积可能与式（3-13）得出的跨界流域排污权无偿分配总量之间的误差；排污企业产量选取最近三年的平均产量以消除偶然性影响；企业单位产量排污权由流域环境管理部门对各企业的生产规模、排污量、治污能力等进行综合测评之后计算出合理的标准值。

这样，跨界流域的排污企业在获得无偿分配的排污权之后，剩余的（$1-a$）部分中，政府相关机构可以采用拍卖方式提供给有需要的企业使用，并预留一部分用作储备。对于排污企业新建、扩建、改建项目新增排放的污染物，可以有偿取得排污权，也可以在二级市场购买排污权，最终要在目标总量的约束下，寻找污染物削减的替代指标，实现跨界流域排污权以存量换增量的目标。初始分配模式确定之后，如何将跨界流域的排污权合理分配给各个污染企业，这就涉及排污权的初始分配方法问题。在对我国跨界流域排污权进行初始分配时，应当注重分配公平和实施的可操作性，相等比例分配相对公平、易于实施、易于管理、技术要求不高，在跨界流域排污权分配中可首先考虑选择此法。同时，在实际中企业超标排污的情况也可能出现，故不能完全按照各个污染源排污的现状来安排分配，应按照各个污染源达到污染排放标准时的排放量实施分配，也就是说采取改进的相等比例分配方法。

3.4.4.3 跨界流域排污权初始价格的确定

在确定跨界流域水污染物排放权交易的价格时，要考虑两方面的因素，既要能激励企业增加污染治理的投入，以减少污染物排放，又要满足企业生产成本的需要，使排污权交易具有实际可操作性。由经济学原理可知，只有当排污企业治污的边际成本等于排污权交易的市场价格时，企业所花的费用才最小。由于企业追求自身利益最大化，其必将会比较治污的边际成本和排污权的市场价格以决定是否要购买或者转让排污权。最终排污企业通过排污权交易调整治污水平，使参与交易的各方治污的边际成本趋于相同，以实现用最低的治污费用达到规定的环境质量目标。

跨界流域排污权初始价格的确定从理论上来讲可由市场机制实现，将环保部门核定的流域的环境容量资源作为市场供给，那么排污企业的污染排放量就是跨界流域的市场总需求。而流域环境资源总量的核定尚缺乏行之有效的测算方法，在实践中很难得到准确值，这样为了便于实践操作，就需要根据污染治理成本来确定排污权初始价格。在跨界流域总量控制目标确定的条件下，排污企业获得一单位的排污权应付的价格应当等于该流域其他排污企业减少一单位排污权所需的治理成本。这样，边际治污成本决定排污权初始价格，但实践中边际治污成本难以计算，常用平均治污成本来代替。随着各个行业的污染治理成本的变化，以及各个地区的经济发展情况变化，在排污权初始价格确定时，要根据污染物和地方的差异，采用校正系数进行调整。在排污权的初始价格确定之后，环境管理部门还应依据排污企业的能力、排污权市场交易机制的健全度、物价指数、区域经济发展状况和发展目标等适当修正计算方法，并进行动态跟踪调整，以不断优化跨界流域排污权初始价格的确定方法。

3.4.4.4　跨界流域排污权交易的监管体系

跨界流域排污权交易涉及的污染排放监管关系到社会、经济、环境等诸多方面，必然要采取多种监管措施协同配合、互为补充，才能优化资源配置，保护流域生态环境，促进流域社会经济发展。

（1）污染排放监测

对污染排放的监督是跨界流域排污权交易的基础，污染排放监测系统是政府环境管理部门对企业排污监管的数据库，使得环保单位能及时掌握排污企业的污染排放状况，以便监督参与排污权交易的企业的实际排污情况和其遵守排污权交易协议的施行情况。给参与排污权交易的企业安装的污染排放监测系统主要包括实时在线监测系统和配额跟踪系统，对污染源的排放量和企业间可交易的配额进行数据搜集、维护和监控。同时，环境管理部门要对该系统的正常运行进行定期与不定期的检查，保证系统的主要设备的运行率在 90% 以上，以保证在线监测系统获得的数据的完整性和准确性；政府部门可将系统设备运行维护资金列入地方财政预算，以保证设备运行和维护资金的到位；记录污染排放监测系统运行维护的有关档案要妥善保存，以便了解系统设备的性能，在设备运行出现状况时可以尽快参考历史情况进行检修。

环境管理部门在跨界流域的污染排放监测中要明确其监管责任。环境管理部门要加强对重点排污企业的监督，确保其按照排污交易许可证数量进行污染排放，严格惩治超标排污行为；及时掌握企业排污权使用情况、定期监测企业排污总量并定期对排污企业实行审核；对重点排污企业定期检查和不定期抽查相结合，监督其治污设备的正常运转；根据排污总量核定数据和平时监测结果并展开对排污企业的排污许可证管理。

跨界流域环境管理部门在行使排污权交易的监管职责时，有可能形成两种极端：一种是环境管理部门过多干预企业间排污权交易，阻碍了市场机制的正常运行，妨碍了企业间的自主交易；另一种是环境管理部门的监管能力不足，排污权交易市场缺乏有效监管而导致市场失灵。环境管理部门在进行监管时要明确职责、建立问责制，避免以上的极端情况发生。在进行污染排放监测时，对违规企业的处罚措施的制定也十分重要，它为跨界流域排污权交易的有效开展提供了保障。应制定相应的处罚条例，对流域排污企业在排污权交易中的违规行为进行处罚。对提供不真实的申报资料、不按排污权交易程序进行交易、不按规定要求安装排污监测设备、虚报或拒不上报监测结果等违规行为，环境管理部门可采取责令限期整改的处罚措施；对排污企业超标排放污染物的违规行为，可对超标部分按上年该污染物的平均交易价格的若干倍处以罚款；对偷排污染物等重度违规行为，则扣发排污许可证并处以上年该污染物的平均交易价格的若干倍的罚款；对于违规行为十分恶劣的，环境管理部门还可以采取扣发其下一期的排污许可证来进行处罚。

（2）公众参与监督

跨界流域的环境安全关系到周围公众的身心健康，影响区域社会经济的发展繁荣，流域环境资源的稀缺性对人们的生产利益与生存权益都具有重大影响。保护跨界流域环境这项工作具有系统性，不仅需要政府相关环境管理机构充分履行职责，生产企业按照应循的规定生产、治污和排污，更需要社会公众的共同参与。

要发挥公众的主人翁精神，能提高环境保护的质量和效率。要建立起完善的社会公众参与监督机制，通过法律保障的方式，切实落实公众享有的环境权。公众有权向污染环境和破坏环境者提出控告起诉，法律所规定的公众的环境监督权、环境建议权等权利的具体形式和行使途径应具有可操作性，应通过立法途径深化公众参与环境监督。

政府的环境信息要公开，要定期公布、及时更新跨界流域的环境质量状况公报和相关的环境信息，定期召开环境状况发布会；构建生产企业环境信息的公开平台，定期披露企业排污治污状况，让公众能了解最新的环境情况，落实公众对环境的知情权，便于公众进行监督。

环境管理部门的政务要公开，增加环境保护管理工作的透明度，引导公众及媒体舆论进行监督。在跨界流域展开的排污权交易，应召开公众听证会，征集排污权购买企业周围公众的意见，促使决策民主化；在对流域进行环境状况评价时，也应当征集公众意见作为评价的参考标准之一。跨界流域应设立处理公众环境信访工作的部门，认真听取公众的呼声，及时反馈和解决公众不满的问题，为公众参与流域监督提供帮助与服务。

加强跨界流域环境保护的宣传教育工作，例如通过网络、电视、广播、书刊等加强环保舆论宣传，增强公众自觉维护自身环境权益的意识，提高公众保护环境的自觉性和积极性。鼓励跨界流域保护环境的民间组织（如环境保护协会）的成立和发展，政府应考虑承认环保民间组织的合法地位，邀请其参加环境事务的公开听证会，在作出重要环境决策时应参考民间组织的建议，使其充分发挥流域环境监督的功能，这样也有助于降低流域污染监管的工作量和监管成本。

3.4.5 保障措施

3.4.5.1 加强组织领导，落实工作责任

市、区、乡镇各级人民政府和街道办事处是方案实施的责任主体，要实行政府亲自抓、负总责，还要成立专门的领导机构，制定辖区流域污染防治专项年度工作计划，明确责任单位、进度要求，落实资金、用地等建设条件，精心组织实施，确保按期高质量完成建设任务。各部门是落实各自水污染防治牵头工作的责任主体，要落实部门和专人负责，指导、支持、协调项目实施。

区政府与各乡镇街道办事处、各部门签订水污染防治目标责任书，分解落实目标任务并纳入年度考核。考核结果向社会公布，并作为对领导班子和领导干部综合考核评价的重要依据。对未通过年度考核的乡镇街道，约谈当地党委、乡镇街道主要负责人，视情节轻重，对其区域实施建设项目环评限批；对未通过年度考核的牵头部门，约谈部门主要负责人。

严格执行《党政领导干部生态环境损害责任追究办法（试行）》，实行党政同责、一岗双责、终身追责。

3.4.5.2 建立流域联防联控机制，加强上下游协作

全面落实环境保护各项法律制度，严格执行国家和地方法规条例。健全跨部门、跨区域水环境保护议事协调机制，上下游区、乡镇政府、街道办事处、区各部门之间要加强协调、定期会商，实施联合监测、联合执法、应急联动、信息共享。严格执法监督，有序整合不同领域、不同部门、不同层次的执法力量，加强环境保护、能源监察、安全生产等重点领域基层执法力量，建立权责统一、权威高效的生态文明行政执法体制。完善联合执法机制，建立健全跨行政区域、跨部门的水环境执法合作机制和部门联动执法机制。重点区域、区县政府强化协同监管，开展联合执法、区域执法和交叉执法。加强司法建设和水环境行政执法与环境司法联动。

完善污水处理收费政策，足额征污水处理费，保障污水处理设施正常运行。积极推进污染治理设施产业化发展，鼓励委托第三方承担污染治理设施的标准化、精细化、规范化运营。完善流域长效保护机制，实施污染反弹问责制。

3.4.5.3　强化科技支撑，推广示范适用技术

通过整合高校、科研院所、环保企业的科研技术力量，加快研发生活污水低成本高标准处理技术及装备，加强与研究单位合作，力争成果应用示范；加强环保产业政策引导，开发环保实用技术；积极采取措施，加强对水资源的管控，实施有效的节约和保护措施，实现城镇雨水的有效收集、可持续的再生和可持续的水资源恢复。

3.4.5.4　引导社会资金投入，促进多元融资

通过利用环境保护投资公司的渠道，积极招募社会、经济、技术等各类资源参与到流域污染控制中来，同时，鼓励各地按照自愿的原则，探索出有效的融资模式，加强对乡村污水处理设施的第三方监督与治理，实行政府购买服务的政策。理顺税费关系，加快水价改革，完善城镇污水处理费、排污费、水资源费等收费政策。各乡镇街道办事处要加大资金投入力度，确保已建成的污水处理厂、垃圾收运系统等污染治理工程长期稳定运行。

坚持政府统领、企业施治、市场驱动、公众参与的原则，建立政府、企业、社会多元化投入机制，拓宽融资渠道，落实项目建设资金，大力推进政府和社会资本合作（PPP）项目建设。充分发挥环保投资公司的平台作用，吸引更多社会资本、民营资本参与环保产业和环境治理。发展绿色信贷，优化完善企业环境行为信用评价体系，严格限制环境违法企业贷款。鼓励涉重金属、石油化工、危险化学品运输等高环境风险行业投保水环境污染责任险。

3.4.5.5　强化宣传教育，动员社会参与

综合考虑水环境质量及达标情况等因素，定期公布全区水环境质量状况，公开各城市乡镇街道（区）黑臭水体整治情况、江河湖库水环境质量达标率，并按序排名。国控、市控重点排污单位应依法接受社会监督，主动向社会公开其产生的主要污染物名称、排放方式、排放浓度和总量、超标排放情况，以及污染防治设施的建设和运行情况。

畅通公众、社会组织咨询水环境保护工作的渠道，适时邀请其参与重要环保执法行动和重大水污染事件调查。曝光环境违法典型案件。建立健全有奖举报制度，充分发挥环保举报热线和网络平台的作用，限期办理群众举报投诉环境问题的业务。通过公开听证、网络征集等形式充分听取公众对水环境保护重大决策和建设项目的意见。引导环保社会组织有序参与水环境保护工作，推进环境公益诉讼。加快推进生活方式绿色化。倡导"爱物知恩、节用惜福"的生活理念，树立"节水洁水，人人有责"的行为准则，实现生活方式和消费模式向勤俭节约、绿色低碳、文明健康的方向转变，力戒奢侈浪费和不合理消费。

3.5　存在问题及实施建议

3.5.1　存在问题

通过有偿使用和交易排污权，可以激发企业更加积极地采取行动，从而实现经济上的优势，并且有助于改善环境状况。对近几年排污许可工作中存在的问题进行收集整理，主要包括以下几个方面。

3.5.1.1 法律体系有待进一步完善

国家对排污权交易在政策上是鼓励的，在《国务院关于落实科学发展观加强环境保护的决定》（国发〔2005〕39号）、《"十四五"节能减排综合性工作方案》（国发〔2021〕33号）等文件中均明确提出要开展这项试点工作。但在排污权交易的具体实施上，排污权交易试点从审批到交易，都需要统一的标准。排污权交易是一个系统工程，因此排污权有偿使用和交易制度，必须与配套的排污总量分解计划、排污许可证制度等整体推进，尤其是排污许可证制度，作为开展排污权交易的前提条件，直接关系到排污权交易的成败。

3.5.1.2 排污权交易与污染物减排的目标不完全一致

按现行的理解，排污权交易必须在完成国家和省下达主要污染物减排指标后，超额部分才能进行交易，但有时实际情况并非如此。现行的减排核算方法有时会阻碍排污权交易的正常开展。不少大型企业在政府的鼓励下投资建设减排工程，并将远远超过国家和省下达的减排任务以外的部分全部无偿纳入减排的"盘子"，以完成区域减排任务，而他们有时不能将这些多余的指标拿到交易平台上通过交易获得经济补偿。

排污权有偿分配和交易是一个复杂的政策体系，高度依赖于健全的社会法治环境、完善的市场经济体制、严格的环境监管和合理的交易制度设计。否则就有导致主要污染物排放量增加的风险。

（1）环境容量的确定

环境容量是在人类生存和自然生态系统不致受害的前提下，某一环境所能容纳的污染物的最大负荷量，或一个生态系统在维持生命机体的再生能力、适应能力和更新能力的前提下，承受有机体数量的最大限度。

环境容量包括绝对容量和年容量，前者是指特定环境中可容纳污染物的最大负荷，后者是指在污染物的累积浓度不超过环境标准中规定的最大允许值的情况下，特定环境中每年可容纳的污染物最大负荷量。环境容量是在环境管理中实行污染物浓度控制时提出的概念。污染物浓度控制的法令规定了各个污染源排放污染物的容许浓度标准，但没有规定污染物排入环境的数量，也没有考虑环境净化和容纳的能力，这样在污染源集中的城市和工矿区，尽管各个污染源排放的污染物达到（包括稀释排放而达到）浓度控制标准，但排放的污染物总量过大，环境仍会受到严重污染。因此，总量控制法对污染源的控制就显得尤为重要，即把各个污染源排入某一环境的污染物总量限制在一定的数值之内。

环境容量主要应用于环境质量控制以及作为工农业规划的一种依据。任何特定环境的环境容量越大，其可容纳的污染物就越多，反之亦然。污染物的排放必须与环境容量相匹配，如果超出环境容量就要采取措施，如降低排放浓度，减少排放量，或者增加环境保护设施等。在工农业规划时，必须考虑环境容量，如工业废弃物的排放，农药的施用等都应以不产生环境危害为原则。在应用环境容量参数来控制环境质量时，还应考虑污染物的特性。非积累性的污染物，如二氧化硫气体等，风吹即散，它们在环境中停留的时间很短，依据环境的绝对容量参数来控制这类的污染物有重要意义，而年容量的意义却不大。如在某一工业区，许多烟囱排放二氧化硫，各自排放的浓度都没有超过排放标准的规定值，但它们加在一起却大大超过该环境的绝对容量。在这种情况下，只有根据环境的绝对容量制定区域环境排放标准，降低排放浓度，减少排放量，才能保证该工业区的大气环境质量。积累性的污染物在环境中能产生长期的毒性效应。对这类污染物，主要根据年容量这个参数来控制，使污染物的排放与环境的净化速率保持平衡。总之，污染物的排放，必须控制在环境的绝对容量和年容量之内，才能有效地消除或减少污染危害。

（2）企业排污权的核定依据

企业排污权核定受多个因素制约，如地区总量、产业结构调整、生产工艺水平和排污状况等等，其中企业排污状况是主要依据之一。部分环保部门受人力、财力等条件限制，有时不能对所有排污企业开展污染物排放总量核算或要求安装污染物自动监控（监测）系统。除了选择重点源开展污染物排放总量的核算或根据相关要求安装污染物自动监控（监测）系统外，部分企业仍以人工瞬时采样监测统计为主，有的甚至一年就采样一两次。单以重点源为试点对象，用污染物自动监控（监测）系统监测数据核定总量，将主要面临如下问题：第一，污染物自动监控（监测）系统覆盖面不足，仍存在污染物自动监控（监测）系统未联网等情况；第二，污染物自动监控（监测）系统运行不稳定，数据真实性和准确性难以保证，不能真实反映企业排污状况；第三，仅以重点源为对象，不确定能否真实反映地区污染物排放总量情况。

为了解决这个问题，可以采取两种方法：说清所有企业污染物排放总量情况或说清不同类型企业污染物排放状况的关系。前者需要短期内投入大量财力、人力，全面完善并提高监测监管能力，后者则需要对污染源科学分类并对各类监测数据进行分析，明确所用数据的合法地位。

（3）参与指标的科学选择

目前，COD和氨氮是参与排污权交易制度的主要污染物指标，但各个流域的污染物指标不尽相同。以太湖为例，太湖流域的主要污染物不止这两项。太湖流域主要产业是化工、印染等，IT、新材料等高新技术产业也发展迅速，这些行业排入水体的污染物十分复杂，进入环境后的衍变也极其复杂，会对环境造成严重且复杂的影响。对一个化工企业来说，其主要污染物并不仅仅包括COD、氨氮，实行排污权交易制度虽然控制了COD和氨氮排放，但是并没能控制更有害的污染物质，相反，可能因个别企业拥有排污权而致使其他有害物也合法地随着废水进入环境，对环境造成更大的危害。因此，要真正改善太湖流域水环境质量，参与排污权交易制度的指标除了COD和氨氮外，还应包括不同行业的特征污染物，可以分门别类地选取主要特征污染物。

（4）初始分配需优化，有偿分配也有风险

相对于土地、矿产等有形资源而言，排污权作为无形资源的有偿使用还需设计公开、公平、公正、合理的分配程序。如果在初始排污权的分配上，对现有企业和新建企业分别对待，就不能体现公平原则。出于历史因素及实施难度的考虑，对现有企业的初始排污权大部分都是无偿分配的，而对于新建企业则基本上均要有偿获取，就不能体现公平原则。即便有些地方全部采取有偿分配，也都只承认现有企业，这就使得有些历来污染重、对环境损害大的企业，用相对较低的成本就能占有大量的排污权指标；而一些污染轻、效益好的企业，反而要用较高的成本才能购买较少的排污权，难以实现排污权在各污染源之间有效的分配。个别无法得到排污权的企业就可能会冒险违规排污，从而无法达到控制污染的目的。此外，如果在排污权有偿使用上没有时间限制，排污权一次购买，可以终生排污，这就剥夺了新企业的公平竞争权。在分配过程中要根据公平、公正、公开的原则合理分配，是一个艰巨的现实问题。排污权名义上是公共资产，但是由于企业的初始排污权由管理部门有偿分配，这就使得排污权的分配和交易充满了风险，要防止其成为管理部门的权力资源。

3.5.1.3　交易体系有待进一步完善，监管监测有待进一步健全

目前，交易双方都是在政府和有关部门外力的作用下形成的，这样的交易能否持久、能否达到预期效果，还需要进一步观察。在个别试点地区，出现了排污权交易只有买方，而无卖方的局面，导致排污权交易受到限制。从目前的调查情况来看，各地推行的排污权交易实现了政府与排污者之间的交易，建立了一级市场。而要真正运用市场机制实现排污权在全社会范围内的优化配置，就必须实现排污者之间的交易，建立二级市场。这就对排污权交易的监督管理机构和机制提出了更高的要求。当前面临的真正困难是排污权供给的不足。从各地的情况来看，目前大部分企业对于排污权作为稀缺资源的认识是比较到位的，因此，拥有多余排污权的企业为了企业未来的发展，不愿意出售排污权。在排污权交易后的监管方面，也有很多的工作要做，比如如何确认排污权转让的有效性，转让价格的确定是否合理，如何对未申购排污权擅自生产或超排污权排放的企业进行处罚，如何收回排污权等。在排污权有偿使用和交易进展较快的地方，交易后的监管需真正实施全过程的监管和监测。有效提升监管水平，是合理推进排污权交易的关键。

3.5.2　实施建议

质量管理正在从总量控制导向向环境质量改善转变。但是当下彻底取消以行政区域划分总量控制指标的办法难以实现，不具有可行性，所以重点改革的方向应该是完善现有的分配过程，逐步随着其他环境治理体制的发展，最终实现以自然区域的实际范围进行总量控制。现阶段依然要坚持完善以行政区域划分总量控制指标的方法，但是要以环境质量的真实情况为基础。

首先，省级环保部门协调各有关部门制定合理的污染物排放总量控制指标分配方法，制定省内排污权交易具体的管理规定，按照科学的总量控制指标核算方法对区域内污染物排放总量进行核算，同时对比以前，加强对下级环境保护主管部门的指导，在本地区形成有效的排污权交易机制。

其次，省级环保部门根据国家层面的指导方案，确定全省统一的分配方案，根据国家层面制定的总量控制目标，以本省区域、流域内环境质量的真实情况为基础，谨防出现总量控制与环境质量脱节的既往情况，落实排污许可证制度，将污染物排放指标逐级分解，落实到企事业单位等具体的污染源。

最后，省级以下，即市、县两级环保部门根据省级的污染物排放总量控制指标分配方案，再根据本辖区环境质量的真实情况，确定本辖区污染物排放总量控制指标初始分配的实际方案。同时，省、市两级加快建立对排污权交易市场的监督机制，保证排污权主体之间交换环境权利并不会反向加剧环境污染。

3.5.2.1　完善排污权交易制度

污染物排放总量控制制度的核心在于以环境容量为基础制定合理的控制目标，努力减缓甚至是遏制环境质量和生态环境的持续恶化。排污权交易制度作为总量控制制度的配套制度，应在既定的总量控制目标下，发挥市场主导下企业自发行为的优势，以经济利益引导的方式将污染控制的责任交给企业自身，由企业来进行决策，激发排污主体的

积极性。

排污权交易制度的基础条件分为三部分，第一，在一个适宜的地理区域范围内，排污企业之间存在边际污染治理成本的差异；第二，交易市场中必须有数目足够大的参与者，可以进行充分有效的竞争；第三，具体的交易环境公开、透明，企业具有自主选择的余地。

3.5.2.2 健全排污权交易制度的法律体系

排污权交易制度的有序运行，依赖于从国家到地方的系统的法律法规。国家应尽快出台与排污权交易制度相关的法律、法规、规章和技术规范，从立法的顶层设计上指导地方政府制定和完善本地区的法律法规。应当逐渐在全国范围内统一排污权交易的基本制度，从交易方式、交易的具体规则、准许交易的排污权范围到其他相关的交易事项，用明确合理的法律规范规制市场参与者的交易行为。针对排污权交易制度，从国家层面的行政法规、部门规章到地方层面的地方性法规、政府规章，形成相对完善的排污权交易法律体系，为排污权交易的开展提供法律保障。排污权交易的有效规制，不仅需要明确且刚性的法律，也需要具有灵活性、易操作性的配套政策，在系统的法律法规之外，国家需要通过一系列的政策将排污权交易过程中的程序规则、实体交易规则等明确下来。

首先，在国家层面，制定排污权交易法律规范，在立法层面明确排污权的性质、内涵归属与配置。明确国家环境权力对企业排污行为的主导作用，由国家环境权力约束和限制企业的排污行为是必须的。同时在具体的排污权交易规则中，将一级交易市场的法律规则、二级交易市场的法律规则、关于排污权交易过程的监督管理条例以及违法排污权交易应当承担的法律责任等明确下来。

其次，在地方层面，完善各地排污权交易的法律规范。一方面，可以在适当时机，提高各地排污权交易管理办法的立法层级，由原先地方政府制定转为地方人大及其常委会来制定；另一方面，在地方的法律规范中，可以进一步明确排污权交易中市场主体制度和排污权交易独立性，逐渐完善由市场主导、政府监督的排污权交易模式。

最后，在具体内容上，通过法律明确排污权有偿使用费和排污费（税）之间的关系，国家设定排污权有偿使用费和排污费（税）的初衷都是为了将环境负外部性内部化。对于排污企业而言，通过缴纳有偿使用费或者通过排污权交易获得排污权，在不超过污染物排放总量控制的前提下，明确不再缴纳排污费（税），避免对于排污企业进行二次收费，有利于减轻排污企业的压力。为了更好地维护自然资源的权益，还需要制定一个权利和义务分工合理、资源流通有序、受到充分保障、执行有力的产权制度。这需要一套完整的法律和政策来支撑。

3.5.2.3 健全排污权交易的市场运行机制

在国家层面，针对排污权交易市场，明确规定排污权定价指导，引导各地区根据当地的实际情况选择合适的排污权定价方法，引导排污权价格实现市场化，并可以通过价格反映排污权真实的供需关系。价格因素在排污权交易市场中可以有效引导追求利润的企业，激发企业主动治理自身的环境污染。排污权初始定价要合理确定，要适当高于社会治理污染的成本，这样可以激励企业积极开展污染治理活动，提升治污技术。

减少政府对二级市场的干预。经济发展程度不一的地区，可以根据各自环境管理的实际情况，制定地方性法规或者地方政府规章，规范排污权交易的管理权。如果不对该管理权进行约束，权力容易被滥用。排污权交易制度本质上仍然属于环境管理制度，管理的对象属于行政行为的相对人。在个别富余排污权和受让排污权的审核环节、排污权交易合同的审批环节等，环境管理权力有可能出现不受约束的情况。针对该问题，可通过法律手段明确政府权力行使的边界，将涉及自主交易的事务完全交给市场进行调节，避免出现行政权力对二级市场的过多干预。

建立排污权交易激励约束机制。针对排污企业持有富余排污权两年以上不出让的行为，在重新核发排污许可证的时候对其富余的排污权进行收回；对于积极出让自身富余排污权的企业，有关部门可以进行奖励，奖励一定数量的排污指标，甚至可以在其扩大生产规模时采用固定价格的方式优先保障其排污权。企业具有追逐利润、形成竞争的特性，有效的排污权交易激励约束机制，可以促进排污权交易市场的良性运行。

取消对排污权出让方的束缚。应当允许合法持有富余排污权的单位出让排污权，在坚持污染物排放总量控制的前提下，放开限制将有利于盘活排污权交易二级市场，释放市场活力。同时，取消对排污权受让方的束缚，允许超过总量排放污染物的排污单位受让排污权，可以形成市场对排污权的强烈需求，抬高排污权的市场价格，激励出让方的减排积极性。相应地，高昂的排污权市场价格也会给排污权的受让方带来较大的经济压力，使其不得不提高污染治理的技术手段。

以社会公众的监督权制约政府公权力。社会公众本身享有环境事务方面的知情权、参与权与监督权，在排污权交易环节，维护好公众在环境事务方面的权利，可以对政府公权力的行使形成有效的监督。加强公众参与已经成为实现公民环境权利的实际要求和政府合理行政的必要内容，公众的有效参与可以将共同意志输入政府的决策环节，避免个别政府因为信息掌握得不充分而导致决策失误。

3.5.2.4　改进排污控制指标的分配方法

排污控制指标的合理分配是污染物排放总量控制制度有效落实的前提条件，改进控制指标的分配方法不仅仅是环境保护深入发展的要求，也是实现减排增容的现实需要。

控制指标合理分配要求分配过程注重不同区域之间、不同行业之间以及不同企业之间的差异，真正促使企业进行污染处理技术的升级，实现污染物排放总量控制制度的实施目的。以行业发展水平为主要基础确定企业获得的初始排污权，保障指标分配在不同区域的同一行业内的企业之间是公平的。以行业为基准的方法有助于实现总量控制的目的，即通过利益引导推动行业内淘汰落后产能，推动污染治理技术的升级改造。

应结合各地经济发展水平，以行业发展水平为基础，针对鼓励发展行业和限制发展行业采用不同的分配方法，实现区域产业发展规划的落实，主要考虑不同区域的产业结构不同，给地方自主决定权，让不同行业之间因为彼此对环境污染的影响程度不同而获得合理的差别对待，推动环境友好型企业的向前发展，促使污染物排放控制制度调整产业结构的目标得以实现。从全国不同地区的产业布局出发，对不同发展地区的同一行业进行合理化的差异分配，引导企业在不同区域之间有序转移，实现产业布局空间的合理优化。通过考虑不同区域的具体情况、产业布局的整体需要、行业自身的发展规划，一方面，同一行业的不同企业依照行业发展水平进行污染物排放控制指标的分配，在同一行业的不同企业内部之间实现合理分配；另一方面，在不同行业之间因为不同区域经济发展水平的不同和整体上产业结构调整的需要，实现不同行业之间的合理分配。

我国污染物排放控制制度逐步开始以区域、流域等自然形成的环境范围进行管控，逐步提高实现大区域大流域排污许可交易的可行性。

3.5.2.5　改善监管体制

（1）推动污染物排放监测信息公开化

首先，国家加大环境监测的硬件投入力度，完善污染物排放监测信息大数据平台，实现数据集成化、信息实时化，以全国污染排放许可证管理信息平台为核心不断完善环境监测信息的网络平台基础。互联网时代不断发展，城市居民和农村居民都可以借助数据平台获取附近地区企事业单位的排污信息，有助于形成污染物排放控制需要的良好的社会监管体系。

其次，全面实施污染源监测信息公开，保障公众对污染物排放信息的知情权。在相关的法律法规中，对排污许可的信息公开范围进行概括和列举式的界定，明确国家秘密、商业秘密和企业实际排污信息之间的关系。尽可能地使企业实际的排污情况可以被社会公众所知晓，这也是环境信息公开制度的初衷。随着国家环境保护工作的深入发展，公民对于环境质量的关注度在不断提高，通过环境污染信息的公开，积极动员公众监督环境质量的实际情况，有助于保障总量控制制度的实施效果。

最后，加强对排污主体自行监测信息的监督力度，并采取措施保障自行监测信息的真实性。当前，由于第三方监测机构存在着诸多不足，因此，应当采取有效措施来改变这种状况，包括：严格控制市场，严格审核监测人员的资格，实施有效的定期检查，并根据监测人员的专业知识、信誉程序，将其划分到不同的层次。通过完善排污单位的信用评估体系，积极探索建设基于环境信任的有效监督机制，提升社会对于污染源的认知，激励更多的人参与到减少污染物的行列之中，从而实现可持续发展。

（2）强化公众参与总量控制考核

有效监管的实现不仅仅要求污染物的实际排放情况被公众知晓，还要求在政府污染减排责任的考核方式上，增加公众的参与。社会力量的参与是平衡政府环境监测单一力量的主要途径，也是充分体现公众环境治理参与权的重要方式。在公众对污染物实际排放数据、环境质量真实状况以及污染源信息有基础了解的情况下，公众对总量控制制度的实施效果会形成自己的客观评价，公众的评价不仅仅可以减少政府"运动员裁判一肩挑"现象，也可以对总量控制制度具体的完善提供有价值的帮助。

目前应当及时改变污染物排放总量控制的考核方式，建立以环境质量为核心的综合评估与考核体系；增加公众的参与程度并且把他们的满意程度作为衡量监督机构工作的重要依据；将内部考核与外部问责有效地结合，增强污染物排放总量控制实施的民意基础。

（3）实施流域（区域）监管制度

第一，改进现有的生态环境保护行政管理体制。流域（区域）限批制度涉及省级以上生态环境保护主管部门、地方的行政主管部门及地方政府。如果想要发挥流域（区域）限批对于污染物排放总量管控的保障作用，需要重点关注各个主体之间的权利和责任划分。我国现行的生态环境保护行政管理体制采用的是"条块结构""纵横相加"的模式，地方行政主管部门同时受到上级行政主管部门的领导和同级地方政府的约束管理，有时不利于地方行政主管部门独立开展工作。只有若使地方行政主管部门脱离地方政府的影响，保障其独立性，容易导致地方行政主管部门缺乏相应的监督，而上级主管部门对当地实际情况了解不够，技术指导和行政监督不能完全兼顾。可通过对地方主管部门尝试地方人大督导与上级巡视相结合的方式，更好地推进流域（区域）监管制度的实施。

第二，加强行政约谈力度和保障措施。行政约谈程序的设定，具有以下几个方面的优点：

①通过与地方政府的有效沟通和充分协商，增强地方政府对于环保工作的理解，也能够保证中央生态环境保护主管部门及时掌握地方情况，针对具体情况调整生态环境保护工作的具体方案，在获取地方政府信任的情况下有效传达生态环境保护的相关任务。②从地方政府的角度来看，该方式可以拓宽向上的反映途径，争取自我表达的机会，将地方的实际情况如实向上级汇报，在不违反原则的情况下将损失降到最小。③从预防的角度而言，对于那些轻微的环境违法行为，通过约谈予以告诫和警示，既能有效地促进其整改，使其提前意识到未达到整改效果的违法成本，还能大大降低实施限批的执法成本。

通过修改完善相关法律法规，可解决限批适用条件的问题，可进一步增大区域限批制度的污染物控制范围，将重点污染物之外的但是对本地区环境质量有突出影响的其他污染物加入新增重点污染物的范围。防止排污行为对环境有重大影响但是污染物不属于总量控制对象的排污单位脱离监管。

（4）逐步改变以行政区划推进制度的方式

为了实现污染物排放总量控制制度的实施目的，最理想的实施方式就是以海域、流域等自然形成的环境单位为基础推动制度的发展。也可以理解为污染物总量控制需要以一个环境单位为完整的生态系统，对该区域的环境容量进行测算统计，同时采取有效措施将区域内的污染物排放总量控制在允许纳污的范围内。但是从当前的国情出发，彻底取消以行政区划推进制度的方式不具有可行性，只有逐步改变才符合实际情况，具体的改善建议如下。

首先，借助于刚刚建立的流域管理机构，以流域内的环境容量为基础进行污染物排放总量控制试点，采取科学合理的原则、较为完善的统计技术对流域内全部污染物的排放进行统计，完善现有的排放量统计制度，明确环境容量与实际排污总量之间的关系。

其次，在试点的流域内，以排污许可证制度为载体明确排污主体的排污份额，在初始排污权的分配环节，限制所有排放量总和小于流域可允许的总排放量，可允许的总排放量也要被限制在流域的环境纳污总量内。国家可以在限制的过程中引入第三方监督评估制度，总量控制的具体实施效果可以得到进一步的保障，也可以通过第三方监督的反馈内容及时对实施环节出现的问题进行回应，同时调整总量控制制度的实施方案。

最后，加强流域管理机构的职权，因为对于整个流域范围的管理要求已经超出了传统的行政区划，国家需要确立一个相对独立于各地方政府的、由国家来直接管理的机构。只有流域管理机构具有相对独立的决定权和执行权，才能对跨部门、跨区域的流域进行环境综合治理，这样的流域管理机构在一定程度上突破了现有的行政界限，有助于解决目前区域范围内环境质量改善遇到的瓶颈问题。国家应在流域试点工作进行足够长的时间后，总结其中的经验和教训，在全国范围内逐步推广流域管理。

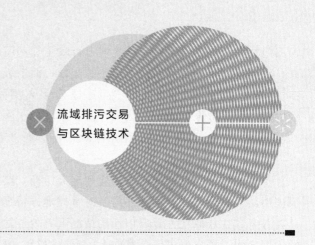
流域排污交易
与区块链技术

第4章

基于区块链技术的流域排污权交易研究

4.1 基于区块链技术的水权交易应用现状

近年来，区块链技术迅速发展，已经被广泛地应用于各个不同的领域，如数字币、供应链、版权和产权保护。澳大利亚政府与一些区块链企业合作，试图利用这项新技术来完成水资源的管理，减少交易流程时间——从数周减少为实时。2019年知名科技公司IBM与水权交易公司进行合作，利用区块链技术来管理美国加州圣华金河三角洲。2019年美国科罗拉多州有议员也提出希望政府部门采用区块链技术进行水权方面的管理。区块链技术在水权方面的应用在国外已日趋成熟。在排污权交易领域，部分国外学者针对区块链在这一领域的适用性和风险以及基于区块链平台的排污权交易市场设计进行了初步的探索。在应用研究方面，苏培科等从隐私性和系统安全性角度提出了一个以比特币系统为基础的去中心化碳排污权交易系统结构模型，解决了交易主体之间的匿名交易问题。郭宝祥等将区块链与工业4.0结合构建服装制造行业的排污权交易框架，兼容了去中心化、透明化、自动化等特征，实现了污染物排放全生命周期的管理。Pate等在研究中将以区块链为底层技术的代币应用到碳交易中，探索碳排放许可证的数字化追踪，促进碳经济在全球范围内的去中心化和透明化。另外，也有部分研究者采用了较为成熟的区块链框架作为排污权交易的平台，例如Yuan等选择联盟链中的超级账本设计排污权交易系统，应用分布式账本、共识机制、智能合约等核心技术，初步实现了排污权交易的区块链平台搭建。总体而言，区块链技术在排污权交易领域的应用研究在相当长一段时间内仍围绕着上述问题展开，然而由于排污权交易所在的传统中心化交易体系以及政企间的信息不透明等机制缺陷使得该技术难以被更有效地推进实施。目前排污权交易与区块链技术相结合的研究大多局限在适用性分析以及简单的平台搭建，未能在交易机制和市场要素配置层面厘清区块链为排污权交易带来的创新突破意义。国内区块链技术在排污交易上的应用研究，基本上处于起步阶段。

目前，国内排污权交易市场仍处于试点尝试状态，为区块链技术的应用奠定了良好的创新基础。区块链介入排污权交易市场，能够将排污权数字化，使其成为一种资源流转的通证。在资源数字化方面，区块链介入能够从三个方面改造现有的排污权交易。一是智能合约的引入，解决了排污权的信度问题，极大地提升了排污权交易的规范性；二是排污权作为资源进行数字化并成为一个资源流转的通证，能更好地激活排污权市场流动性，同时能够促进排污权类衍生金融产品的开发，吸引更多企业关注排污权交易市场；三是在排污权交易监管方面，区块链的共识机制可以减少排污权交易过程中的数据违规篡改现象，可信节点打造的联盟链能够减少监管成本并且提升交易速度，同时将法律规章写入智能合约能够减少执行过程中因人为因素导致的偏差。具体而言，国家可以以行政区划或流域为单位建立区块链排污权交易所，每个区域环境保护行政主管部门可以组建相应的区块链节点，并成立国家级的排污权联盟链，所有区域的排污权资格发放均在此联盟链上完成。排污权可以使用通证或者以代币方式在交易所进行交易。地方发行排污权通证时，可在联盟链上通过智能合约的形式转递给上级部门进行备案，既避免了繁复的人力劳动，也避免了信息不对称导致的交易舞弊等现象。

排污权通证在发行时，应当包括量化的排污权总量（对应通证总数量）、一级交易价格（对应通证的单价）、排污权发售时间（对应首次交易时间）、排污权的价格区间（通证涨幅区间）、排污权升级机制（合约升级机制）、排污权交易税费（交易手续费）等属性。这些属性会在区块链上透明记载，在交易的过程中动态执行。

此外，标准化的排污权智能合约可在国家级排污权交易所定时开展交易，各种排污权衍生的金融产品如排污权远期交易、排污权基金等也可在交易所交易，从而进一步释放排污权的金融属性。

我国基于区块链技术开发的水权交易系统应用较少。我国水资源分布不均衡，各地市场化相关的政策不一致，因此目前以研究为主；区块链技术作为新兴技术手段，其最早应用在金融等领域，随着其优点的显现，更多的研究深入推进，但实际落地的应用场景较少。通过区块链技术来进行水权交易管理将是水权、流域排污权等交易发展的趋势。以下主要介绍基于区块链技术的水权交易及流域排污权交易管理等研究及实际案例。

4.2　基于区块链技术的水权交易管理模式

水权交易管理模式设计应考虑到交易的整个程序和步骤快速的动态响应，有及时、准确、可靠的数据作为支撑，交易的实时监控有一个明确的指标体系，才能对水资源进行科学的、定量的、精细的管理和运作。我国应结合中国的国情、因地制宜，实现跨流域、跨区域、跨行业以及不同用水户直接的水权交易，完善水权交易的范围和广度，保证其精准有效地实施。

4.2.1　管理模式

4.2.1.1　建立大数据平台

建立基于区块链技术的水权交易中心大数据平台，架起沟通合作的新桥梁。水权交易机构作为一个第三方成员认证公共信息数据库区域，用来制定交易双方智能合约的规则，所有成员区域的交易信息自发完成。由于分布式记账与存储，网络上的任何节点都可以发布自己的需求信息，记录交易行为和结果，所有数据永久保存在整个分布式账本数据库中，形成庞大的数据，为后期的需求与供给、合作带来新的生机和活力。区块链水权交易中心大数据共享平台见图 4-1。

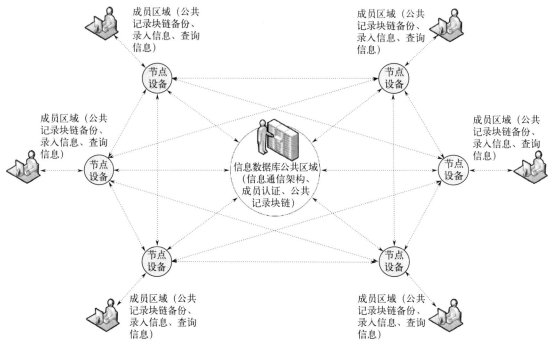

图 4-1　区块链水权交易中心大数据共享平台

　　早期，水权交易中因为存在信息不对称、比较高的交易成本和买卖双方之间的不信任，造成水权交易消极的态度，每一个交易步骤还需要在政府机构第三方监管下进行监管和实施，很大程度上降低了交易的活跃度。因此，基于区块链技术的水权交易技术是一种大胆的尝试，通过最开始设定的智能合约来限定买卖双方自主交易无需第三方政府参与的行为，大大减少了信息沟通和传递的成本，提高了水权交易的活跃度和乐观积极的态度。

4.2.1.2　修订交易业务流程

　　将水权交易的统一凭证，如单位、交易规则、水量、水质、流程、时间、水价波动情况、交割方式、最后交易日、合约到期时间等过程记录动态实时显示在所有交易的节点中，同时，做好水权交易的成员征信行为，不可篡改又实时动态变化，这样强有力地保障了水权交易过程中在水量、水质、成交方式、结算方式上的效率和效益。基于区块链的业务流程改造见图 4-2。

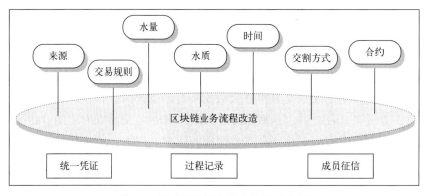

图 4-2　基于区块链的业务流程改造图

同时，要促进成员间资源共享，营造良好的交易生态环境。区块链中点对点的传播方式，使得所有节点通过达成共识的机制，共享水资源相关信息，水量和水质等的需求和供给增加信息互通有无，实现信息全网共享和畅通，提高信息效率，解决信息孤岛难题。

4.2.1.3 具有独立性和可追溯性

基于智能合约机制，系统中水权交易的购买、使用和支付等工作全部线上自动完成，无需人工干预，用户可以通过时间戳技术，完成水权交易契约和凭证的永久保存，可溯源，无法更改。同时，分布式账本具有公开透明的特性。水权交易结算自动化和信任传递见图 4-3。

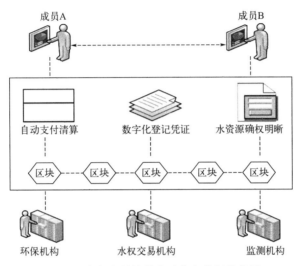

图 4-3 水权交易结算自动化和信任传递图

从水权确权到存证再到使用权，任何操作（登记、交易、交割、转让等）都会记录到区块链账本中。区块链交易即结算的特性相当于整个过程实时完成，提高了交易后的效率。

同时，区块链中的记录合同交易等信息是可溯源的，通过数字化登记凭证类合同查询接口，可查询合同登记或变更交易信息，还可通过提供合同 ID、用户地址的方式对信息进行查验。

4.2.2 水权交易系统中的区块链技术应用

水权交易选用区块链技术中的 Hyperledger Fabric。应用 Hyperledger Fabric 对水权交易系统的链码进行设计与实现。

4.2.2.1 水权交易系统链码业务逻辑

（1）链码审核水权挂牌交易

链码审核水权挂牌交易流程如图 4-4 所示。用水户在水权交易系统中发起水权挂牌交易申请，交易申请消息会发送给背书节点，背书节点会对水权交易申请节点的身份信息进行验证，对交易申请的数据进行审核，符合链码规定的交易数据才可以进行下一步，否则返回，申请失败。审核通过之后，背书节点将验证后的信息数据返回给原交易申请节点，其中会有背书节点的背书签名等信息。用水户节点收到足够的背书之后，将背书后的交易发送给排序服务节点；排序服务节点根据分区主题将消息分别排序；排序服务完成后，将多个交易打包到一个区块；排序节点将形成的区块分发给主节点。主节点分发区块到记账节点，同时节点系统链码进行验证，验证通过后提交该区块到区块链账本。

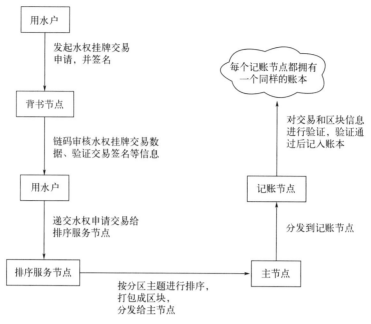

图 4-4　链码审核水权挂牌交易流程

（2）链码审核水权确认交易

链码审核水权确认交易流程如图 4-5 所示。买卖双方依据挂牌信息自行协商。协商好之后买水户向卖水户发起买水交易申请，将签名后的交易申请发送给卖水户。卖水户确认交易信息后对交易进行签名，签名之后的水权确认交易会发送给背书节点。背书节点链码会对交易进行审核验证，审核通过之后的交易返回给卖水方，卖水方收到足够的背书后将交易提交到排序服务节点。排序服务节点完成排序工作，将多个交易打包进一个区块，将区块分发给主节点，后面过程和链码审核水权挂牌交易流程一样。

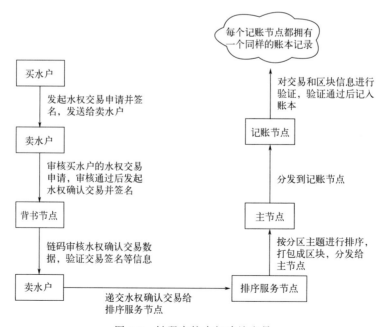

图 4-5　链码审核水权确认交易

4.2.2.2　水权交易系统链码设计和实现

水权交易具有动态精细化管理的需求，具有二次交易需要确权的特点。采用单通道的方式来记账很难满足水权交易的业务逻辑和权限管理需求，所以多采用 Hyperledger Fabric 三通道方式来进行记账。

（1）水权交易特点

水权交易有其自身特有的特点，比如水权交易确权后的初始分配，可变水权的计算，水量会随季节发生变化，水权能否二次交易。这些问题都是需要考虑的，需要想好应对方法，然后再用区块链网络来共享记账。

1）初始水权分配

水权交易的初始水权需要水利部门来分配，初始水权需要满足五个原则。水权初始分配后用水户取得水权许可证，取水许可证一般有效期为 3 年。期限到之后，水利部门根据实际情况重新发放水权证。在区块链网络中，可以通过管理模块来周期性管理用水户的信息。

2）可变水权计算

可变水权是通过初始水权减去基本水权之后得到的。水权的定义决定了一个地区的水资源使用情况，它的变化可以影响到该地区的水资源使用情况。因此，水权的定义必须严格遵守，以确保水资源的可持续利用。以上两个问题需要水权管理部门在线下进行研究分析，确定好水权初始数据后将数据传入水权交易系统。

3）动态周期性管理

有些地区水量会因为季节不同而产生很大的差异，为了更合理地利用水资源，应该动态地管理水资源。传统的管理周期偏长，运用区块链技术之后，可以通过较高频率地发布链码版本来更新账本，达到精细化分配管理水资源的目的。比如，可以分为每年三个周期来进行记账管理：①丰水时期；②正常时期；③枯水时期。丰水时期定义时间段为 6～8 月，枯水时期定义为 12～次年 2 月，正常时期定义 3～5 月、9～11 月。三个时期的初始水权数据因时而定，水利部门在时期相交之时暂停原区块链网络链码服务，提取水权交易最新数据用来配置新的区块链网络初始水权信息，完成新的配置之后提示用水户更新链码再进行水权交易。之前的交易记录依旧存储在各个节点，就像接着记账一样。

4）不允许二次交易

水权交易如果进行二次交易，会涉及水权重新确权问题，也会存在无需求交易问题，问题说明如下。

水权重新确权问题是因为水权会被消耗掉，不是一成不变的。如用水户小 a 买了 $1000m^3$ 水之后，用了一部分然后打算卖给别人，这样就涉及小 a 剩下的水的确权问题，要重新确认小 a 剩下的水是多少。

如果允许二次交易，会存在无需求交易问题。如用水户小 a、小 b 和小 c 原本分别有 $100m^3$、$50m^3$、$80m^3$ 水权可用来交易，小 a 卖给小 b $50m^3$ 之后，三人分别剩下 $50m^3$、$100m^3$、$80m^3$。然后小 b 又卖给小 c $30m^3$，这次交易涉及小 b 之前买的 $50m^3$ 水的二次交易，交易后三人分别为 $50m^3$、$70m^3$、$110m^3$。实际上三个用水户没有用水需求，但交易还是发生了。为了防止交易系统失去原本作用，也为了防止用水户投机囤水，规定不允许水权二次交易。水权交易记录格式如表 4-1 所示。小 a、小 b 和小 c 开始有水权 $100m^3$、$50m^3$、$80m^3$，第一次交易小 a 卖给小 b $50m^3$，三人分别变为 $50m^3$、$50m^3$（$50m^3$）、$80m^3$，然后第二次交易小 b 卖给小 c 30m³ 后三人分别变为 50m³、20m³（50m³）、80m³（30m³）。括号内的水权不可再进行交易。

表 4-1　水权交易记录格式

用水户	可变水权初始数据	第一次交易后 小 a 卖给小 b 50m³	第二次交易后 小 b 卖给小 c 30m³
小 a	可变水权:100m³ 买水累计: 卖水累计:	可变水权:50m³ 买水累计: 卖水累计:50m³	可变水权:50m³ 买水累计: 卖水累计:50m³
小 b	可变水权:50m³ 买水累计: 卖水累计:	可变水权:50m³ 买水累计:50m³ 卖水累计:	可变水权:20m³ 买水累计:50m³ 卖水累计:30m³
小 c	可变水权:80m³ 买水累计: 卖水累计:	可变水权:80m³ 买水累计: 卖水累计:	可变水权:80m³ 买水累计:30m³ 卖水累计:

（2）设计三通道记账模型

1）三通道三链码

如图 4-6 所示，三个通道分别是通道 1、通道 2、通道 3，分别部署链码 1、链码 2、链码 3。

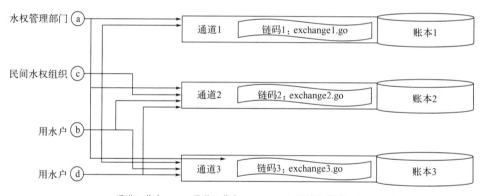

通道1:节点a、b；通道2:节点a、b、c、d；通道3:节点a、b、c、d

图 4-6　三通道记账

2）组织、账本、链码关系

每一个通道对应一个账本。组织、账本、链码逻辑关系如图 4-7 所示。

组织 1（水利部门、民间水权组织）：对用水户、初始水权、可变水权信息进行初始化。根据组织 3 最新数据对水权信息进行更新。

组织 2（用水户、民间水权组织、水利部门）：根据读取的组织 1 信息，完成水权交易信息挂牌。

组织 3（用水户、民间水权组织、水利部门）：根据挂牌信息进行协商，进行用水户间的水权交易。

3）成员、通道、链码、组织和节点类型关系

详细的成员、通道、链码、组织和节点类型关系如表 4-2 所示，水权管理部门、民间水权组织担任背书节点，进行背书验证工作，用水户节点进行记账。

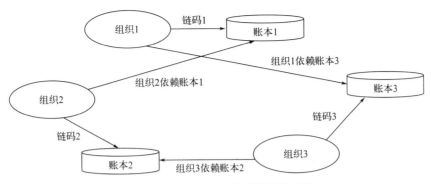

图 4-7　组织、账本、链码逻辑关系图

表 4-2　成员、通道、链码、组织和节点类型关系

项目	水权管理部门	用水户	民间水权组织	用水户
节点名称	a	b	c	d
链码 1	背书节点	○	记账节点	○
链码 2	背书节点	记账节点	背书节点	记账节点
链码 3	背书节点	记账节点	背书节点	记账节点
通道组织	通道 1 组织 0 通道 2 组织 1 通道 3 组织 1	○ 通道 2 组织 1 通道 3 组织 1	通道 1 组织 0 通道 2 组织 2 通道 3 组织 2	○ 通道 2 组织 2 通道 3 组织 2

（3）设计水权交易链码数据和函数

通过设计链码，对初始水权、可变水权数据进行上链——上传至区块链网络。用水户通过区块链浏览器或用水户页面即可查询知道自己的可交易水权数据，然后进行交易申请，符合水权交易条件的申请才能通过链码的审核，审核通过后的数据挂牌显示在交易大厅。其他的用水户看到挂牌信息之后，可以直接申请交易或协商交易。申请水权交易，需要双方签名，链码验证交易双方信息，判断交易能否执行。交易如果可以执行，链码会对双方可变水权、买入累计、卖出累计等信息进行更新。

1）设计水权交易链码数据

水权交易涉及的相关数据有：①用水户；②初始水权；③可变水权；④买卖标识；⑤成交水量；⑥成交价格；⑦交易期限；⑧成交类型；⑨买水累计；⑩卖水累计。水权交易数据具体如表 4-3 所示。

表 4-3　水权交易数据

名称	变量	名称	变量
用水户	user	成交价格	transPrice
初始水权	originalWR	交易期限	transDeadLine
可变水权	variableWR	成交类型	transType
买卖标识	flagOfBS	买水累计	buyAddUp
成交水量	transVolume	卖水累计	sellAddUp

区域水权或取水权交易、灌溉用水户水权交易，两者只有成交水量和交易期限单位不

同。区域水权或取水权交易成交水量单位是万立方米，交易期限单位是年；灌溉用水户水权交易成交水量单位是立方米，交易期限单位是月。这两种交易可以分开进行记账，而记账方式可以完全一样，以下对通用记账方式进行设计说明。

① 通道1的数据和业务逻辑。通道1数据表如表4-4所示，水权管理部门用通道1来初始化用水户、初始水权和可变水权三个数据，动态更新三个数据。

表 4-4　通道 1 数据表

名称		类型	
		区域水权或取水权交易	灌溉用水户水权交易
用水户	user	string	string
初始水权	originalWR	int	int
可变水权	variableWR	int	int

② 通道2的数据和业务逻辑。通道2数据表如表4-5所示，用水户（买方、卖方）用通道2来挂牌交易信息，涉及用水户等8个数据，其中用水户、初始水权、可变水权三个数据是来自通道1里面的数据。用水户之间根据挂牌信息进行协商或直接发起水权交易申请。

表 4-5　通道 2 数据表

名称		类型	
		区域水权或取水权交易	灌溉用水户水权交易
用水户	user	string	string
初始水权	originalWR	int	int
可变水权	variableWR	int	int
买卖标识	flagOfBS	int	int
成交水量	transVolume	$int/\times 10^4 \ m^3$	int/m^3
成交价格	transPrice	float32	float32
交易期限	transDeadLine	int/a	int/月
成交类型	transType	int	int

③ 通道3的数据和业务逻辑。通道3数据表如表4-6所示，其中用水户、初始水权、可变水权三个数据是来自通道1里面的数据。

表 4-6　通道 3 数据表

名称		类型	
		区域水权或取水权交易	灌溉用水户水权交易
用水户	user	string	string
初始水权	originalWR	int	int
可变水权	variableWR	int	int

续表

名称		类型	
		区域水权或取水权交易	灌溉用水户水权交易
买卖标识	flagOfBS	int	int
成交水量	transVolume	int/×10⁴ m³	int/m³
成交价格	transPrice	float32	float32
交易期限	transDeadLine	int/a	int/月
成交类型	transType	int	int
买水累计	buyAddUp	int	int
卖水累计	sellAddUp	int	int

  用水户（卖方）在通道 3 来进行真正的交易，水权交易需要由用水户（买方）发起且完成签名，用水户（卖方）收到发来的申请交易后，在一定时间内给予答复，若同意则对交易进行签名，若不同意则拒绝。拥有买卖双方签名的确认交易将发给背书节点进行背书，完成验证等过程后发送给排序节点，排好序之后广播到记账节点，最后记账节点完成水权交易信息同步。

  2）设计水权交易链码函数

  每一个通道对应一个链码。链码函数详细信息如表 4-7 所示。

表 4-7 链码函数详细信息

链码	函数及含义	数据	实现逻辑
链码 1	initExchange() 水权交易初始化	用水户、初始水权、可变水权	水权管理部门将用水户、初始水权和可变水权信息上链
	updateExchange() 更新可变水权	用水户、可变水权	用水户之间交易达成后，水权管理部门更新用水户（卖方）可变水权
	query() 查询	用水户	根据用水户信息进行查询，返回用水户的最新数据
链码 2	listingTrans() 挂牌交易	用水户、初始水权、可变水权、买卖标识、成交水量、成交价格、交易期限、成交类型	根据用水户、初始水权、可变水权三个信息判断挂牌是否可行，不可行挂牌失败，可行进行挂牌。买卖标识、成交水量、成交价格、交易期限、成交类型信息上链
	applyForTrans() 申请交易	用水户、初始水权、可变水权、买卖标识、成交水量、成交价格、交易期限、成交类型	买水方根据卖水方的挂牌信息进行协商，协商达成后向卖水方发起申请。遵循"有买有卖"的原则，避免出现"滥卖"情况
	query() 查询	用水户	根据用水户信息进行查询，返回用水户的最新数据
链码 3	agreeTrans() 同意交易	用水户、初始水权、可变水权、买卖标识、成交水量、成交价格、交易期限、成交类型、买水累计、卖水累计	卖水方收到买水方的申请，在一定时间内确定是否进行水权交易签名，若审核通过则进行签名，签名后链码对数据进行处理，水权交易数据上链
	query() 查询	用水户	根据用水户信息进行查询，返回用水户的最新数据

链码 1 的函数为 initExchange()、updateExchange()、query()；链码 2 的函数为 list-ingTrans()、query()；链码 3 的函数为 agreeTrans()、query()。函数 applyForTrans()不直接与链码建立关联，是在系统前端实现的，用水户（买方）发起交易申请，并附上交易签名，然后调用 applyForTrans()发送申请给用水户（卖方），用水户（卖方）对水权交易签名即同意交易，进行交易背书，然后背书节点再调用链码函数 agreeTrans()完成背书过程。

其中买卖标识初值为 0，卖为 1，买为 2；成交水量、成交价格、交易期限初值为 0；成交类型初值为 0，协议交易为 1，公开交易为 2。

4.2.2.3　实现水权交易链码

链码最初只支持 Go 语言编写，目前已经支持 Java、Node.js 语言编写。链码采用 Go 语言编写的大体步骤如下：

① 定义水权交易相关数据，其中用水户采用 string 类型，交易价格采用 float32 类型，其他都为 int 类型。

② 验证用水户身份，验证通过才能进行下一步。

③ 根据用水户请求动作，调用不同的函数。

④ 定义 agreeTrans()函数，该函数用来确认水权交易。

⑤ 定义 query()函数，依据用水户名称字段进行查询。

链码是通过调用 HyperledgerFabric 系统内置的接口 stubshim.ChaincodeStubInterface 完成 init、invoke 操作，来实现对账本的读取和写入。stub.PutState 对账本进行写入数据，stub.GetState 对账本读出数据，json.Marshal()将对象数据转化为 json 格式数据。

4.2.3　发展趋势和意义

随着区块链技术的发展，早期的水权交易已经转变为一种智能化的合约，保障了贸易过程的安全性，同时也减少了贸易过程的花费，极大地提高了贸易过程的绩效，推动了各方的共同发展。通过利用区块链技术，底层的水权得以明晰，整个的贸易过程、存续管理、水量、水质、现金流等各个方面都得以被实时地监控，资源的使用更为准确、及时，同时也更好地符合了水权交易的监管要求，从而达到更好的服务目的。区块链技术的出现和发展大大降低了违反法律法规的情况，并且确保了贸易过程的公平性和透明度。这种新型的技术使得整个水资源的流转变得更加高效和便捷。

4.2.3.1　促进完善水权交易监管体系

随着区块链技术的发展，人们已经开始使用它来处理水权交易。这种方法允许对所有涉及的申请、论证和协议的信息都进行严格的审查和分析，并将结果存储到一个数据库里。这样，就可以建立一个全面的、高效的水资源监督机制，以便及时发现和处理任何潜在的问题，并采用必需的安全措施，以维护人们的权益。通过采用在线技术进行水资源的监督，可以实时收集和分析水资源的变化情况，从而有效地阻止和抑制水权交易的违规操作，可以更好地保障各方的利益。

4.2.3.2　优化水资源的准入机制

为了促进水权交易市场的有效运行，应当完善水资源的准入标准，并加强宣传，让更多的人参与其中，从而培养人们节约用水的意识，提升用水的效率，最终实现水资源的可持续发展。还应当积极响应政府的号召，加强对水权交易市场的改革，降低其风险性，提升其稳定性、便捷性、快速性以及经济效益。

4.2.3.3　促进交易简化和智能化

为了提升一个水权交易平台的活跃度与认可度，必须努力提升其客户体验，以及提供更加方便快捷的服务。为了达到这一目的，需要不断加强宣传，提升其客户的忠诚度，并鼓励他们主动参与到这一领域中来。

4.2.4　基于区块链技术的河流监测物联网技术应用

本案例的处理对象为马来西亚的河流，其主要功能有水源、水系循环和防洪排沥等。对水体污染产生直接影响的是排放的水污染物。为高效精准实时掌握水体水质情况，采用物联网技术和区块链技术，通过物联网实时在线监测水质，高效采集数据，为了使数据安全可靠，所有数据的实时交易都将采用区块链技术作为平台。

该项目从设计和开发智能水传感器设备开始。传感器将集成嵌入式板和通信技术，如以太网、Wi-Fi 3G/4G 和 LoRa/LoRaWAN，对 pH、浊度、氨、溶解氧、盐度、化学需氧量、温度、含油量等指标进行检测，并设置报警，若有指标数据超标将会自动报警，使其启动监测河流计数器。

本方案支持低功耗通信网络 LoRaWAN 的传感器。智能水传感器使用 simulink 传感器模块将数据输入系统。该解决方案的原型由嵌入式板组成，其中可以进行少量的计算。水监测系统使用低成本和紧凑的传感器来收集数据。智能水传感器与已开发的通信设备集成在一起，建造无人机并在其上应用。这款无人机是自动驾驶的，并配有无线充电系统。无人机和传感器收集的任何数据都将存储在数据库中。该数据库包括物联网云服务器、本地服务器、web 应用程序和移动应用程序开发。

这个项目中的区块链区域主要是通过无人机收集数据，利用移动和 web 平台在分析中心完成数据处理。这个项目的目的是提升完整数据的安全性。因此，在这个系统中，每一笔交易或处理过的数据都是实时记录的，数据不能被更改。

该案例使用 Spyder 进行开发，并使用 Flask 创建移动应用程序。使用 Flask 的原因是它的轻量级和内置的微框架。采用 postman 来为开发的区块链进行测试，API 将使用 Flask 来构建。使用 Spyder 构建了一个包含 5 个节点的本地区块链，它允许使用不同的虚拟节点。区块链网络设置在 1000 端口，节点设置在 1001、1002 和 1003 端口。

区块链的目标是保持节点间交换交易的完整性，以 JavaScript 对象表示法（JSON）的形式定义事务。为了保存交易，首先创建一个稍后添加到链中的块。每个块都有一个工作量证明和先前为块提供安全性的散列。在块创建之后，一个事务被添加到块中。为了证明概念，交易包括发送方、接收方地址、温度和水的 pH 值。区块链部分的其余步骤是挖掘已创建的带有事务的块。挖掘为创建的区块提供了不能被伪造的交易散列，因此无须使用中央系统就可以为区块链提供完整性。在设置了区块链之后，使用 Flask 创建一个 web 应用程序来测试区块链和节点。首先，创建不同的路线，讨论重要的路线，并观察它们。第一个路由是将节点连接到系统，每个节点必须使用 post 发送一个连接请求，请求包含节点的地址；连接节点后，可以使用添加节点路由添加事务。

一旦交易被提交，需要挖掘区块并将其附加到链中。若事务现在包括区块链技术的关键元素，即以前的散列、证明和时间戳，这使得事务（pH 值和临时值）是安全的，不能伪造。因此，数据的完整性得以实现，这就防止了可能导致水污染的操作。

4.2.5　基于区块链技术的智能水利信息共享平台建设

"区块链＋水权交易市场"的融合创新应用——智能水利信息共享平台概念模型，是基于四位一体、多中心参与者的技术架构和基于区块链技术的双链智能合同平台设计的。为了便于研究，简化了模型，消除了模型内部细分的复杂性。

目前，水权在水资源管理和利用中发挥着关键作用。此外，随着污染物排放权的发展需要，控制水体质量，可有效保证水源供应。水权和水市场也是水利改革和发展的重要组成部分。中国的水权交易市场是以两个层次组织起来的，首先是一级市场，它负责对水资源进行初步的配置，然后是二级市场，它负责对剩余的水量进行重新分配。在中国，这些水量的初步分配是通过政府的行政措施来实现的。严格来说，这里的水权交易市场是指二级市场。由于国情和经济体制的特殊性，中国水权交易市场经过一系列实践探索和转型试点，初步形成了准市场框架，并逐步完善。

框架结构主要为四合一和多中心参与者，其中包括以下几个。

（1）政府部门

在智慧水利建设中，政府部门扮演着管理者、决策者和监督者等多重角色。目前，中国水利部门、流域机构和水行政主管部门相互独立。在区块链体系集体认可和信任机制的基础上，政府部门可以将传统的单一管理模式转变为多主体共同治理模式，建立灵活的横向联动工作机制。因此，企业、公众、机构和其他人可以采用分布式授权和开放方法，并自行编写区块链代码来访问信息共享平台，从而解决跨区域、跨级别和跨部门的信息孤岛问题，实现智能水利和协同信息共享。

（2）水利企业

水利企业包括国有企业、行政事业单位和从事水资源开发利用、水利工程建设、江河湖泊综合治理、水权市场交易等相关水利行业的私营企业。他们是智能水利信息共享平台的领先服务对象，每一个都是政府部门公开数据和公众市场信息的有力反映。企业可以通过信息共享平台直接进行点对点交易，并使用加密算法和智能合同使每个环节的交易信息不变且可追溯，从而保证数据的真实性和可靠性以及个人信息的隐私性和安全性。此外，水利企业可以在政府部门和公众的双平台监管下提高交易数据的透明度和可审计性，消除信息不对称风险，降低时空交易成本。

（3）公众

与政府部门和水利企业不同，公众获取水利行业信息的渠道有限。他们通常局限于政府部门和水利企业的公开部分，不能随时共享甚至记录自己掌握的最新数据。区块链科技给予了公众信息查看和读写许可。此外，身份匿名还为一般账户信息的隐私和安全提供了另一种保障，社会上任何组织和个人都可以匿名参与区块链。此外，公众不仅对整个智能水利信息系统和社会公共管理系统起着市场监管的作用，而且可能成为信息资源的收集者、加工者甚至管理者，而不仅仅是用户。智能水利信息共享平台需要根据每个用户的需求和应用场景的不同，在构建标准模型的基础上进行差异化和定制化服务。

（4）第三方维护多中心

联盟链的信任基础是共识机制。由于每个块节点的数据记录和维护完全依赖于参与者，同时完全脱离第三方，因此存在一些风险。例如，当系统面临升级或漏洞无法修复时，政府部门、企业和公众显然无能为力。块节点之间的关系是相等的，即使可能性不高，但任何节点部署的智能合约的问题都可能影响到其他节点。此外，区块链数据的不可篡改性增加了系统修复的难度。智能水利信息共享平台的建设可以在联盟内部进行。但是，要进行系统开发、运行测试和日常维护，需要专业的第三方机构。更重要的是，这些第三方机构没有信息读写权限，只能进行功能测试和数据维护。

（5）双链智能契约平台

设计公共链和纯私有链通常是单链设计，区块链上的所有参与者对应一个节点。加入时，内部账户信息必须与其他人共享，以确保分布式分类账的一致性。但是，一些组织或个人在实际应用中并不共享所有信息，如政府部门之间的机密文件、企业之间的合同细节和客户信息等。水利工程关系到国计民生和经济发展，其本质地位不言而喻。规划建设必须在风险可控、权责明确的前提下进行。因此，提出了一种基于"联盟链＋私有链"双链设计的智能水利信息共享平台，既满足了信息共享和灵活扩展的需求，又保障了组织内部的隐私和安全。

建立基于污染物排放量控制指标下的经济效益、社会效益和生态环境效益三个最优目标的排污权分配模型，即水量水质双重控制的耦合省级初始水权激励分配模型。设定水体污染物排放量控制指标要求，采用经济、社会和生态环境三个优化目标，建立初始污染物排放分配模型，得到初始排污权方案；建立耦合的省级初始水权分配模型。在水污染物排放量控制指标方面，按照奖优罚劣的机制建立了激励机制。通过具有水量和水质的省级初始水权激励分配模型，得到省级初始水权分配结果。

4.3 基于区块链的排污权交易创新机制研究

排污权交易机制的可靠性与可操作性至关重要，它可以帮助人们更好地执行环保政策。然而，排污权交易的尝试过程中，有时会出现信息失衡、监督缺失、政府与市场的脱节等问题。区块链技术的普及，不仅改变了传统的排污权交易方式，而且还为环境保护提供了一个全新的、无缝的、安全的、可信的解决方案。因此，必须结合当前的环境保护政策，以及相关的技术要求，来实现这一目标。通过结合 Fabric 的技术，可以为排污权交易提供有效的监督、促进以及有效的奖励和处罚措施，以实现排污权交易的有效性。这些措施包括：利用区块链的共识算法、智能合同、默克尔树、非对称加密算法以及其他相关的数据安全、可靠性、可扩展性，通过对比研究，可以更好地理解区块链技术如何改善排污权交易的管理模式，并从不同角度探讨它对相关政策的影响；此外，还可以利用智能合约技术，为排污权的申请、交易提供更加便捷的服务，从而提升交易效率；通过对比研究，深入探索区块链技术如何广泛应用于环境保护，从而构建一个完整的环境治理体系，并从不同的角度深入探究其中的耦合点及其运行原理。通过对比两个不同领域的研究可以发现，将区块链技术与污染权交易相结合可以更好地控制污染源，促进当地企业的可持续发展。此外，这种方法还可以帮助控制污染源的申购、交易，使其更加高效，减少交易的费用，简化污染权交易的过程。通过引入智能合约的排污信用币，可以为企业提供一种有效的激励机制，促进他们更加积极地投身污染权交易市场。因此，借助区块链技术的运作，可以实现要素市场化配置，实现污染权交易的有效性，并建立一个完善的污染权交易机制，从而促进污染权交易的市场化。

通过引入 Fabric 联盟的区块链框架，可以有效地解决目前排污权交易机制存在的问题，包括但不限于：信息不对称、监管缺失、权利滥用、企业滥权等。可以利用区块链的各种高新技术，如分布式存储、哈希运算、非对称加密、智慧协议、共识计算、跨链科技，来构建一个完整的排污权交易机制，并制定有效的二级市场规则，同时建立有效的奖励机制，对违反规则的行为进行严厉的处理。

4.3.1 区块链技术特征与排污权交易需求耦合

一般来说，区块链技术的应用场景都存在三个基本特征：第一，存在去中心化、多方参与和写入数据的需求；第二，对数据真实性要求高；第三，存在初始情况下相互不信任的多个参与者建立分布式信任的需求。排污权交易系统存在政府、排污企业以及社会公众多个参与主体。同时，需要不断地将交易信息、排污数据等存入数据库，更重要的是排污数据的真实性直接影响排污权交易的公平和效率。因此，从系统特征来看排污权交易是适合区块链应用的一个场景。从区块链技术与排污权交易需求的耦合来看，如图 4-8 所示，排污权交易中的痛点问题主要源于交易监管、交易流程、市场关联性（交易范围）和交易激励机制设计，这些宏观上的问题能够通过区块链网络的协同化、数字化、智能化、去中心化、信息透明、防篡改、可溯源等功能优化解决。在涉及监管、问责的管理机制层面，区块链核心技术中的身份认证、数字签名、哈希加密将在解决传统的问题——污染数据难以溯源、问题主体难以追踪中提供溯源证据链，并以独特的链式存储结构及共识机制使得非法篡改污染和交易数据的难度大大提升，篡改成本远远超过其获利。区块链在身份授权和准入认证下的链上数据具有全网全节点的透明化特征，污染数据和交易数据都需共识节点认可后上链。同时，上链后的数据能够通过默克尔树快速查询到所在区块高度，而非对称加密技术则为数据共享提供完备性和安全性保障，从而实现多主体间的可靠信息传输和共享。另外，在市场机制层面区块链的智能合约技术能够在基本操作流程上优化政府的管理成本，释放公共治理资源，同时自动化执行代码能够为公平性和效率性提供保障。跨链技术在排污权交易的跨区域和跨流域层面则具有独到的技术优势。同时，资产通证化结合相关的激励机制设计在企业减排技术创新和生产优化上具有调动积极性的优势。

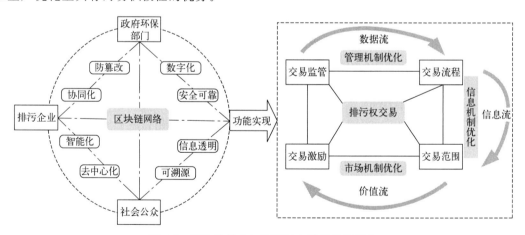

图 4-8 区块链技术与排污权交易需求的耦合

4.3.2 排污权交易的联盟链架构体系

排污权交易体系旨在建立多方共识，并且需要满足严格的认证标准，而根据区块链的划分，拥有共识性的联盟链可以最大限度地满足排污权交易的需求，它们可以被广泛地运用于多个拥有共识的机构之间。采用联盟链作为排污权交易的区域链技术，第一是因为它的多中心化特性，能够有效地满足排污权交易的治理要求。第二，它还拥有一个特殊的身份验证功能模块，能够有效地检验各个交易主体的交易资质，并且能够有效地控制各个网络节点的权限，从而满足各种交易主体的交易要求。第三，通过采取联盟链技术，交易的进程大大缩短，其中的共识机制大大加快了双方达成协议的过程，而且所有的交易信息都将被严格地封存，以确保双方的权益得到有效的维护。第四，无论是在技术上还是在应用上，都无须采取Token 的形式，从而大大简化了系统的构建与运行。由 Linux 基金会推动的"Hyperledger"——一个具备节点授权的、用于交易验证的开放式区块链系统 Fabric，具备了一种独特的、具备安全性的联盟网络架构。Fabric 是一种可插拔的、可扩展的、可扩展的模块化架构，它拥有先进的容器技术，可支持多种不同的语言，可支持多种智能合同，还提供了多种权限控制和区块链 AP、SDK、CLI 等多种 API 的开发支持。

调查发现，排污权交易的联盟链架构体系大都基于 Fabric 构建，如图 4-9 所示，整体架构共包含 7 层结构：数据层、网络层、共识层、合约层、基础服务层、外部接口层和应用层。数据层主要包含不同数据类别排污权交易相关的数据信息，即污染源排污监管信息、排污权二级交易信息以及企业的生产行为数据。每个分布式节点都可以通过特定的哈希算法和默克尔树数据结构，将一段时间内接收到的交易数据和代码封装到一个带有时间戳的数据区块中，并链接到当前最长的主区块链上，形成最新的区块。该过程涉及区块、链式结构、哈希算法、默克尔树和时间戳等技术要素，均封装在数据层。网络层是为了满足去中心化的分布式数据结构。在这一层，区块链主要提供 P2P 网络、Gossip 协议、公钥基础结构（PKI）

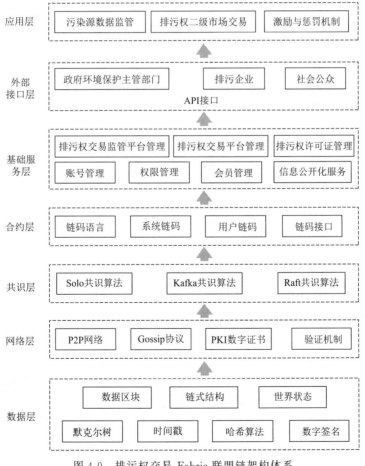

图 4-9　排污权交易 Fabric 联盟链架构体系

和数据验证机制。在排污权交易中体现在对排污单位身份准入的限制上，需要通过政府部门的身份认证机构（CA）对其进行准入以及每次交易的身份审核。共识层封装网络节点的各类共识算法，在联盟链 Fabric 中，依据版本的不同分为 Solo 算法、Kafka 算法和 Raft 算法。Solo 算法只提供单节点的排序功能，仅用于测试使用，安全性和稳定性较差。Kafka 是一种高吞吐量的分布式发布订阅消息系统，将所有的排序节点集群，实现对交易的排序。Raft 算法新增了 Raft 主导节点，每个组织的排序节点中投票产生一个主导节点共同组成排序服务。在排污权交易的 Fabric 系统架构设计中，初期的试验可以采用 Solo 算法作为演示，在后期系统较为成熟的情况下可选择 Kafka 或 Raft 共识算法。合约层能够应对更为复杂的信息互动需求，封装了各类脚本、算法和智能合约，是区块链在特定场景下应用的功能体现。在排污权交易应用中，交易规则的每个细节都将体现在智能合约相关函数的设计上，基于 Fabric 的智能合约（链码）的管理主要包括链码的开发、安装、实例化、升级和运行操作。基础服务层是一个重要的组成部分，它负责维护整个系统的运行，以确保参与排污权交易的双方都能够获得所需的服务。它包括对用户账号、权限、会员、交易监管平台、交易平台、排污许可证以及信息公开等进行管理，以确保交易的顺利进行。通过外部接口层，各主体可以实现信息的实时传输和共享，从而实现对排污权交易的有效管理。API 可以将排污权交易的参与者与基础服务层有效地连接起来，而且根据对参与者的权限设置，可以实现更加灵活的权限管理。区块链技术在排污权交易中的应用可以从三个方面来考虑：一是对排污源进行数据监管，二是通过二级市场进行交易，三是通过激励和惩罚机制来促进排污权的有效流转。

4.3.3 排污权交易的区块链创新机制构建

4.3.3.1 区块链技术下的排污权交易监管

目前排污权交易中的污染源核算和监管普遍存在信息损耗的可能性问题，主要表现在污染检测数据通过现有系统层层上报的过程中存在信息损耗。在不同的行政区域内和不同的流域范围内，个别排污企业等各类主体均可能为了减轻排污压力而虚报排污数据，导致偷排、虚报、误报等现象的发生，使得整个过程监管失效。此外，在发现排污数据有出入时，现有监管机制很难确定责任主体，会进一步导致排污权交易的公平性、可信度降低。

区块链技术中的防篡改、可溯源、透明公开等特征可以很好地降低该问题的风险。搭建基于联盟链的排污权交易监管体系将在源头监管、过程监管和末端监管中全方位地维护数据的真实性并通过数据溯源明确责任主体，如图 4-10 所示。

经过排污权交易，污染源的监管与污染物的评估获得了有效的支持。通过安装现场监控管理系统，污染源的位置获得了即时的收集，从而收集到污染物的详细信息，如污染物的特征、污染物的成因、污染物的危害区域、污染物的最终结果、污染物的持久性、污染物的可持续性等。根据收集到的数据，有关部门可以采取直接的方式，如自行核算或委托第三方机构来实施，以确定该地区的空气质量、水质、土壤质地、固体废物的含量，以及其他有害物质的含量，最终的结果都要记载在排放管理系统的数字化档案库中，向全体公民发布。由于采用先进的技术，可以实现从原始文件到分布式记录的完美转换，这一切都是采用联盟链系统实现的。每一步操作都会被精确地记录下来，包括文件的位置、日期、密码、签名等，而且还会被严格地安排。采用区块链技术作为基础，排污权的交易更加安全、透明，每个环节的数据都是唯一的，无法被任何人篡改。这样，即使是最初的信息也是完全准确的，没有任何人能够凭借个人的意愿擅自更新或修正这些信息。通过使用区块链技术，能够将上传的所

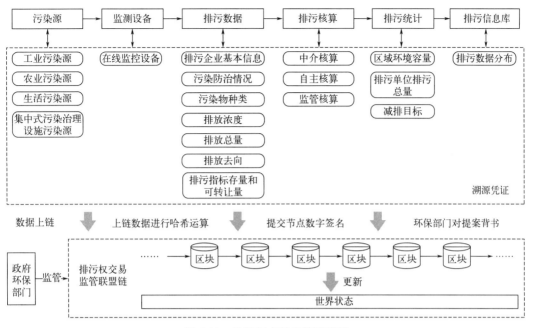

图 4-10 排污权交易监管联盟链

有关键数据作为溯源凭证，这样一来，如果发现排污数据存在差异，就可以通过使用默克尔树来进行哈希运算，从而快速找到问题的数据来源。通过数字签名溯源技术，可以确定数据的责任主体，从而为有效地追究责任、排污权交易仲裁提供可靠的证据。

4.3.3.2 区块链技术下的排污权二级市场交易

相比排污权交易一级市场，我国二级市场的建立和实行还停留在初期阶段，存在着交易程序复杂、交易成本高、中小企业的参与门槛较高等问题。区块链技术的引进，以信息化方式传播、验证及执行智能合约，使得排污权交易对中介介入以及政府审核的要求降低，进而简化交易程序并优化交易成本。基于此，构建基于区块链技术的排污权交易二级市场框架，如图 4-11 所示。

（1）参与主体

传统机制下排污权交易二级市场的参与主体包括排污企业、政府环保部门和行使交易审核权的排污权交易中心。排污指标买入申请和转让申请、排污指标交易申请中的审核工作需要排污权交易中心和政府环保部门协同完成。在排污权交易二级市场区块链技术框架中，大部分申请审核工作由智能合约自动化执行代码来完成，市场参与主体主要是排污企业，政府在其中扮演着交易的验证者和整个体系的监管者角色。相较于传统模式，政府的职能转型并且对交易市场的干预性降低，有利于提升二级市场交易的活跃度，提高排污企业的交易积极性。

（2）交易流程

随着区块链技术的发展，排污权交易的二级市场也得到了极大的改善。为此，排污单位和地方政府部门均可使用智能合约，进行身份认证，从而使得贸易各方能够轻松完成，从而更为快捷地完成交易过程。此外，这种新型的交易模式还能够为排污单位的准入、采购、支付等提供更为便利的服务。为了确认信息的安全性，排污单位与核算机关必须使用密码来加密信息。这样，政府机关就能够使用密码来确认信息的安全性。智能合约的实现流程包括：当达到特定的启动条件时，按照规定的步骤读取信息，然后通过计算得出结论，这些信息会

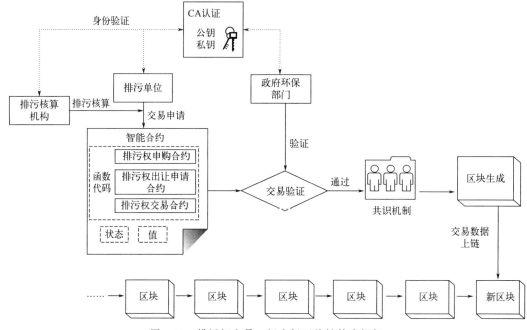

图 4-11　排污权交易二级市场区块链技术框架

被永久地记录到一个长期的记录格子里。通过智能化的交换技术，能够实现对污染物的有效控制。在交易过程中，根据不同的参与者的身份、贸易目的、贸易协议、履行义务、贸易条款、贸易结果、交易风险、支付后果，来确立相关的交易机制。智能合约是由交易流程、时限等因素驱动的，它能够根据特定情况做出反馈。如果智能合约经过了严格的审查，它将被交付至政府机构，以便获得批准；如果审查不符，它将被拒绝。如果有任何一方出现了违规情况，它将立即收回所有的赔偿款，并将这些损失记入数据库。通过背书节点的验证和主节点的排序，这些触发机制、触发事件和响应将被永久记录，并被存储在区块链上。

　　为了更清楚地说明智能合约在基于区块链的排污权交易机制中所体现的核心业务逻辑，下面以排污权交易二级市场中的排污权转让、排污权买入和排污权交易为例设计基于 Fabric 的智能合约算法结构。Fabric 中链码（智能合约）的基础函数包括链码的初始化、调用和查询函数。对排污权交易业务逻辑的实现关键在于核实交易主体的资格，包括转让资格、购买资格，初步协议达成的合法化审核以及违约和合同签署。排污权交易转让、购买和交易的智能合约的执行过程可描述为排污权需求方提出购买申请，调用 proposeTrading()方法；验证供给方身份并判断转让资格，调用 isQualifiedSeller()接口；验证需求方身份并判断购买资格，调用 isQualifiedBuyer()接口；检查双方初步协议内容，如转让份额、排污权指标协议价格等，调用 isQualifiedBuyer()接口；双方缴纳保证金，如存在一方违约则进行资金转移并保存违约记录，调用 recordBreachBehaviour()方法；签订合约并保存，调用 signContract()方法，具体的算法流程如下所示。

　　输入：sellerID（供给方标识），buyerID（需求方标识），agreementID（初步协议标识）。

　　输出：contractID（最终合约标识）function proposeTrading（sellerID，buyerID，agreementID）init()；

　　while tradingClosed ＝ False do

　　if isQualifiedSeller(sellerID)＝ True then

　　if isQualifiedBuyer(buyerID)＝ True then

```
if checkAgreementValid(agreementID) = True then
earnest FromSeller ← money Request;
earnest FromBuyer ← money Request;
if checkBreachBehaviour(sellerID) = True then
accountOfBuyer ← earnestFromSeller;
earnestFromSeller ← 0;
recordBreachBehaviour(sellerID, breachBehaviour);
elseif checkBreachBehaviour(buyerID) = True then
accountOfSeller ← earnestFromBuyer;
earnestFromBuyer ← 0;
recordBreachBehaviour(buyerID, breachBehaviour);
else
contractID ← signContract(agreementID);
saveContract(contractID);
tradingClosed ← True;
return contractID;
else return null;
else return nul;
else return null;
```

（3）交易范围

交易范围的明确对于二级市场的成功至关重要，然而，目前的情况却不容乐观：多个试点地区的交易仅局限于当前的行政管辖范围，未能涵盖更多的领域，导致污染处置能力和污染处置生产成本没能进一步提高，从而影响污染的处置和处置效果，也阻碍了污染处置能力的提升。通过将区块链技术与排污权交易监控相结合，能够实现跨地域、跨流域的排污权交易，从而实现多个区块链系统的协作，更好地控制排污权交易的风险。

利用跨链信息技术，能够在区块链世界里建立一个更加稳定的交易平台，从而更好地进行信息交换、资产流动、安全管控等。特别是在污染物交易方面，由于地点的差异，交易的复杂程度也会影响到整个交易的安全性，因此，采取跨链信息技术，将污染物交易的复杂程度降到最低，从而达到更好的安全管控效果。当前，三个常见的跨链信息技术分别是：公证机构、中继链机构和哈希锁定。考虑到污染物交易的地理分布、政府的监督力量，以及这些信息技术的复杂性，采用公证机构来完成污染物交易。如果一个省的 A、B、C 三个城市都被选定作为污染权交易的试点城市，那么它们的污染权交易将会被记录到一个独立的交易记录系统，也就是一条区块链。如果发生了污染权交易，那么就必须通过一个专业的公证机构进行认可，该机构的主管机构就是当地的环境监管机构。所有的交易必须经过公证机构的审核和认可，以确保跨网络的有效性。

通过应用区块链技术，可以大大减少跨地域的排污权交易，极大地减轻了企业的经营负担，缩短了政府的监督时限，使得各地的排污指标能够更有效地流转，从而极大地改善了环境资源的分布状况。与传统的跨境贸易不同，跨流域贸易的过程变得更加复杂。这种情况通常会涉及双方的地理位置。为了解决这个问题，建议在公证机构的网络中安装一个智能化的合同，以便根据双方的情况来决定贸易的比例，这样有助于推进环境保护的进程。

4.3.3.3 区块链技术下的排污权交易激励与惩罚机制

有效的激励与惩罚机制是保证排污权交易公平和效率的根基。排污权交易体制中政府激励和惩罚机制主要包括排污权交易监管中对排污单位上报真实排污数据的激励以及在排污权交易中对企业进行技术创新以促进削减排污总量的激励两个方面。在实践中，排污权交易的激励多以命令——控制型手段为主导。政府在每个固定时间期限内对排污企业所购买的不同类别的排污权许可证与污染检测中实际排污数据和统计数据进行比较，对企业排污权配额实际运作绩效进行考核，连续多次靠后的企业将被政府强制回购排污权，而考核合格的企业在未来将优先获得排污权的申购权利。这种强制手段给排污权交易的市场调节机制带来了过度的干预，容易削减排污企业参与交易的积极性，无法带来真正的激励效应。

基于区块链中的智能合约自动化执行、数据真实透明、代币发行可信度高等特点，构建排污权交易激励与惩罚机制区块链框架，如图 4-12 所示。

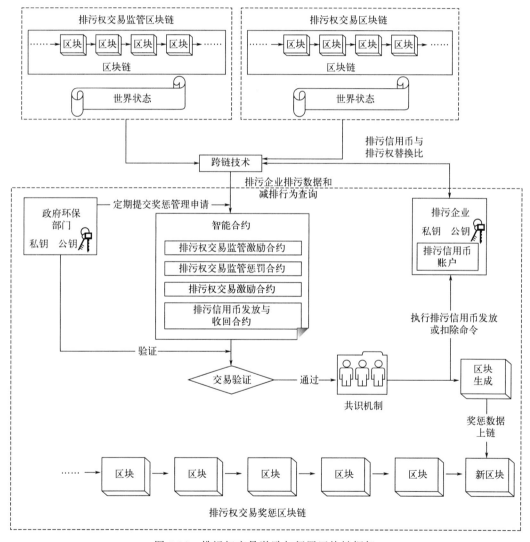

图 4-12 排污权交易激励与惩罚区块链框架

与传统机制类似，政府将在一定期限内，例如每个季度、每年或每 5 年在区块链网络中定期提交奖惩管理申请，部署在区块链网络中的节点将通过跨链技术在排污权交易监管区块链和排污权交易区块链的世界状态中查询企业的排污权许可证账本数据和实际排污采集数据等信息。依据事先制定的奖惩规则，智能合约将自动依据触发条件和处罚规则判断排污单位在排污权监管中是否真实上报排污数据，同时依据排污权交易相关数据判断排污单位在削减污染物上所实现的减排技术创新。

区块链技术环境下引入排污信用作为排污权交易激励和惩罚的通证媒介，将其理解为一种只能在排污权交易中应用的数字币，可代替法币进行交易。每个排污单位节点除了表示其区块链网络中身份证明的公私钥对，还将配置一个排污信用币账户，类似于银行账户的概念，账号为公钥，账号密码为私钥。排污信用币的发行和交易将部署在排污权交易激励和惩罚区块链的智能合约中。对于受到激励的企业，智能合约将为其发行一定量的排污信用币，而对于受到惩罚的排污单位则会扣除其账号内一定量的排污信用币。排污信用币的流通不需要第三方机构作为担保，从而将在一定程度上减少交易成本。因此，基于排污信用币的惩罚激励措施将更符合市场的调整方式，将进一步促进企业技术创新削减污染物排放量，抑制排污单位虚假上报或篡改排污数据信息的机会主义行为以及政府的寻租行为。应用区块链技术的核心思想，构建一个弱中心化、信息透明公开、点对点交易、政府监管的排污权交易区块链网络，可促进环境产权的要素市场化配置，实现排污权交易的价值网络构建以及可信任环境下的政企间环境价值的有效传递。构建基于区块链的排污权应用框架，势必给监管机构的管理组织架构和管理流程带来新的变革。随着技术进步，包括物联网技术在内的智能化发展，从传统模式向这一技术转型的进程将越来越快。

4.4　天津滨海工业带全过程水污染防控管控模式设计方案

近年来，天津市尤其是滨海新区高度重视生态环境保护相关问题，在生态环境保护及安全系统建设方面已经取得了一定的成绩，但是由于起步晚、风险源多、风险大、预警能力差，滨海新区的生态环境保护及安全系统仍存在着诸多问题亟待解决。生态环境相关监管能力也需要大幅度提升，与快速发展的社会经济相协调。特别是对化工行业特征污染物的实时监控、预警体系等需要得到充分重视，从日常细微工作入手，防范环境风险事故的发生。

为了更好地控制污染，建议采用以下模式：首先，建议采用以地区为单位的污染控制模式，并将其作为污染物的来源；其次，建议采用以工业源为主导的污染控制模式，并将其作为污染物的来源；最后，建议采用以"查-控-处"为指导原则的污染控制模式，以便更好地控制污染物的扩散。要重新定义技术中心并制定具体的执行方案。

临港经济区产业规划布局如图 4-13 所示，临港经济区应用园区污水处理厂排污许可限值核定、园区污水处理设施提标减排、滨海人工湿地修复增容，以及园区水环境风险防控能力建设等技术，体现了从宏观水质目标管理到微观污染源治理、水生态修复和园区水环境风险防范链式管理，实现了园区水生态环境的全过程管理，保障了临港经济区生态文明和可持续发展，证实了以"排污准入、污染减排、生态增容和风险防控"为核心的天津滨海工业带全过程水污染防控管控模式在园区管理中的可行性。

4.4.1　滨海工业带全过程水污染防控管控模式框架

4.4.1.1　瓶颈问题识别与技术需求分析

天津滨海工业带作为京津冀的重要经济中枢，其中的工厂数量庞大，产生的污染物组成十分复杂，污染物的排放量也较高。另外，天津位于海河水系的末端，其中的渤海海洋环境

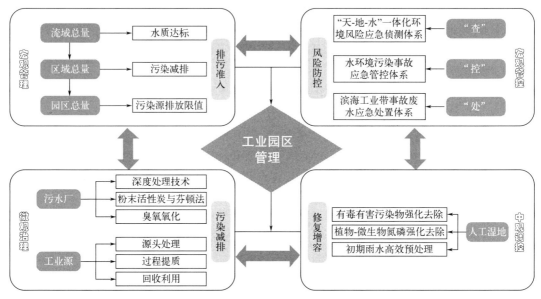

图 4-13　临港经济区产业规划布局

污染严重，其自身的清洁度也较低，使得这片海洋的水质持续低于国家规定的 5 级标准。天津滨海工业带的可持续发展需要采取有效措施，最大限度降低工业带对当地的经济、社会、文化及自然等方面的破坏程度，并有效抑制工业带的污染物排放，以保护当地的自然环境，这也正是当前滨海工业带可持续发展的关键。随着时间的推移，越来越多的人意识到保护我们的自然资源的必要性，人们也在不断地付诸行动，逐渐获得显著的进步。尤其在 2016 年，天津市政府与环境保护部（现生态环境部）达成协议，制定了一套完整的保护计划，采取了大量有助于改善当地自然环境的政策。然而，工业带的废气排放量以及它们给周围水体带来的潜在危害依然存在。因此，必须重新审视和调整各种相互之间的联系，以期有效地应对这些挑战。滨海工业带的工业废水除了组分复杂，还有高浓度无机盐，并含有重金属，因此不适合直接生物处理，处理此区域工业废水的难度极大。在现有技术层面，滨海工业带工业废水的处理技术主要涉及物理（调节、离心分离、隔油、过滤等）、化学（中和、化学沉淀、氧化还原）、物化（混凝、气浮、吸附、离子交换、膜分离）、生物（好氧、厌氧）、复合生物（水解酸化-好氧、厌氧-好氧）技术，这些技术的主要问题在于无法有效应对部分工业废水的高盐、高毒、高有机物水质，该废水会对处理系统的稳定性造成破坏，最终危害环境及生态。

天津市自 2018 年起开始执行天津市《污水综合排放标准》（DB12/ 356—2018），地方标准的污染物排放限值较国家标准更加严格，要达到此排放标准将对污水处理厂技术和工艺去除污染物的能力提出更高的要求。2015 年以来，天津市着力对多数污水处理厂进行了提标改造，现有污水处理设施的净化能力基本已达到极限。

天津滨海工业带的工业废水处理已经触及上限，无法进一步对日益增长的工业企业废水进行良好处理，因此本区域的环境将面临极大的污染风险。水专项在"十三五"阶段，专门为其成立课题和示范工程，来探索综合的治理方案。除上述水生态环境日常污染管控体系外，结合天津滨海工业带风险污染源广泛分布、风险受体数量多的特点，研究人员整装成套技术同步整合了滨海工业带突发应急管控体系，基于区域水生态环境风险评价，通过建立"查-控-处"一体化的水环境风险管理模式，弥补了天津滨海工业带应急反应处置能力的空白。

4.4.1.2 滨海工业带全过程水污染防控管控模式设计框架

滨海新区作为天津滨海工业带产业最集中、水生态环境功能最重要的区域，既有其区域发展园区集聚、产业复合的特色，又面临入海污染大通量传输、高水环境风险等挑战。为了进一步提升和改善滨海工业带水生态环境质量，促进产业发展，针对滨海工业带的特点，我们提出滨海工业带全过程水污染防控管控模式，从宏观、中观、微观三个维度，实现水污染控制常规管控和风险事故应急管控的有机结合，从而实现滨海高质量发展。

滨海工业带全过程水污染防控管控模式主要包括排污准入、污染减排、生态增容、风险防控 4 个技术管理环节。

排污准入主要指在保证生态环境不受破坏和可持续发展的前提下，以合理配置资源和有效保护环境为原则，提出在一定时间段内某区域或行业的污染物排放总量受水环境容量约束，要求在此时间段内，该区域内所有拟建设企业（项目）的污染排放总和不得超过此上限。

污染减排主要是针对滨海工业带重点关注的高盐、高难降解有机污染物、有毒有害污染物，评估、优化和应用基于高级氧化的难降解有机污染物深度处理等污水处理技术和资源循环利用技术，通过技术优化组合，实现超高标准排放，达到园区污染排放提质减量的目标。

生态增容是指在滨海工业区现有的生态系统基础上，通过引入新的元素，扩大生态系统的规模，以满足更多的用户需求。在"绿水青山就是金山银山"理念的引领下，深入推进区域内生态文明建设，处理好发展与保护的关系，生态扩容成效显著。

风险防控是针对滨海新区以大型石化企业为主，沿河沿海风险源密布且与城镇生活集聚区空间分布混杂，地表水及近岸海域水环境风险较大的问题，提出"查-控-处"一体化的水环境风险管理技术，通过以应急处置平台和风险物资库建设为核心，应急侦测体系、应急管控体系、应急处置体系为手段的技术体系，大幅提升水环境风险防范能力。

针对天津滨海工业带产业复杂、污水处理提标难度大、污水处理厂对滨海环境影响较大，以及工业园区风险应急能力较弱的一系列问题，提出以"排污准入、污染减排、生态增容和风险防控"为核心的天津滨海工业带全过程水污染防控管控模式，通过"减排"和"增容"相结合、"常规管理"与"风险管理"相结合，保障滨海工业带生态环境持续改善。

4.4.2 滨海工业带全过程水污染防控管控模式设计

4.4.2.1 基于区域总量的园区排污准入模式设计

（1）环境准入分类

环境准入根据应用尺度的不同，可划分为区域、行业、企业（项目）等三个层次。

在区域层次，主要包括符合区域产业政策、符合各项发展规划、符合环境功能区划、符合环境容量的约束等方面。一定技术水平下，人类生存和自然环境或环境组成要素（如水、空气、土壤及生物等）对污染物质的最大承受量或负荷量，即区域环境容量是有限的。如若出现区域产业结构畸重、产业集聚过度等现象，极易导致所排放的污染物超过环境容量，不利于经济社会的可持续发展。受此约束，必须坚持"环境优先"的发展理念，根据区域资源环境禀赋，因地制宜、分类指导，加强对产业发展的源头控制，充分合理利用环境容量，因此，区域环境容量对产业发展的约束作用是产业环境准入的核心内容。

在行业层次，主要包括行业技术水平、生产能力、资源能源消耗强度、污染物排放强度等方面，关键是要统筹考虑我国各行业的整体技术水平，设置合理明确的准入指标限值。如果准入门槛设置过高，不切实际，则不仅起不到倒逼产业转型升级的作用，反而有可能将产业一棒子打死；设置过低，则容易失去预期的源头控制作用。2005 年，《中华人民共和国国民经济和社会发展第十一个五年规划纲要》明确提出要控制高耗能、高污染和资源性产品出口，即对"两高一资"行业进行了明确规定，限制或禁止此类项目准入。2013 年，国家发改委修订了之前颁布的《产业结构调整指导目录（2011 年本）》，明确列出鼓励类、限制类和淘汰类产业。近年来，工信部联合相关部委陆续颁布了水泥、铸造、再生铅等行业的准入条件。这些文件都给工业行业提供了明确的发展导向。

在企业（项目）层次，主要包括落实项目环评、企业（项目）遴选、选址等方面。落实项目环评一般为定性要求，而企业（项目）遴选及选址问题一般通过建立指标体系，采用层次分析法、模糊推理法、可拓论法等解决。具体指标包括工艺设备水平、污染物排放强度、资源能源消耗强度等。与行业层次的准入指标要求相比，企业（项目）层次一般没有明确的指标限值，大多通过层次分析法等计算综合得分，然后再综合比较得出结论。但是，行业层次的指标一般都有明确的指标，严格执行即可。

（2）总量限值确定

2010 年 12 月 31 日，中共中央和国务院办公厅颁布《关于加快水利改革发展的决定》，明确提出要加强对自然资源的监督和保护，并设定三条重要的控制标准：一是对用水总量进行有力的监督，二是对用水效率进行有力的监督，三是对水功能区进行有力的监督，以保证可持续的经济发展。在这项研究中，着眼于对排放物的数量和使用效率的评估，以确定其合法性。

在确保生态环境的完整性和可持续发展的基础上，总量准入的目的是通过合理配置资源，有效保护环境，确定某一特定地区或行业的水环境容量总量，作为污染物排放总量的控制标准，并要求在规定的时间范围内，所有拟建设的企业（项目）的污染排放总量必须低于这一上限。

1）区域总量限值

区域纳污总量的衡量指标主要是区域的剩余环境容量，即计算剩余环境容量，并将其作为污染物排放总量管控限值。根据天津市水系的基本特征，科学选择水质模型，构建主要河流水质模型，利用历史水文、水质数据，进行区域污染排放与水质响应关系研究。在此基础上，遵循区域排污量不大于现状排污量、分配排污量不低于现状排污量的 10%、流域排污效率最大的水环境承载力优化原则，应用线性规划模型，可以得到区域允许排放量，如果区域允许排放总量大于区域现状排放量，则可以制定区域总量限值。

2）园区总量限值

针对工业园区、企业与城镇生活集聚区空间分布混杂、污染物混合排放的问题，综合考虑区域总量限值，优先分配给区域内市政污水处理厂或者生活污水处理设施；在有剩余容量的基础上制定工业园区总量，根据园区总量情况，制定园区总量限值。

（3）园区总量准入模式

为了保护环境，建议在有足够空间的地方建立企业。这些企业应该在开始生产之前，清楚地了解各自的污染物排放总量指标，并获得生态环境行政主管部门的批准。如果没有获得批准，就不能开始生产。对于没有足够空间的地方，建议不再新增企业。在客观上，如果有必要进驻企业（项目），那么这些企业（项目）必须提出一个减少能源消耗的方案，并经过生态环境行政主管部门的批准，才能进驻。

如果区域内工业园区与生活污水统一处理排放，则需要根据污水处理厂处理能力进行统筹、协商，在确定园区有处理能力的前提下，才可入驻园区。

在园区排放已达限值的条件下，可以实施减量置换模式。减量置换就是指园区内拟入驻企业（项目）需新增的污染物排放量必须用现有污染源的削减量进行替代，削减量应达到新增量的一倍以上，达到增产不增污或者增产减污的目的。

4.4.2.2　基于废水趋零排放的园区污染减排模式设计

（1）基于源头高风险废水趋零排放的工业源水污染控制模式

为了解决天津滨海工业带工业源污水所带来的环境问题，相关研究人员从污染的根源入手，不仅限于考虑处理废水，而是提出了基于源头高风险废水趋零排放的工业源水污染控制模式。

该模式以过程提质、回收利用、污染控制、典型示范为问题解决总体思路，以强化预处理、精细化盐回收利用、强化污染物去除多模式设计为技术思路，形成基于源头高风险废水趋零排放的工业源水污染控制模式（图4-14）。过程提质是在盐回收利用前采用旋流电解、混凝沉淀等关键技术对水中有机物及重金属有害物质进行预氧化及分离，避免影响后续盐回收设备运行；回收利用主要利用机械蒸汽再压缩（MVR）、膜浓缩、蒸发结晶、离子交换等关键技术，高效回收优质盐组分，实现资源回收利用；污染控制以高盐难降解废水中污染物削减为主要任务，通过过硫酸盐氧化、电催化氧化、吸附等关键技术实现污染物去除与趋零化排放；典型示范是以采用污染物削减及盐回收技术的优秀企业为典范，树立技术榜样与标杆，促进课题技术推广与应用。

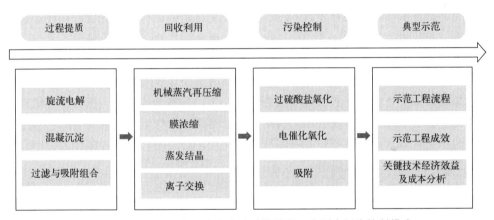

图 4-14　基于源头高风险废水趋零排放的工业源水污染控制模式

（2）基于污水高标准处理的污水厂污染控制模式

通过区域水环境污染因子特征分析，以入河入海污染物控制与削减为核心，紧密结合水专项滨海工业带水污染控制技术相关研究成果，构建基于居住和产业混合区污水、高风险工业区污染控制技术集成体系，从水污染控制技术集成角度，支撑构建取水和还水水质相一致的（即工业区排水水质基本达到工业用水所需的地表水Ⅳ类标准）集中污水高标准处理达标排放的污水厂污染控制模式。

通过对天津滨海工业带典型污水处理厂的进水水质和水量特性、构成、出水稳定达标难点及影响因素的研究，提出一种新的污染控制方案，即通过加强预处理、强化脱氮除磷、多模式设计等措施，有效地控制COD、氮、磷等主要污染物的排放，从而实现高标准的稳定达标。污水高标准处理达标排放的污水厂污染控制模式如图4-15所示。

应该遵循以下技术原则：①通过协商来确定排放标准，然后实施管理；②从源头上控制污染物，然后通过强化处理来解决；③通过优化运行来实现工程改造；④通过引入先进的水

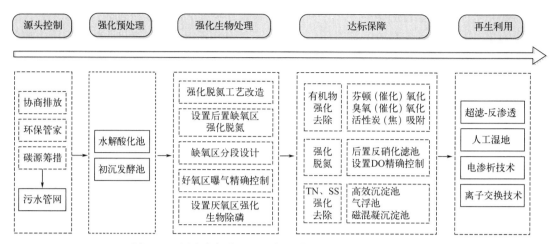

图 4-15　污水高标准处理达标排放的污水厂污染控制模式

碳源，然后再添加外部的碳源；⑤通过生物强化和物化辅助来实现排放。

（3）对策保障

以"十一五""十二五"研究成果为基础，以高盐难降解废水中无机盐和水资源回收利用整装成套技术为主要技术路线，围绕该整装成套技术确定主要研究内容和实施方案。

经过先进的技术和设备的开发，99％以上的无机杂盐资源得到了有效的回收和利用，使得高盐废水的排放量大大降低，为"超净排放技术体系"的建立和"区域再生水资源的综合利用"的实施提供了强有力的支持。

强化源头科学管控，积极推进协商排放，提高污水处理效能。源头严格管控有毒有害污染物废水排放，加大企业对废水中特征污染物的去除，尤其是难降解有机物、有机磷、不可氨化有机氮含量较高且直接排放会加大污水集中处理高标准稳定排放难度与成本的废水，产业聚集区内部企业间水污染物可开展协商排放与处理，严禁高盐废水直接排入管网，强化对工业企业废水的全过程管理与跟踪。

重点加快推进污水管网排查，推进污水处理提质增效。以污水处理厂为单位，针对污水厂水质、水量情况，全面且有重点地排查收水范围内的污水收集设施，建立和完善排水管网地理信息系统，健全排水管理长效机制。

加大再生水资源多目标综合利用，疏通高标准排放污水厂高品质出水全再生利用的通路，提高再生水利用率，体现了高标准排放污水处理厂的经济和社会效益，真正发挥了污水处理提质增效的作用。

4.4.3　基于"查-控-处"一体化的水环境风险应急及管理模式设计

4.4.3.1　基于"查-控-处"一体化的水环境风险应急及管理模式框架

针对滨海工业带环境风险源数量大且分布密集，事故风险突发性强、不确定性大、可能情形多，应急处置影响范围广、处置难度大、后期恢复难等特点，提出基于"查-控-处"一体化的水环境风险应急及管理模式框架（图 4-16）。其涵盖环境风险实时监控预警（查）、环境风险源日常监督管控（控）、突发事件应急处置和指挥决策（处）等三大环节，综合应用风险源识别监控技术、环境监测技术、事故预警模拟技术、事故风险管理决策支持技术、地理信息系统及计算机网络信息等技术，构建预案管理系统、监测预警系统、应急处置系统，可有效提高水环境风险防范和突发事故应急处置的能力，做到响应迅速、分析准确、处置得当，最大限度保障滨海工业带环境安全和生态安全，同时可为沿海工业聚集区环境安全系统建设提供典型示范。

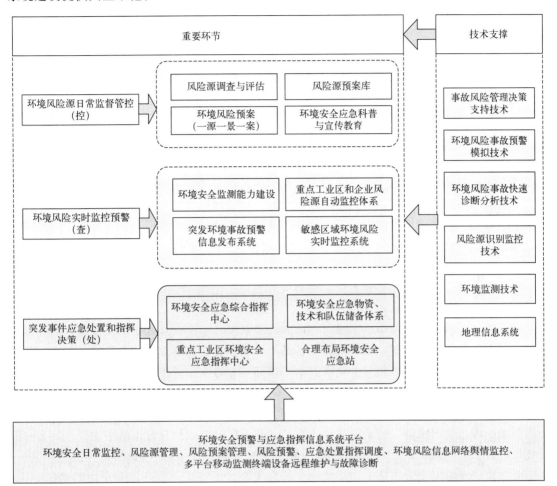

图 4-16　基于"查-控-处"一体化的水环境风险应急及管理模式框架

4.4.3.2　基于"查-控-处"一体化的水环境风险应急及管理方案

（1）环境风险实时监控预警

敏感区域环境风险实时监控系统建设。针对滨海工业带内居民聚居区、商业区、娱乐区等敏感点位，按照科学性、针对性、可行性的原则配置实时监控采样装置，进行日常环境安全实时监控，及时发现突发事故，完成污染源解析等。

重点工业区和企业风险源自动监控体系建设。重点工业区和企业须根据行业和污染物特点，安装特征污染物监测设施，建设污染源自动监控系统，布设预警视频监控点，实现工业区和重点企业厂区全覆盖。根据环境风险源的危险级别和重要点位的敏感性确定自动监控设备安装的位置和数量，根据风险源企业的行业和布局属性确定需要安装的监测项目和监测频次。

环境安全监测预警能力建设。配备能满足区域发展需求的专业预警应急监测设备和监测仪器，配备地面应急监测车辆和高空应急监测无人机。建设开放式现代化分析测试实验室，分析测试项目覆盖有机污染物、无机污染物、常规污染物、生物污染物等，提高监测分析的精度和灵敏度。设置环境安全监测应急小组。

建设突发环境事故预警信息综合发布系统。完善突发环境事件预警信息发布机制，理顺和拓宽预警信息发布渠道，形成覆盖新区范围的统一预警信息综合发布系统，主动、及时、准确发布各类预警信息。

（2）环境风险源日常监督管控

建立风险源定期调查评估机制。对区域内的环境风险源进行一轮全面调查和评估工作。结合地理信息技术，建立详细全面的滨海工业带环境风险源数据库及分布图，分类、分级建立环境风险源档案，实现风险源动态管理。

建立环境风险预案系统。根据区域突发事件总体应急预案要求，结合环境风险特点，依据一源、一景、一案原则，制定和完善区域环境风险应急预案，形成横向到边、纵向到底的应急预案体系。

建立风险源预案库。对于每个源的每一种情景的预案进行汇总，依托信息技术，建立环境安全风险预案库，实现应急预案的数字化管理。依托风险预案库，建立科学的可视化区域环境应急模型，集成区域环境事故影响预测、应急预案选择等功能。

加强环境安全应急科普宣传教育。广泛宣传和普及环境安全、应急管理、紧急自救知识。通过发放突发环境事件应急救援手册、组织公众参与突发环境事件应急预案演练等方式，增强公众避险、自救和互救意识，提高应对能力。

（3）强化应急处置系统建设

建设区域环境安全综合中心。根据当前的气候状况、经济发展水平以及周边社会发展情况，制订出科学的储备规划，精心挑选储备品类及规模，实施有效的储备管控，提升储备效率，实现多元、多层次、多领域的储备共享，以期更好地满足紧急情况的需求。

建设高风险重点工业区环境安全中心。针对工业区的风险特征，通过建立工业区环境风险源动态监管体系，集成风险管理、事故预警、应急监测、处理处置技术，构建满足工业区特殊要求的应急管理决策支持系统与协作平台，并为风险事故的日常预防搭建应急预案和演习模拟平台。

合理布局环境安全应急站。在环境安全综合中心、重点工业区环境安全中心的指导下，在各功能区建设环境安全应急站，实现与公安、消防、医疗等部门功能的对接和互补。根据功能区环境风险的特征，给不同的应急站配备一定数量的人员和相应的设备、物资。

建设环境安全应急物资、技术和队伍储备体系。结合区域环境风险源的布局和区位条件，做好物资储备规划，合理确定储备品种和规模，优化应急物资储备布局，完善应急物资储备方式，加强跨部门、跨行业、跨地区的应急物资协同保障。整合区域内海事、海洋等部门的应急船舶及专业应急物资储备，建立若干个环境安全应急物资储备库，保证事故发生后第一时间将物质运到事故现场。加强环境安全监管和应急队伍的培训和演练。

本节全面介绍了以"排污准入、污染减排、生态增容和风险防控"为核心的天津滨海工业带全过程水污染防控管控模式技术内容和实施路径。为了更好地控制园区污染，提升流域水生态环境质量，提出了一种新的准入模式，即环境准入。这种模式的特点是将区域污染物排放总量与园区污染物排放总量控制相结合，来制定相应的准入规定。通过工业源污染控制模式和污水厂污染控制模式，有效降低污染物的排放量。"查-控-处"一体化的水生态环境风险应急及管理模式，旨在保护水生态资源，并防止风险污染物的扩散，指导流域水生态环境治理持续改善，形成滨海工业带全过程水污染防控管控模式。

参考文献

[1] 张智聪. 排污权交易制度法律问题研究[D]. 徐州：中国矿业大学，2019.

[2] 袁慧，佟欣. 污染物排污权交易发展及严峻问题研究[J]. 化工管理，2018（27）：189-190.

[3] 张骞. 排污权有偿使用和交易制度的若干问题研究[J]. 法制与经济（下旬），2012（1）：12-14.

[4] 魏波. 碳排放交易初始分配权方式的比较分析[J]. 致富时代，2014（3）：24.

[5] 单红侠. 沈阳市实施排污权交易的研究[D]. 长春：吉林大学，2009.

[6] 李静，田晶. 我国排污交易制度分析[J]. 现代商贸工业，2011，23（14）：211.

[7] 周慧杰，宋书巧，周兴. 美国的排污权交易及对中国的启示[J]. 广西师范学院学报（自然科学版），2006（S1）：58-61.

[8] 周军军. 长沙市大河西先导区房地产绿色营销绩效评价研究[D]. 长沙：中南大学，2011.

[9] 周知. 试论排污交易制度在中国的应用[D]. 厦门：厦门大学，2009.

[10] 林云华，温俊豪. 排污权交易的理论基础及文献回顾[J]. 中小企业管理与科技（上旬刊），2008（10）：144-145.

[11] 于文武，赵英霞，杜宁. 日本循环经济发展的历程、特征与经验借鉴[J]. 中国外资，2011（24）：152.

[12] 王清军. 排污权交易若干问题之思考——以水污染为视角[J]. 武汉理工大学学报（社会科学版），2009，22（4）：67-74.

[13] 纪圣驹. 构建统一排污权交易市场的路径及其制度保障[J]. 企业科技与发展，2019（10）：175-176＋178.

[14] 刘彦廷. 美国的排污权交易制度对中国的启示[D]. 上海：华东政法大学，2008.

[15] 马宁，杨娜，鞠美庭，等. 中美排污许可证交易制度的比较研究[J]. 环境与可持续发展，2010，35（3）：46-49.

[16] 韩璇，袁勇，王飞跃. 区块链安全问题：研究现状与展望[J]. 自动化学报，2019，45（1）：206-225.

[17] 孙保阳. 区块链技术发展现状与展望[J]. 数字通信世界，2018（11）：51.

[18] 张震. 应用于工业物联网的DAG区块链模型[J]. 现代计算机，2020（10）：3-6＋12.

[19] 苏培科. 让金融科技回归理性[J]. 中国金融，2017（18）：104.

[20] 郭宝祥. 区块链技术应用于企业内保工作研究[J]. 产业与科技论坛，2017，16（8）：98-99.

[21] 陈泽萍. 试论区块链在学科评估的应用[J]. 创新创业理论研究与实践，2020，3（11）：175-176.

[22] 吴勇，周才力，何长添，等. 基于区块链技术的审计模式变革研究——一个整合性分析框架[J]. 中国注册会计师，2019（3）：85-91.

[23] 陈家豪. 基于超级账本的分布式拒绝服务攻击与防范[D]. 广州：广州大学，2018.

[24] 晏寅鑫. 基于区块链技术的碳排放权与发电权联合交易研究[D]. 湘潭：湘潭大学，2019.

[25] 阎钺天，李荣里，王新军. 区块链技术适用于排污权交易吗？[J]. 环境经济，2019（13）：44-47.

[26] 邵奇峰，金澈清，张召，等. 区块链技术：架构及进展[J]. 计算机学报，2018，41（5）：969-988.

[27] 郭亚宁，宋佳明. 区块链在数字货币应用的可行性浅析[J]. 互联网天地，2020（12）：27-31.

[28] 袁勇，王飞跃. 区块链技术发展现状与展望[J]. 自动化学报，2016，42（4）：481-494.

[29] 刘亚茹，叶振军，聂建军. 基于用户视角的区块链平台综合评价方法[J]. 系统工程，2022，40（4）：142-150.

[30] 霍金鹏. 疯狂的比特币[J]. 中国经济报告，2018（1）：115-117.

[31] 聂佳龙，丁志兵. 利用区块链技术实现农村民营企业信用精准画像的法学思考[J]. 老区建设，2019（16）：61-66.

[32] 张北建，孙立业. 区块链技术在档案信息安全中的应用探讨[J]. 黑龙江档案，2020（6）：76.

[33] 刘学琴. 区块链技术在新闻业应用的模式分析[J]. 山西广播电视大学学报，2019，24（4）：95-98.

[34] 王希峰，王宝波，谭芳芳. 区块链技术在金融领域的应用研究[J]. 2021（2019-7）：60-66.

[35] 张宝明，文燕平，陈梅梅. 电子商务技术基础[M]. 2版. 北京：清华大学出版社，2008.

[36] 宋秉玺. 高效无损压缩算法的研究与实现[D]. 西安：西安电子科技大学，2014.

[37] 李志敏. 哈希函数设计与分析[D]. 北京：北京邮电大学，2010.

[38] 赖茂生，徐克敏. 科技文献检索[M]. 北京：北京大学出版社，1985.

[39] 刘俊辉. MD5消息摘要算法实现及改进[J]. 福建电脑，2007（4）：2.

[40] 郭会. 一种区块链的区块压缩方法和系统：中国，CN201710329643.4. 2017-09-19.

[41] 区块链入门[J]. 收藏，2018（10）.

[42] 羊裔高. 基于 Hash 函数加密方法的安全性研究[J]. 河北师范大学学报（自然科学版），2009，33（3）：5.

[43] 王彦. 基于单分组散列函数的移动 RFID 认证协议[D]. 延吉：延边大学，2015.

[44] 相超. 危险场景预警方法及终端设备：中国，CN201910912598.4. 2021-03-26.

[45] 王武. 基于以太坊矿池的挖矿方法：中国，CN201911029481.8. 2020-03-24.

[46] 张庆，徐韬，刘子剑，等. 一种基于 R-PBFT 共识算法和时间戳的绿电溯源方法及系统：中国，CN202110701085.6. 2021-09-24.

[47] 马莹莹，王哲. 区块链关键技术研究[J]. 福建电脑，2017，33（6）：3.

[48] 高翔，李兵. 中文短文本去重方法研究[J]. 计算机工程与应用，2014（16）：6.

[49] 李琦，朱洁，王骞. 一种可验证的加密搜索方法：中国，CN201711277295.7. 2018-05-15.

[50] 马大伟. 基于混沌理论的视频信息保密系统设计[D]. 上海：同济大学，2005.

[51] 闫文周，王莹，冯中帅. 基于区块链的建筑供应链信息共享演化博弈研究[J]. 科技管理研究，2021.

[52] 黎明，陈桂利. 基于区块链技术的公共资源配置审计流程设计[J]. 重庆理工大学学报（社会科学版），2024，38（2）：88-95.

[53] 张安. 区块链智能合约的并发控制研究[D]. 天津：天津大学，2018.

[54] 王平. 基于 VCR 的 P2P 视频点播系统的研究[D]. 广州：中山大学，2010.

[55] 邱宜干. P2P 网络的特点及运行环境分析[J]. 中国管理信息化，2018，21（9）：2.

[56] 张利华，胡方舟，黄阳，等. 基于联盟链的微电网身份认证协议[J]. 应用科学学报，2020，38（1）：11.

[57] 宋易欣. 浅谈区块链的共识技术与在线艺术教育[J]. 财讯，2019（2）：2.

[58] SZABO N. Smart contracts[J/OL]，1994 [2024-1-12]. https://www. fon. hum. uva. nl/rob/Courses/InformationSpeech/CDROM/Literature/LOTwinterschool 2006/szabo. best. vwh. net/smart. contracts. html.

[59] 叶小榕，邵晴，肖蓉. 基于区块链、智能合约和物联网的供应链原型系统[J]. 科技导报，2017，35（23）：62-69.

[60] 李赫，孙继飞，杨泳，等. 基于区块链 2.0 的以太坊初探[J]. 中国金融电脑，2017（6）：57-60.

[61] 范吉立，李晓华，聂铁铮，等. 区块链系统中智能合约技术综述[J]. 计算机科学，2019，46（11）：1-10.

[62] 杜心雨. 基于区块链的数据安全共享研究[D]. 南京：南京邮电大学，2021.

[63] 孙国梓，李芝，肖荣宇，等. 区块链交易安全问题研究[J]. 南京邮电大学学报（自然科学版），2021，41（2）：36-48.

[64] 翟社平，杨媛媛，张海燕，等. 区块链中的隐私保护技术[J]. 西安邮电大学学报，2018，23（5）：93-100.

[65] 卫孜钻，王鑫，于丹，等. 面向 POW 共识的日蚀攻击动态防御机制[J]. 计算机工程与应用，2023，59（8）：8.

[66] 曹雪莲，张建辉，刘波. 区块链安全、隐私与性能问题研究综述[J]. 计算机集成制造系统，2021，27（7）：2078-2094.

[67] 王松涛. 流域排污权交易制度构建研究[C]. 新时代环境法的新发展——流域（区域）环境法治的理论与实践：中国法学会环境资源法学研究会 2018 年年会暨 2018 年全国环境资源法学研讨会. 长沙，2018.

[68] 王玲. 最优水污染税的理论分析：基于庇古税[J]. 大理学院学报，2015，14（7）：19-23.

[69] 蒋敏. 水污染物排污权交易探析——以长江三角洲为例[D]. 杭州：浙江大学，2013.

[70] 冯丽华. 排污许可证制度的污染减排效应分析[J]. 山西化工，2020，40（2）：4.

[71] 杨晓娜. 黄河流域排污权交易制度研究[D]. 西宁：青海民族大学，2011.

[72] 温中海，王军霞. 美国水污染源排污许可制度研究[J]. 大众科技，2016，18（2）：42-45.

[73] 姜双林，杨霞. 美国点源与非点源水质交易机制探析[J]. 南京航空航天大学学报（社会科学版），2011，13（1）：6.

[74] 徐钊，温小荣，佘光辉. 一种碳交易的协商模式及计量方法[J]. 浙江农林大学学报，2012，29（6）：8.

[75] 胡民. 基于制度创新的排污权交易环境治理政策工具分析[J]. 商业经济研究，2011，000（19）：88-90.

[76] HUNG M F，SHAW D. A trading-ratio system for trading water pollution discharge permits[J]. Journal of Environmental Economics & Management，2005，49（1）：83-102.

[77] 翁智雄，程翠云，章翼，等. 瓯江流域（温州段）水污染物排污权交易比率研究[J]. 生态经济，2017，33（6）：8.

[78] 骆辉煌, 禹雪中, 马巍, 等. 流域水污染物排放权交易比率技术框架研究[J]. 长江科学院院报, 2010, 27 (10): 4.

[79] FARROW R S, SCHULTZ M T, HOUTVEN C. Pollution trading in water quality limited areas: use of benefits assessment and cost-effective trading ratios[J]. Land Economics, 2005, 81 (2): 191-205.

[80] 金陶陶. 流域水污染防治控制单元划分研究[D]. 哈尔滨: 哈尔滨工业大学, 2011.

[81] 王金南, 吴文俊, 蒋洪强, 等. 中国流域水污染控制分区方法与应用[J]. 水科学进展, 2013, 24 (4): 10.

[82] 朱锡平, 陈英. 论基于总量控制的排污权交易市场建设[J]. 重庆工商大学学报: 西部论坛, 2008, 18 (3): 5.

[83] 刘柯. 排污权交易制度分析[J]. 现代商贸工业, 2009, 21 (6): 2.

[84] 黄桂琴. 论排污权交易制度[J]. 河北学刊, 2003, 23 (3): 3.

[85] 李志伟. 价格杠杆在排污权交易中的运用研究[J]. 发展改革理论与实践, 2008 (12): 22-23.

[86] 李嘉馨. 我国排污权交易制度的绿色发展效应分析[D]. 石家庄: 河北经贸大学, 2020.

[87] 鄢斌. 排污权资产证券化及其制度构建探析[J]. 环境经济, 2010 (11): 6.

[88] 美国环境保护局. 美国水质交易技术指南[M]. 吴悦颖, 译. 北京: 中国环境出版社, 2009.

[89] 马光. 环境与可持续发展导论[M]. 北京: 科学出版社, 2006.

[90] 成芳, 凌去非, 徐海军, 等. 太湖水质现状与主要污染物分析[J]. 上海海洋大学学报, 2010, 19 (1): 105-110.

[91] 杨卫. 排污权交易的制度经济学分析[J]. 兰州交通大学学报, 2004, 23 (5): 4.

[92] 胡民. 基于交易成本理论的排污权交易市场运行机制分析[J]. 理论探讨, 2006 (5): 3.

[93] 黄维娜. 论排污权交易制度及其法律构建[D]. 桂林: 广西师范大学, 2008.

[94] 黄金星. 流域排污交易制度研究[D]. 青岛: 中国海洋大学, 2013.

[95] 澳大利亚水资源管理及水权制度建设的经验与启示[J]. 江西水利科技, 2008 (1): 31-35.

[96] 池京云, 刘伟, 吴初国. 澳大利亚水资源和水权管理[J]. 国土资源情报, 2016 (5): 11-17.

[97] 王思文. 排污权交易对企业减排效果影响研究[D]. 南京: 南京林业大学, 2020.

[98] 朱然然. 我国排污权交易制度完善研究[D]. 郑州: 郑州大学, 2019.

[99] 马梦晓. 中国排污权交易和环保税协调运用机制研究[D]. 北京: 中国财政科学研究院, 2019.

[100] 杨仕亮, 王慧敏, 陈俊宇. 基于区块链技术的水权交易管理模式创新与改善[C]//2018 (第六届) 中国水利信息化技术论坛. 深圳, 2018.

[101] 陈晓宏, 夏文君, 郑炎辉, 等. 一种基于智能合约的水资源决策管理系统: 中国, CN202110553912.1. 2021-07-27.

[102] 吴艳. 基于区块链技术的水权交易管理模式探析[J]. 企业改革与管理, 2020, (18): 6-7.

[103] 钟绍柏. 区块链技术在水权交易系统中的应用[D]. 武汉: 华中科技大学, 2019.

[104] 周王莹, 李洪任, 梁秀. 江西省水权交易现状及相关问题的思考[J]. 江西水利科技, 2017, 43 (4): 297-301.

[105] 蔡晶. 区块链技术在资产交易中的应用研究[D]. 重庆: 重庆邮电大学, 2020.

[106] 沈满洪. 水权交易制度研究[D]. 杭州: 浙江大学, 2004.

[107] 廉鹏涛, 潘二恒, 解建仓, 等. 水权确权问题及动态确权实现[J]. 水利信息化, 2019 (5): 20-25.

[108] 刘悦忆, 郑航, 赵建世, 等. 中国水权交易研究进展综述[J]. 水利水电技术 (中英文), 2021, 52 (8): 76-90.

[109] 金海, 伊璇, 朱绛, 等. 从水权交易国际经验看我国水权市场未来发展[J]. 中国水利, 2021 (14): 59-62+58.

[110] 陈晓红. 新技术融合下的智慧城市发展趋势与实践创新[J]. 商学研究, 2019, 26 (1): 5-17.

[111] 郭晖. 关于加快推进水权交易的思考[J]. 水利发展研究, 2017, 17 (9): 22-27.

[112] 高宝, 傅泽强. 产业环境准入框架构建及案例研究——以常州市为例[J]. 环境工程技术学报, 2017, 7 (4): 525-532.

[113] 乔飞, 傅泽强, 杨俊峰, 等. 水生态承载力评估引领流域结构减排[J]. 科学, 2020, 72 (3): 23-28+24.

[114] 许西安, 甄天坷, 刘振洋, 等. 新形势下环保管家服务工作的应用与探索——以长寿经济技术开发区为例[J]. 资源节约与环保, 2020 (11): 130-131.

[115] 赵楠, 盛昭瀚, 严浩. 基于区块链的排污权交易创新机制研究[J]. 中国人口·资源与环境, 2021, 31 (5): 10.

[116] CASINO F, DASAKLIS T, PATSAKIS C. A systematic literature review of blockchain-based applications: current status, classification and open issues[J]. Telematics and Informatics, 2019 (36): 55-81.

[117] BERDIK D, OTOUM S, SCHMIDT N, et al. A survey on blockchain for information systems management and

security[J]. Information Processing & Management，2021，58（1）：102397.

［118］ 华为区块链技术开发团队. 区块链技术及应用[M]. 北京：清华大学出版社，2019：21-36.

［119］ JABBAR R，DHIB E，SAID A B，et al. Blockchain technology for intelligent transportation systems：a systematic literature review. IEEE Access，2022，10：20995-21031.

［120］ LU Y. Blockchain and the related issues：a review of current research topics[J]. Journal of Management Analytics，2018，5（4）：231-255.

［121］ KAWASMI A E，ARNAUTOVIC E，SVETINOVIC D. Bitcoin based decentralized carbon emissions trading infrastructure model[J]. Systems Engineering，2015，18（2）：115-130.

［122］ FU B，SHU Z，LIU X. Blockchain enhanced emission trading framework in fashion apparel manufacturing industry[J]. Sustainability，2018，10（4）：1105.

［123］ PATE D，BRITTO B，SHARMA S，et al. Carbon credits on blockchain[C]//2020 International conference on innovative trends in information technology. Piscataway：IEEE Computer Society，2020：1-5.

［124］ YUAN P，XIONG X，LEI L，et al. Design and implementation on Hyperledger-based emission trading system [J]. IEEE Access，2019（7）：6109-6116.

［125］ FRANKE L，SCHLETZ M，SALOMO S. Designing a blockchain model for the Paris Agreement's carbon market mechanism[J]. Sustainability，2020，12（3）：1068.

［126］ ZHAO F，CHAN W. When is blockchain worth it：a case study of carbon trading[J]. Energies，2020，13（8）：1980.

［127］ BEHNKE K，JANSSEN M. Boundary conditions for traceability in food supply chains using blockchain technology [J]. International Journal of Information Management，2020（52）：101969.

［128］ MENG Q，SUN R. Towards secure and efficient scientific research project management using consortium blockchain[J]. Journal of Signal Processing Systems，2020（93）：323-332.

［129］ VENKATESH V G，KANG K，WANG B，et al. System architecture for blockchain based transparency of supply chain social sustainability[J]. Robotics and Computer-Integrated Manufacturing，2020，63：101896.

［130］ SHABANI M. Blockchain-based platforms for genomic data sharing：a de-centralized approach in response to the governance problems?[J]. Journal of the American Medical Informatics Association，2019，26（1）：76-80.

［131］ FU Z，DONG P，JU Y. An intelligent electric vehicle charging system for new energy companies based on consortium blockchain[J]. Journal of Cleaner Production，2020，261：121219.

［132］ ZHAO W，LV J，YAO X，et al. Consortium blockchain-based microgrid market transaction research[J]. Energies，2019，12（20）：3812.

［133］ CHE Z，WANG Y，ZHAO J，et al. A distributed energy trading authentication mechanism based on a consortium blockchain[J]. Energies，2019，12（15）：2878.

［134］ ZHANG A，LIN X. Towards secure and privacy-preserving data sharing in e-health systems via consortium blockchain[J]. Journal of Medical Systems，2018，42（8）：1-18.

［135］ ANDROULAKI E，BARGER A，BORTNIKOV V，et al. Hyperledger fabric：a distributed operating system for permissioned blockchains[C]//Proceedings of the thirteenth EuroSys conference. New York：Association for Computing Machinery，2018：1-15.